高等院校大学数学系列教材

线性代数及其应用

（第3版）

主 编 房 宏 金惠兰
副主编 陈雁东 项 虹 黄 剑

清华大学出版社
北 京

内容简介

本书包括6章内容：行列式及其应用、矩阵、线性方程组与向量、方阵的特征值与特征向量、二次型及Mathematica软件应用.章末配有习题，书末给出了习题答案.

本书在编写中力求重点突出、由浅入深、通俗易懂.

本书可作为高等院校非数学专业本科生的教材或教学参考书.

图书在版编目（CIP）数据

线性代数及其应用/房宏，金惠兰主编. —3版. —北京：清华大学出版社，2022.3（2024.12重印）
高等院校大学数学系列教材
ISBN 978-7-302-59559-5

Ⅰ. ①线… Ⅱ. ①房… ②金… Ⅲ. ①线性代数－高等学校－教材 Ⅳ. ①O151.2

中国版本图书馆CIP数据核字(2021)第228935号

责任编辑：佟丽霞
封面设计：傅瑞学
责任校对：赵丽敏
责任印制：曹婉颖

出版发行：清华大学出版社
网　　址：https://www.tup.com.cn，https://www.wqxuetang.com
地　　址：北京清华大学学研大厦A座　　**邮　　编**：100084
社 总 机：010-83470000　　**邮　　购**：010-62786544
投稿与读者服务：010-62776969，c-service@tup.tsinghua.edu.cn
质量反馈：010-62772015，zhiliang@tup.tsinghua.edu.cn
印 装 者：北京同文印刷有限责任公司
经　　销：全国新华书店
开　　本：185mm×230mm　　**印　　张**：12.75　　**字　　数**：276千字
版　　次：2013年7月第1版　　2022年3月第3版　　**印　　次**：2024年12月第5次印刷
定　　价：38.00元

产品编号：091994-01

第3版前言

这次修订的主要工作是：(1)适当调整了一些章节的编排和内容，使本书的结构更加合理.(2)习题和例题作了少量的增删.(3)在每一章后增加了与章节内容有关的数学家简介和知识拓展，让同学们了解知识的发展背景和知识的实际应用.(4)增加了附录，主要是一些重要定理和性质的证明.

这次修订工作仍由天津农学院的教师完成：房宏(第1,3章)，项虹、黄剑(第2章)，金惠兰(第4,5章)，陈雁东(第6章).另外，新增加的内容由以下教师完成：数学家简介(金惠兰、项虹、黄剑)，知识拓展(房宏)，附录(金惠兰、项虹)，房宏完成了全书的统稿与审阅工作.

编　者

2021年7月于天津

第 2 版 前 言

本书第1版自2013年出版以来，我们采用它作为教材，根据在实践中积累的一些经验，并吸取使用本书的同行们所提出的宝贵意见，将它的部分内容做了修改，成为第2版.在这次修订时，我们保留了原来的结构体系，仅对其中几处做了适当的调整，以使叙述更加顺畅，学生更加易于理解.此外还调整并增加了部分例题和习题.

这次修订工作仍由天津农学院的教师完成：房宏（第1,3章），穆志民（第2章），金惠兰（第4,5章），陈雁东（第6章），房宏完成了全书的统稿与审阅工作.

编　者

2015年8月于天津

第 1 版 前 言

本书是为普通高等院校非数学专业“线性代数”课程编写的教材.在编写的过程中,吸收了国内现有教材的优点,力求做到：知识引入自然合理,文字阐述通俗易懂.与同类教材相比,在教学内容、习题配置方面进行了适当的取舍,避免了偏难、偏深的理论证明.根据目前绝大部分高等院校非数学类专业的线性代数课程学时数少的特点,我们在保证知识的完整性的同时力求做到内容的难易适中,以适应高等院校“扩招”后教学的需要.本教材删去了较长的理论证明,尽量多做直观解释,增加部分应用案例以及一些典型例题,以有助于学生理解基本概念和基本原理,提高学生的学习兴趣,并进一步提高学生融会贯通地分析问题和解决问题的能力.

参加本教材编写工作的人员均是天津农学院的教师：房宏(第1,3章),张海燕(第2章),金惠兰(第4,5章),陈雁东(第6章),张海燕完成了全书的统稿工作,赵翠萍完成了全书的审阅工作.

天津农学院基础科学系及教材科的领导和老师在本教材的出版过程中给予了周到的服务和大力协助,在此一并致谢!

教材中难免存在不妥之处,敬请读者不吝指正.

编　者

2013年5月于天津

目录

第1章 行列式及其应用

行列式是一种特定的算式，它作为数学工具在数学的许多分支中有着广泛的应用.本章通过对二元线性方程组和三元线性方程组求解的结论，引入二阶行列式、三阶行列式，并推广到 n 阶行列式.

1.1 n 阶行列式的定义

1.1.1 二阶和三阶行列式

1. 二元线性方程组与二阶行列式

从消元法解二元线性方程组入手，引入二阶行列式.

设有二元线性方程组

$$\begin{cases} a_{11}x_1 + a_{12}x_2 = b_1, \\ a_{21}x_1 + a_{22}x_2 = b_2. \end{cases} \tag{1.1}$$

为消去未知数 x_2，分别以 a_{22} 与 a_{12} 乘上列两方程的两端，然后两个方程相减，得

$$(a_{11}a_{22} - a_{12}a_{21})x_1 = a_{22}b_1 - a_{12}b_2;$$

类似地消去 x_1，得

$$(a_{11}a_{22} - a_{12}a_{21})x_2 = a_{11}b_2 - a_{21}b_1.$$

当 $a_{11}a_{22} - a_{12}a_{21} \neq 0$ 时，求得方程组(1.1)的解为

$$x_1 = \frac{a_{22}b_1 - a_{12}b_2}{a_{11}a_{22} - a_{12}a_{21}}, \quad x_2 = \frac{a_{11}b_2 - a_{21}b_1}{a_{11}a_{22} - a_{12}a_{21}}. \tag{1.2}$$

从式(1.2)可以看出，x_1，x_2 的分母都等于 $a_{11}a_{22} - a_{12}a_{21}$，它是由方程组(1.1)的 4 个系数确定的，把这 4 个数按它们在方程组(1.1)中的位置，排成 2 行 2 列(横排称行，竖排称列)的数表

$$\begin{matrix} a_{11} & a_{12} \\ a_{21} & a_{22} \end{matrix} \tag{1.3}$$

表达式 $a_{11}a_{22} - a_{12}a_{21}$ 称为数表(1.3)所确定的二阶行列式，并记作

$$D=\begin{vmatrix} a_{11} & a_{12} \\ a_{21} & a_{22} \end{vmatrix}=a_{11}a_{22}-a_{12}a_{21}, \tag{1.4}$$

其中,数 $a_{ij}(i=1,2;j=1,2)$称为二阶行列式的元素.它的第1个下标 i 称为行标,表明该元素位于第 i 行,第2个下标 j 称为列标,表明该元素位于第 j 列.位于第 i 行第 j 列的元素称为行列式(1.4)的(i,j)元.称 D 为方程组(1.1)的系数行列式.

二阶行列式的定义(1.4)可用对角线法则来记忆.从行列式的左上角元素 a_{11} 到右下角元素 a_{22} 作连线,该连线称为行列式的主对角线;而行列式的左下角元素 a_{21} 到右上角元素 a_{12} 作连线,该连线称为行列式的副对角线,于是二阶行列式便是主对角线上两元素之积减去副对角线上两元素之积所得之差.

利用二阶行列式的概念,式(1.2)中 x_1,x_2 的分子也可写成二阶行列式,即

$$D_1=\begin{vmatrix} b_1 & a_{12} \\ b_2 & a_{22} \end{vmatrix}=a_{22}b_1-a_{12}b_2,\quad D_2=\begin{vmatrix} a_{11} & b_1 \\ a_{21} & b_2 \end{vmatrix}=b_2a_{11}-b_1a_{21}.$$

显然,$D_i(i=1,2)$即为 D 中的第 i 列换成方程组(1.1)的常数项所得到的行列式.于是,当 $D\neq0$ 时,二元线性方程组(1.1)的解可唯一地表示为

$$x_1=\frac{D_1}{D}=\frac{\begin{vmatrix} b_1 & a_{12} \\ b_2 & a_{22} \end{vmatrix}}{\begin{vmatrix} a_{11} & a_{12} \\ a_{21} & a_{22} \end{vmatrix}},\quad x_2=\frac{D_2}{D}=\frac{\begin{vmatrix} a_{11} & b_1 \\ a_{21} & b_2 \end{vmatrix}}{\begin{vmatrix} a_{11} & a_{12} \\ a_{21} & a_{22} \end{vmatrix}}. \tag{1.5}$$

例 1.1 求解二元线性方程组

$$\begin{cases} x_1-3x_2=5, \\ 2x_1+4x_2=0. \end{cases}$$

解 系数行列式 $D=\begin{vmatrix} 1 & -3 \\ 2 & 4 \end{vmatrix}=10\neq0$,方程组有唯一解.

由于

$$D_1=\begin{vmatrix} 5 & -3 \\ 0 & 4 \end{vmatrix}=20-0=20,\quad D_2=\begin{vmatrix} 1 & 5 \\ 2 & 0 \end{vmatrix}=0-10=-10,$$

因此 $x_1=\dfrac{D_1}{D}=\dfrac{20}{10}=2, x_2=\dfrac{D_2}{D}=\dfrac{-10}{10}=-1.$

2. 三阶行列式

定义 1.1 设有9个数 $a_{ij}(i=1,2,3;j=1,2,3)$排成3行3列的数表,

$$\begin{matrix} a_{11} & a_{12} & a_{13} \\ a_{21} & a_{22} & a_{23} \\ a_{31} & a_{32} & a_{33} \end{matrix} \tag{1.6}$$

记

$$\begin{vmatrix} a_{11} & a_{12} & a_{13} \\ a_{21} & a_{22} & a_{23} \\ a_{31} & a_{32} & a_{33} \end{vmatrix} = a_{11}a_{22}a_{33} + a_{12}a_{23}a_{31} + a_{13}a_{21}a_{32} - a_{13}a_{22}a_{31} - a_{12}a_{21}a_{33} - a_{11}a_{23}a_{32}, \tag{1.7}$$

式(1.7)称为数表(1.6)所确定的三阶行列式.

上述定义表明,三阶行列式含 6 项,每项均为不同行不同列的三个元素的乘积再冠以正负号,其规律如图 1.1 所示:图中三条实线看作是平行于主对角线的连线,实线上三个元素的乘积冠以正号,三条虚线看作是平行于副对角线的连线,虚线上三个元素的乘积冠以负号.

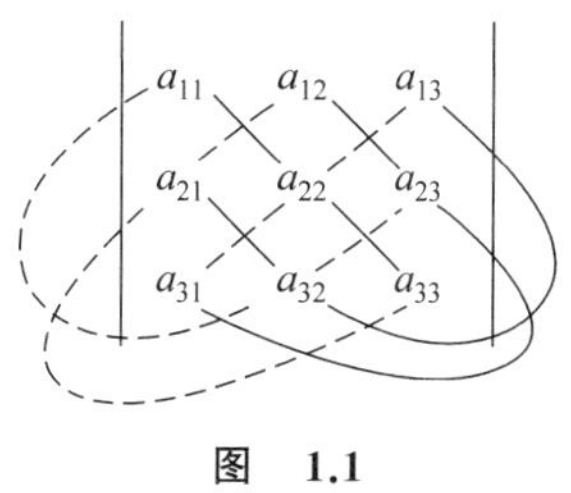

图 1.1

例 1.2 计算三阶行列式

$$D = \begin{vmatrix} 2 & -1 & 3 \\ -1 & 2 & 1 \\ 4 & 1 & -2 \end{vmatrix}.$$

解 按对角线法则,有

$$\begin{aligned} D &= 2\times 2\times(-2)+(-1)\times 1\times 4+3\times(-1)\times 1- \\ &\quad 3\times 2\times 4-(-1)\times(-1)\times(-2)-2\times 1\times 1 \\ &= -8-4-3-24+2-2=-39. \end{aligned}$$

类似地,可以用三阶行列式解三元线性方程组

$$\begin{cases} a_{11}x_1 + a_{12}x_2 + a_{13}x_3 = b_1, \\ a_{21}x_1 + a_{22}x_2 + a_{23}x_3 = b_2, \\ a_{31}x_1 + a_{32}x_2 + a_{33}x_3 = b_3. \end{cases} \tag{1.8}$$

记

$$D = \begin{vmatrix} a_{11} & a_{12} & a_{13} \\ a_{21} & a_{22} & a_{23} \\ a_{31} & a_{32} & a_{33} \end{vmatrix}, \quad D_1 = \begin{vmatrix} b_1 & a_{12} & a_{13} \\ b_2 & a_{22} & a_{23} \\ b_3 & a_{32} & a_{33} \end{vmatrix},$$

$$D_2 = \begin{vmatrix} a_{11} & b_1 & a_{13} \\ a_{21} & b_2 & a_{23} \\ a_{31} & b_3 & a_{33} \end{vmatrix}, \quad D_3 = \begin{vmatrix} a_{11} & a_{12} & b_1 \\ a_{21} & a_{22} & b_2 \\ a_{31} & a_{32} & b_3 \end{vmatrix},$$

其中,D 称为方程组(1.8)的系数行列式,D_j 是以常数项 b_1,b_2,b_3 分别替换系数行列式中的第 j 列的 a_{1j},a_{2j},a_{3j}(未知数 x_j 的系数)所得的行列式.于是当行列式 $D\neq 0$ 时,方程组(1.8)有唯一解,可表示为

$$x_1 = \frac{D_1}{D}, \quad x_2 = \frac{D_2}{D}, \quad x_3 = \frac{D_3}{D}.$$

上述用行列式解线性方程组的方法称为克莱姆法则,以后还将介绍 n 元线性方程组的克莱姆法则.

例 1.3 求解方程组

$$\begin{cases}x_1-2x_2+x_3=-2,\\2x_1+x_2-3x_3=1,\\-x_1+x_2-x_3=0.\end{cases}$$

解 因为系数行列式 $D=\begin{vmatrix}1&-2&1\\2&1&-3\\-1&1&-1\end{vmatrix}=-1+2-6+1+3-4=-5\neq0$,从而计算

$$D_1=\begin{vmatrix}-2&-2&1\\1&1&-3\\0&1&-1\end{vmatrix}=2+1+0-0-6-2=-5,$$

$$D_2=\begin{vmatrix}1&-2&1\\2&1&-3\\-1&0&-1\end{vmatrix}=-1+0-6+1-0-4=-10,$$

$$D_3=\begin{vmatrix}1&-2&-2\\2&1&1\\-1&1&0\end{vmatrix}=0-4+2-2-1-0=-5,$$

得方程组的唯一解为 $x_1=\dfrac{D_1}{D}=1,x_2=\dfrac{D_2}{D}=2,x_3=\dfrac{D_3}{D}=1$.

对角线法则只适用于二阶及三阶行列式,为研究4阶及更高阶行列式,下面先介绍有关 n 元排列的知识,再引出 n 阶行列式的概念.

1.1.2 n 元排列

1. 排列与逆序

定义 1.2 由 n 个自然数 $1,2,\cdots,n$ 组成的一个无重复的有序数组 $i_1,i_2,\cdots,i_n$ 称为一个 **n 元排列**.

如由自然数1,2,3,4组成的不同排列有 $4!=24$ 种,那么由互异元素 $p_1,p_2,\cdots,p_n$ 构成的不同排列有多少种?

首先从 n 个元素中选取1个,有 n 种取法;再从剩余 $n-1$ 个元素中选取1个,有 $n-1$ 种取法;这样继续下去,直到最后只剩1个元素放在第 n 个位置上,只有1种取法.于是由 $p_1,p_2,\cdots,p_n$ 组成的不同排列有 $n\cdot(n-1)\cdot\cdots\cdot3\cdot2\cdot1=n!$ 种.

对于 n 个不同的元素,先规定各元素之间有一个标准次序(例如 n 个不同的自然数,可规定由小到大为标准次序).

定义 1.3 在 n 个不同的元素的任一排列中,当某两个元素的次序与标准次序不同时,称这两个数构成一个**逆序**.一个排列 $p_1p_2\cdots p_n$ 中所有逆序的总数,称为这个排列的**逆序**

数,记为 $\tau(p_1p_2\cdots p_n)$.

逆序数为奇数的排列称为**奇排列**,逆序数为偶数的排列称为**偶排列**.

下面给出计算一个 n 元排列的逆序数的方法:在一个 n 元排列 $p_1p_2\cdots p_t\cdots p_s\cdots p_n$ 中,如果一个较大的数排在一个较小的数之前,即若 $p_t>p_s$,则称这两个数 p_t,p_s 构成一个逆序.排在 p_s 前比 p_s 大的数的个数称为 p_s 的逆序数,记为 $\tau(p_s)$. 全体元素的逆序数之和

$$\tau(p_1p_2\cdots p_n)=\tau(p_1)+\tau(p_2)+\cdots+\tau(p_n)$$

即是这个排列的逆序数.

例 1.4 求排列 436251 的逆序数,并确定其奇偶性.

解 在排列 436251 中:

4 排在首位,逆序数为 0;

3 的前面比 3 大的数有 1 个(4),故逆序数为 1;

6 是最大数,故逆序数为 0;

2 前面比 2 大的数有 3 个(4、3、6),故逆序数为 3;

5 前面比 5 大的数有 1 个(6),故逆序数为 1;

1 前面比 1 大的数有 5 个(4、3、6、2、5),故逆序数为 5,于是这个排列的逆序数为 $\tau=\tau_1+\cdots+\tau_6=0+1+0+3+1+5=10$,故该排列为偶排列.

例 1.5 求排列 $1\ 3\ 5\ \cdots(2n-1)2\ 4\ 6\ \cdots(2n)$ 的逆序数,并确定其奇偶性.

解
$$\begin{aligned}&\tau(1\ 3\ 5\ \cdots(2n-1)2\ 4\ 6\ \cdots(2n))\\&=(n-1)+(n-2)+(n-3)+\cdots+2+1\\&=\frac{n(n-1)}{2},\end{aligned}$$

而 $\frac{n(n-1)}{2}$ 的奇偶性由 n 确定,讨论如下:

当 $n=4k$ 时,$\frac{n(n-1)}{2}=2k(4k-1)$ 是偶数;

当 $n=4k+1$ 时,$\frac{n(n-1)}{2}=2k(4k+1)$ 是偶数;

当 $n=4k+2$ 时,$\frac{n(n-1)}{2}=(2k+1)(4k+1)$ 是奇数;

当 $n=4k+3$ 时,$\frac{n(n-1)}{2}=(2k+1)(4k+3)$ 是奇数.

所以,当 $n=4k$ 或 $4k+1$ 时,为偶排列;当 $n=4k+2$ 或 $n=4k+3$ 时,为奇排列.

2. 对换

出于研究 n 阶行列式的需要,我们先讨论对换的概念以及它与排列奇偶性的关系.

定义 1.4 在排列 $p_1p_2\cdots p_t\cdots p_s\cdots p_n$ 中将任意两个数 p_t,p_s 的位置互换,而其余的数不动,就得到另一个排列,这种作出新排列的过程叫做**对换**.将相邻两个元素对换,称为**相邻**

对换.

定理 1.1 一个排列中任意两个元素对换,排列改变奇偶性.

证 先证相邻对换:设排列为 $a_1\cdots a_l abb_1\cdots b_m$,对换 a 与 b,变为 $a_1\cdots a_l bab_1\cdots b_m$,显然 $a_1,\cdots,a_l;b_1,\cdots,b_m$ 的逆序数经过对换并不改变,而 a 与 b 的逆序数的改变为

若 $a<b$,对换后 a 的逆序数增加 1,b 的逆序数不变;

若 $a>b$,对换后 a 的逆序数不变,b 的逆序数减少 1.

因此,无论是增加 1 还是减少 1,排列 $a_1\cdots a_l abb_1\cdots b_m$ 与排列 $a_1\cdots a_l bab_1\cdots b_m$ 的奇偶性改变.

再证一般对换:设(1)$a_1\cdots a_l ab_1\cdots b_m bc_1\cdots c_n$;(2)$a_1\cdots a_l b_1\cdots b_m abc_1\cdots c_n$;(3)$a_1\cdots a_l bb_1\cdots b_m ac_1\cdots c_n$.

由(1)变为(2)经过 m 次相邻对换;由(2)变为(3)经过 $m+1$ 次相邻对换;则由(1)变成(3)经过 $2m+1$ 次相邻对换,所以排列 $a_1\cdots a_l ab_1\cdots b_m bc_1\cdots c_n$ 与排列 $a_1\cdots a_l bb_1\cdots b_m ac_1\cdots c_n$ 的奇偶性相反.

推论 奇排列变为标准排列的对换次数为奇数,偶排列变为标准排列的对换次数为偶数.

证 由定理 1.1 知对换的次数就是排列奇偶性的变化次数,而标准排列是偶排列(逆序数为 0),因此结论成立.

1.1.3 *n* 阶行列式的定义

为了给出 n 阶行列式的定义,先来研究三阶行列式的结构.三阶行列式定义为

$$\begin{vmatrix} a_{11} & a_{12} & a_{13} \\ a_{21} & a_{22} & a_{23} \\ a_{31} & a_{32} & a_{33} \end{vmatrix} = a_{11}a_{22}a_{33} + a_{12}a_{23}a_{31} + a_{13}a_{21}a_{32} - a_{11}a_{23}a_{32} - a_{12}a_{21}a_{33} - a_{13}a_{22}a_{31}. \tag{1.9}$$

容易看出:

(1) 三阶行列式是一些项的代数和,而每一项都是行列式中位于不同行、不同列的 3 个元素的乘积.

(2) 这个代数和的总项数是由 1,2,3 构成的排列的总数,即 $3!=6$.

(3) 式(1.9)右端的任一项除正负号外均可以写成 $a_{1p_1}a_{2p_2}a_{3p_3}$.这里第 1 个下标(行标)排成标准次序,而第 2 个下标(列标)排成 $p_1p_2p_3$,它是 1,2,3 三个数的某个排列.

(4) 每一项的符号与列标排列的逆序数的奇偶性有关,各项的正负号与列标的排列对照表如下:

带正号的 3 项列标排列是 123、231、312;

带负号的 3 项列标排列是 132、213、321.

经计算可知前3个排列都是偶排列,后3个排列都是奇排列.因此各项所带的正负号可以表示为$(-1)^{\tau}$,其中τ为列标排列的逆序数.

因此,三阶行列式的定义又可写成

$$\begin{vmatrix} a_{11} & a_{12} & a_{13} \\ a_{21} & a_{22} & a_{23} \\ a_{31} & a_{32} & a_{33} \end{vmatrix} = \sum (-1)^{\tau} a_{1p_1} a_{2p_2} a_{3p_3},$$

其中,τ为排列$p_1p_2p_3$的逆序数,$\sum$表示对所有3元排列$p_1p_2p_3$求和.

仿此,可以把行列式推广到一般情形,于是有下面n阶行列式的定义.

定义1.5 设有n^2个数$a_{ij}(i,j=1,2,\cdots,n)$,排成n行n列的数表

$$\begin{matrix} a_{11} & a_{12} & \cdots & a_{1n} \\ a_{21} & a_{22} & \cdots & a_{2n} \\ \vdots & \vdots & & \vdots \\ a_{n1} & a_{n2} & \cdots & a_{nn} \end{matrix}$$

作出表中位于不同行不同列的n个元素的乘积,并冠以符号$(-1)^{\tau}$,得到$n!$个形如$(-1)^{\tau}a_{1p_1}a_{2p_2}\cdots a_{np_n}$的项,其中$p_1,p_2,\cdots,p_n$为自然数$1,2,\cdots,n$的一个排列,$\tau$为这个排列的逆序数.所有这$n!$项的代数和$(-1)^{\tau}a_{1p_1}a_{2p_2}\cdots a_{np_n}$称为**$n$阶行列式**,记作

$$D = \begin{vmatrix} a_{11} & a_{12} & \cdots & a_{1n} \\ a_{21} & a_{22} & \cdots & a_{2n} \\ \vdots & \vdots & & \vdots \\ a_{n1} & a_{n2} & \cdots & a_{nn} \end{vmatrix} = \sum (-1)^{\tau(p_1p_2\cdots p_n)} a_{1p_1} a_{2p_2} \cdots a_{np_n},$$

简记作$\det(a_{ij})$,其中a_{ij}为行列式D的(i,j)元.

显然,按此定义的二阶、三阶行列式与前面用对角线法则定义的二阶、三阶行列式是一致的.特别要注意,当$n=1$时,一阶行列式$|a|=a$,不要与绝对值记号相混淆.

例1.6 计算4阶行列式$\begin{vmatrix} -1 & 2 & 3 & 3 \\ 1 & 0 & 0 & 0 \\ 6 & 0 & 0 & 0 \\ 9 & 2 & 6 & 5 \end{vmatrix}$.

解 考虑非零项,第2行中仅有a_{21}不为零,第3行中仅有a_{31}不为零,从而$D=0$.

例1.7 计算n阶行列式

$$D_1 = \begin{vmatrix} a_{11} & a_{12} & \cdots & a_{1n} \\ & a_{22} & \cdots & a_{2n} \\ & & \ddots & \vdots \\ & & & a_{nn} \end{vmatrix}, \quad D_2 = \begin{vmatrix} a_{11} & \cdots & a_{1,n-1} & a_{1n} \\ a_{21} & \cdots & a_{2,n-1} & \\ \vdots & ⋰ & & \\ a_{n1} & & & \end{vmatrix}.$$

行列式D_1的主对角线下方的元素全为0(省略),称为**上三角行列式**(若主对角线上方

的元素全为 0,称为**下三角行列式**).

解 D_1 中只有一项 $a_{11}a_{22}\cdots a_{nn}$ 不显含 0,且列标构成排列的逆序数为 $\tau(12\cdots n)=0$,故 $D_1=(-1)^{\tau}a_{11}a_{22}\cdots a_{nn}=a_{11}a_{22}\cdots a_{nn}$.

D_2 中只有一项 $a_{1n}a_{2,n-1}\cdots a_{n1}$ 不显含 0,且列标构成排列的逆序数为

$$\tau(n\cdots 21)=0+1+2+\cdots+(n-1)=\frac{n(n-1)}{2},$$

故 $D_2=(-1)^{\tau}a_{1n}a_{2,n-1}\cdots a_{n1}=(-1)^{\frac{n(n-1)}{2}}a_{1n}a_{2,n-1}\cdots a_{n1}$.

结论:以主对角线为分界线的上(下)三角行列式的值等于主对角线上元素的乘积.

特别地,主对角线以外的元素全为 0 的行列式,称为**对角行列式**.如:

$$\begin{vmatrix} \lambda_1 & & & \\ & \lambda_2 & & \\ & & \ddots & \\ & & & \lambda_n \end{vmatrix}=\lambda_1\lambda_2\cdots\lambda_n.$$

而

$$\begin{vmatrix} & & & \lambda_1 \\ & & \lambda_2 & \\ & \iddots & & \\ \lambda_n & & & \end{vmatrix}=(-1)^{\frac{n(n-1)}{2}}\lambda_1\lambda_2\cdots\lambda_n.$$

应当指出,n 阶行列式的定义有多种形式.

例如,把 n 阶行列式每项的列下标按自然顺序排列,而行下标是 n 元排列的某个排列 $q_1q_2\cdots q_n$,则有行列式的另一种定义形式:

$$D=\begin{vmatrix} a_{11} & a_{12} & \cdots & a_{1n} \\ a_{21} & a_{22} & \cdots & a_{2n} \\ \vdots & \vdots & & \vdots \\ a_{n1} & a_{n2} & \cdots & a_{nn} \end{vmatrix}=\sum(-1)^{\tau(q_1q_2\cdots q_n)}a_{q_11}a_{q_22}\cdots a_{q_nn}.$$

若 n 阶行列式每项的行下标按 n 元排列 $p_1p_2\cdots p_n$ 排列,而列下标按 n 元排列 $q_1q_2\cdots q_n$ 排列,则上式还可定义为

$$D=\sum(-1)^{\tau(p_1p_2\cdots p_n)+\tau(q_1q_2\cdots q_n)}a_{p_1q_1}a_{p_2q_2}\cdots a_{p_nq_n}.$$

1.2 行列式的性质

由 n 阶行列式的定义可知,要计算 n 阶行列式,需要计算 $n!$ 个乘积项,显然比较麻烦.为此,我们先研究行列式的性质,利用这些性质来简化行列式的计算.

考虑 n 阶行列式

$$D=\begin{vmatrix} a_{11} & a_{12} & \cdots & a_{1n} \\ a_{21} & a_{22} & \cdots & a_{2n} \\ \vdots & \vdots & & \vdots \\ a_{n1} & a_{n2} & \cdots & a_{nn} \end{vmatrix},$$

把 D 的行列互换,得到一个新的行列式

$$\begin{vmatrix} a_{11} & a_{21} & \cdots & a_{n1} \\ a_{12} & a_{22} & \cdots & a_{n2} \\ \vdots & \vdots & & \vdots \\ a_{1n} & a_{2n} & \cdots & a_{nn} \end{vmatrix},$$

称为 D 的转置行列式,记为 D^{T}.

例如,设 $D=\begin{vmatrix} 1 & 3 \\ -2 & -1 \end{vmatrix}$,则 $D^{\mathrm{T}}=\begin{vmatrix} 1 & -2 \\ 3 & -1 \end{vmatrix}$.由对角线法则可知 $D=5$,$D^{\mathrm{T}}=5$,即 $D^{\mathrm{T}}=D$.一般地,有以下性质成立.

性质1 行列式与它的转置行列式相等.

证 记 $D=\det(a_{ij})$的转置行列式为

$$D^{\mathrm{T}}=\begin{vmatrix} b_{11} & b_{12} & \cdots & b_{1n} \\ b_{21} & b_{22} & \cdots & b_{2n} \\ \vdots & \vdots & & \vdots \\ b_{n1} & b_{n2} & \cdots & b_{nn} \end{vmatrix}.$$

则 $b_{ij}=a_{ji}(i,j=1,2,\cdots,n)$,按定义

$$D^{\mathrm{T}}=\begin{vmatrix} b_{11} & b_{12} & \cdots & b_{1n} \\ b_{21} & b_{22} & \cdots & b_{2n} \\ \vdots & \vdots & & \vdots \\ b_{n1} & b_{n2} & \cdots & b_{nn} \end{vmatrix}=\sum(-1)^{\tau(p_1p_2\cdots p_n)}b_{1p_1}b_{2p_2}\cdots b_{np_n}$$

$$=\sum(-1)^{\tau(p_1p_2\cdots p_n)}a_{p_11}a_{p_22}\cdots a_{p_nn},$$

而由行列式的定义知,

$$D=\sum(-1)^{\tau(p_1p_2\cdots p_n)}a_{p_11}a_{p_22}\cdots a_{p_nn},$$

故

$$D^{\mathrm{T}}=D.$$

由此性质可知,行列式中行与列地位相等.因此,行列式的性质凡是对行成立的,对列同样成立,反之亦然.

性质2 互换行列式的两行(或两列),行列式变号.

证 设

$$D=\begin{vmatrix} a_{11} & a_{12} & \cdots & a_{1n} \\ \vdots & \vdots & & \vdots \\ a_{i1} & a_{i2} & \cdots & a_{in} \\ \vdots & \vdots & & \vdots \\ a_{j1} & a_{j2} & \cdots & a_{jn} \\ \vdots & \vdots & & \vdots \\ a_{n1} & a_{n2} & \cdots & a_{nn} \end{vmatrix}, \quad D_1=\begin{vmatrix} a_{11} & a_{12} & \cdots & a_{1n} \\ \vdots & \vdots & & \vdots \\ a_{j1} & a_{j2} & \cdots & a_{jn} \\ \vdots & \vdots & & \vdots \\ a_{i1} & a_{i2} & \cdots & a_{in} \\ \vdots & \vdots & & \vdots \\ a_{n1} & a_{n2} & \cdots & a_{nn} \end{vmatrix},$$

其中,行列式 D_1 是由行列式 D 交换其 i,j 两行得到的.

记

$$D_1=\begin{vmatrix} b_{11} & b_{12} & \cdots & b_{1n} \\ \vdots & \vdots & & \vdots \\ b_{i1} & b_{i2} & \cdots & b_{in} \\ \vdots & \vdots & & \vdots \\ b_{j1} & b_{j2} & \cdots & b_{jn} \\ \vdots & \vdots & & \vdots \\ b_{n1} & b_{n2} & \cdots & b_{nn} \end{vmatrix},$$

当 $l\neq i,j$ 时,$b_{lk}=a_{lk}$;当 $l=i,j$ 时,$b_{ik}=a_{jk},b_{jk}=a_{ik}$,于是

$$\begin{aligned} D_1 &= \sum(-1)^{\tau}(b_{1p_1}\cdots b_{ip_i}\cdots b_{jp_j}\cdots b_{np_n}) \\ &= \sum(-1)^{\tau}(a_{1p_1}\cdots a_{jp_i}\cdots a_{ip_j}\cdots a_{np_n}) \\ &= \sum(-1)^{\tau}(a_{1p_1}\cdots a_{ip_j}\cdots a_{jp_i}\cdots a_{np_n}) \end{aligned}$$

其中,行标 $1\cdots i\cdots j\cdots n$ 为自然排列,τ 为列标排列 $p_1\cdots p_i\cdots p_j\cdots p_n$ 的逆序数.设排列 $p_1\cdots p_j\cdots p_i\cdots p_n$ 的逆序数为 τ_1,则 $(-1)^{\tau}=-(-1)^{\tau_1}$,故

$$D_1=-\sum(-1)^{\tau_1}(a_{1p_1}\cdots a_{ip_j}\cdots a_{jp_i}\cdots a_{np_n})=-D.$$

以 r_i 表示行列式的第 i 行,以 c_i 表示行列式的第 i 列,交换 i,j 两行记作 $r_i\leftrightarrow r_j$,交换 i,j 两列记作 $c_i\leftrightarrow c_j$.

推论 如果行列式有两行(列)完全相同,则此行列式等于零.

证 因为对调此两行(列)后,D 的形式不变,所以 $D=-D$,故 $D=0$.

性质 3 用一个数 k 乘行列式,等于行列式某一行(列)的所有元素都乘以 k.即

$$k\begin{vmatrix} a_{11} & a_{12} & \cdots & a_{1n} \\ \vdots & \vdots & & \vdots \\ a_{i1} & a_{i2} & \cdots & a_{in} \\ \vdots & \vdots & & \vdots \\ a_{n1} & a_{n2} & \cdots & a_{nn} \end{vmatrix} = \begin{vmatrix} a_{11} & a_{12} & \cdots & a_{1n} \\ \vdots & \vdots & & \vdots \\ ka_{i1} & ka_{i2} & \cdots & ka_{in} \\ \vdots & \vdots & & \vdots \\ a_{n1} & a_{n2} & \cdots & a_{nn} \end{vmatrix}.$$

第 i 行(或列)乘以 k,记作 $r_i \times k$(或 $c_i \times k$).

推论 行列式某一行(列)的所有元素的公因子可以提到行列式记号的外面.

第 i 行(或列)提出公因子 k,记作 $r_i \div k$(或 $c_i \div k$).

性质 4 行列式中如果有两行(列)元素对应成比例,则此行列式等于零.

性质 5 若行列式的某一行(列)的元素都可以表示为两项之和,则这个行列式可以表示为两个行列式的和.

即若

$$D = \begin{vmatrix} a_{11} & a_{12} & \cdots & (a_{1i}+b_{1i}) & \cdots & a_{1n} \\ a_{21} & a_{22} & \cdots & (a_{2i}+b_{2i}) & \cdots & a_{2n} \\ \vdots & \vdots & & \vdots & & \vdots \\ a_{n1} & a_{n2} & \cdots & (a_{ni}+b_{ni}) & \cdots & a_{nn} \end{vmatrix},$$

则 D 等于下列两个行列式之和:

$$D = \begin{vmatrix} a_{11} & a_{12} & \cdots & a_{1i} & \cdots & a_{1n} \\ a_{21} & a_{22} & \cdots & a_{2i} & \cdots & a_{2n} \\ \vdots & \vdots & & \vdots & & \vdots \\ a_{n1} & a_{n2} & \cdots & a_{ni} & \cdots & a_{nn} \end{vmatrix} + \begin{vmatrix} a_{11} & a_{12} & \cdots & b_{1i} & \cdots & a_{1n} \\ a_{21} & a_{22} & \cdots & b_{2i} & \cdots & a_{2n} \\ \vdots & \vdots & & \vdots & & \vdots \\ a_{n1} & a_{n2} & \cdots & b_{ni} & \cdots & a_{nn} \end{vmatrix}.$$

若 n 阶行列式的每个元素都可表示为两数之和,则它可分解成 2^n 个行列式之和.如

$$\begin{vmatrix} a+x & c+m \\ b+y & d+n \end{vmatrix} = \begin{vmatrix} a & c+m \\ b & d+n \end{vmatrix} + \begin{vmatrix} x & c+m \\ y & d+n \end{vmatrix}$$

$$= \begin{vmatrix} a & c \\ b & d \end{vmatrix} + \begin{vmatrix} x & c \\ y & d \end{vmatrix} + \begin{vmatrix} a & m \\ b & n \end{vmatrix} + \begin{vmatrix} x & m \\ y & n \end{vmatrix}.$$

性质 6 把行列式的某一行(列)的各元素乘以同一个数 k 后加到另一行(列)对应的元素上去,行列式的值不变.

例如,以数 k 乘第 i 行后加到第 j 行上(记作 $r_j + kr_i$),有

$$D = \begin{vmatrix} a_{11} & a_{12} & \cdots & a_{1n} \\ \vdots & \vdots & & \vdots \\ a_{i1} & a_{i2} & \cdots & a_{in} \\ \vdots & \vdots & & \vdots \\ a_{j1} & a_{j2} & \cdots & a_{jn} \\ \vdots & \vdots & & \vdots \\ a_{n1} & a_{n2} & \cdots & a_{nn} \end{vmatrix} \xlongequal{r_j + kr_i} \begin{vmatrix} a_{11} & a_{12} & \cdots & a_{1n} \\ \vdots & \vdots & & \vdots \\ a_{i1} & a_{i2} & \cdots & a_{in} \\ \vdots & \vdots & & \vdots \\ a_{j1}+ka_{i1} & a_{j2}+ka_{i2} & \cdots & a_{jn}+ka_{in} \\ \vdots & \vdots & & \vdots \\ a_{n1} & a_{n2} & \cdots & a_{nn} \end{vmatrix} \quad (i \neq j).$$

性质2、性质3、性质6分别介绍了行列式关于行和关于列的3种运算，即 $r_i \leftrightarrow r_j, r_i \times k, r_j + kr_i$ 和 $c_i \leftrightarrow c_j, c_i \times k, c_j + kc_i$，利用这些运算可简化行列式的计算，特别是利用运算 $r_j + kr_i$（或 $c_j + kc_i$）可以把行列式中的许多元素化为0.计算行列式常用的一种方法就是利用运算 $r_j + kr_i$ 把行列式化为上三角（或下三角）行列式，从而得行列式的值.

把行列式化为上三角行列式的步骤是：如果 $a_{11} \neq 1$，可利用性质2或性质6将其化为1，然后把第1行分别乘以适当的数加到其他各行，使得第1列除 a_{11} 外其余元素全为0.

再用同样的方法处理除去第1行和第1列后余下的低一阶行列式，如此继续下去，直至使它成为上三角行列式，此时主对角线上元素的乘积就是所求行列式的值.

例 1.8 计算行列式

$$D = \begin{vmatrix} 1 & 2 & -3 & -4 \\ -1 & -2 & 5 & -8 \\ 0 & -1 & 2 & -1 \\ 1 & 3 & -5 & 10 \end{vmatrix}.$$

解

$$D = \begin{vmatrix} 1 & 2 & -3 & -4 \\ -1 & -2 & 5 & -8 \\ 0 & -1 & 2 & -1 \\ 1 & 3 & -5 & 10 \end{vmatrix} \xlongequal[r_4 - r_1]{r_2 + r_1} \begin{vmatrix} 1 & 2 & -3 & -4 \\ 0 & 0 & 2 & -12 \\ 0 & -1 & 2 & -1 \\ 0 & 1 & -2 & 14 \end{vmatrix} \xlongequal{r_2 \leftrightarrow r_4} \begin{vmatrix} 1 & 2 & -3 & -4 \\ 0 & 1 & -2 & 14 \\ 0 & -1 & 2 & -1 \\ 0 & 0 & 2 & -12 \end{vmatrix}$$

$$\xlongequal{r_3 + r_2} - \begin{vmatrix} 1 & 2 & -3 & -4 \\ 0 & 1 & -2 & 14 \\ 0 & 0 & 0 & 13 \\ 0 & 0 & 2 & -12 \end{vmatrix} \xlongequal{r_3 \leftrightarrow r_4} \begin{vmatrix} 1 & 2 & -3 & -4 \\ 0 & 1 & -2 & 14 \\ 0 & 0 & 2 & -12 \\ 0 & 0 & 0 & 13 \end{vmatrix} = 26.$$

例 1.9 计算行列式 $D = \begin{vmatrix} a & b & b & b \\ b & a & b & b \\ b & b & a & b \\ b & b & b & a \end{vmatrix}$.

解法一 这个行列式的特点是行列式每一列(行)4个元素之和都等于 $a+3b$，连续用性质6，将第2,3,4行同时加到第1行，提出公因子 $a+3b$：

$$D = \begin{vmatrix} a & b & b & b \\ b & a & b & b \\ b & b & a & b \\ b & b & b & a \end{vmatrix} \xlongequal{r_1 + r_2 + r_3 + r_4} \begin{vmatrix} a+3b & a+3b & a+3b & a+3b \\ b & a & b & b \\ b & b & a & b \\ b & b & b & a \end{vmatrix}$$

$$\xlongequal{r_1 \div (a+3b)} (a+3b) \begin{vmatrix} 1 & 1 & 1 & 1 \\ b & a & b & b \\ b & b & a & b \\ b & b & b & a \end{vmatrix}.$$

再把行列式的第1行乘以$(-b)$分别加到其余各行,得

$$D=(a+3b)\begin{vmatrix}1&1&1&1\\0&a-b&0&0\\0&0&a-b&0\\0&0&0&a-b\end{vmatrix}=(a+3b)(a-b)^3.$$

解法二　$$D=\begin{vmatrix}a&b&b&b\\b&a&b&b\\b&b&a&b\\b&b&b&a\end{vmatrix}\xlongequal[r_4-r_1]{\substack{r_2-r_1\\r_3-r_1}}\begin{vmatrix}a&b&b&b\\b-a&a-b&0&0\\b-a&0&a-b&0\\b-a&0&0&a-b\end{vmatrix}$$

$$\xlongequal{c_1+c_2+c_3+c_4}\begin{vmatrix}a+3b&b&b&b\\0&a-b&0&0\\0&0&a-b&0\\0&0&0&a-b\end{vmatrix}=(a+3b)(a-b)^3.$$

例 1.10　计算行列式

$$D=\begin{vmatrix}a&b&c&d\\a&a+b&a+b+c&a+b+c+d\\a&2a+b&3a+2b+c&4a+3b+2c+d\\a&3a+b&6a+3b+c&10a+6b+3c+d\end{vmatrix}.$$

解　从第4行开始,后行减前行,

$$D=\begin{vmatrix}a&b&c&d\\0&a&a+b&a+b+c\\0&a&2a+b&3a+2b+c\\0&a&3a+b&6a+3b+c\end{vmatrix}\xlongequal[r_3-r_2]{r_4-r_3}\begin{vmatrix}a&b&c&d\\0&a&a+b&a+b+c\\0&0&a&2a+b\\0&0&a&3a+b\end{vmatrix}$$

$$\xlongequal{r_4-r_3}\begin{vmatrix}a&b&c&d\\0&a&a+b&a+b+c\\0&0&a&2a+b\\0&0&0&a\end{vmatrix}=a^4.$$

上面例题中都用到把几个运算写在一起的省略写法,要注意各运算的次序一般不能颠倒,这是由于后一次运算是作用在前一次运算结果上的缘故.

例如,

$$\begin{vmatrix}a&c\\b&d\end{vmatrix}\xlongequal{r_2+r_1}\begin{vmatrix}a&c\\b+a&d+c\end{vmatrix}\xlongequal{r_1-r_2}\begin{vmatrix}-b&-d\\b+a&d+c\end{vmatrix}.$$

$$\begin{vmatrix}a&c\\b&d\end{vmatrix}\xlongequal{r_1-r_2}\begin{vmatrix}a-b&c-d\\b&d\end{vmatrix}\xlongequal{r_2+r_1}\begin{vmatrix}a-b&c-d\\a&c\end{vmatrix}.$$

可见两次运算当次序不同时结果亦不同.此外,还要注意运算 r_i+r_j 与 r_j+r_i 的区别,记号 r_i+r_j 表示把行列式第 j 行上的元素加到第 i 行的对应元素上,是第 i 行改变;而记号 r_j+r_i 表示把行列式第 i 行上的元素加到第 j 行的对应元素上,是第 j 行改变.

例 1.11 计算 $n+1$ 阶行列式

$$D=\begin{vmatrix} a_0 & 1 & 1 & \cdots & 1 \\ 1 & a_1 & 0 & \cdots & 0 \\ 1 & 0 & a_2 & \cdots & 0 \\ \vdots & \vdots & \vdots & & \vdots \\ 1 & 0 & 0 & \cdots & a_n \end{vmatrix},\quad 其中\ a_i\neq 0, i=1,2,\cdots,n.$$

解 将 D 化成上三角行列式.

因为 $a_i\neq0, i=1,2,\cdots,n$,故将第 2 列的 $\left(-\dfrac{1}{a_1}\right)$ 倍,第 3 列的 $\left(-\dfrac{1}{a_2}\right)$ 倍,…,第 $n+1$ 列的 $\left(-\dfrac{1}{a_n}\right)$ 倍分别加到第 1 列,则

$$D=\begin{vmatrix} a_0-\sum\limits_{i=1}^{n}\dfrac{1}{a_i} & 1 & 1 & \cdots & 1 \\ 0 & a_1 & 0 & \cdots & 0 \\ 0 & 0 & a_2 & \cdots & 0 \\ \vdots & \vdots & \vdots & & \vdots \\ 0 & 0 & 0 & \cdots & a_n \end{vmatrix}=\left(a_0-\sum_{i=1}^{n}\frac{1}{a_i}\right)a_1a_2\cdots a_n.$$

例 1.12 解方程

$$\begin{vmatrix} 1 & 2 & 3 & \cdots & n \\ 1 & x+1 & 3 & \cdots & n \\ 1 & 2 & x+1 & \cdots & n \\ \vdots & \vdots & \vdots & & \vdots \\ 1 & 2 & 3 & \cdots & x+1 \end{vmatrix}=0.$$

解 先计算方程左侧的行列式,把第 1 行乘以 -1 依次加到第 2 行、第 3 行直至第 n 行,得

$$\begin{vmatrix} 1 & 2 & 3 & \cdots & n \\ 1 & x+1 & 3 & \cdots & n \\ 1 & 2 & x+1 & \cdots & n \\ \vdots & \vdots & \vdots & & \vdots \\ 1 & 2 & 3 & \cdots & x+1 \end{vmatrix}=\begin{vmatrix} 1 & 2 & 3 & \cdots & n \\ 0 & x-1 & 0 & \cdots & 0 \\ 0 & 0 & x-2 & \cdots & 0 \\ \vdots & \vdots & \vdots & & \vdots \\ 0 & 0 & 0 & \cdots & x-n+1 \end{vmatrix}$$

$$=(x-1)(x-2)\cdots(x-n+1),$$

所以,方程为

$$(x-1)(x-2)\cdots(x-n+1)=0.$$

由此得到方程的解为：$x=1$，或 $x=2$，…，或 $x=n-1$.

当有些方程是以行列式的形式给出的，就需要先计算行列式，后解方程.

1.3 行列式按行列展开

对于三阶行列式来说，容易验证

$$\begin{vmatrix} a_{11} & a_{12} & a_{13} \\ a_{21} & a_{22} & a_{23} \\ a_{31} & a_{32} & a_{33} \end{vmatrix} = a_{11}\begin{vmatrix} a_{22} & a_{23} \\ a_{32} & a_{33} \end{vmatrix} - a_{21}\begin{vmatrix} a_{12} & a_{13} \\ a_{32} & a_{33} \end{vmatrix} + a_{31}\begin{vmatrix} a_{12} & a_{13} \\ a_{22} & a_{23} \end{vmatrix}.$$

由此可见，三阶行列式的计算可以归结为二阶行列式的计算.

一般来说，低阶行列式的计算比高阶行列式的计算要简便.于是，我们自然地考虑用低阶行列式来表示高阶行列式的问题.为此，首先引入余子式和代数余子式的概念.

在 n 阶行列式中，把 (i,j) 元 a_{ij} 所在的第 i 行与第 j 列划去后，留下来的 $n-1$ 阶行列式叫做 (i,j) 元 a_{ij} 的**余子式**，记作 M_{ij}；记

$$A_{ij}=(-1)^{i+j}M_{ij},$$

A_{ij} 叫做 (i,j) 元 a_{ij} 的**代数余子式**.

例如在 4 阶行列式

$$D=\begin{vmatrix} a_{11} & a_{12} & a_{13} & a_{14} \\ a_{21} & a_{22} & a_{23} & a_{24} \\ a_{31} & a_{32} & a_{33} & a_{34} \\ a_{41} & a_{42} & a_{43} & a_{44} \end{vmatrix}$$

中，(2,3)元 a_{23} 的余子式和代数余子式分别为

$$M_{23}=\begin{vmatrix} a_{11} & a_{12} & a_{14} \\ a_{31} & a_{32} & a_{34} \\ a_{41} & a_{42} & a_{44} \end{vmatrix},$$

$$A_{23}=(-1)^{2+3}M_{23}=-M_{23}.$$

定理 1.2 一个 n 阶行列式 D，如果其中第 i 行(或第 j 列)所有元素除 (i,j) 元 a_{ij} 外都为零，则这个行列式等于 a_{ij} 与它的代数余子式的乘积，即

$$D=a_{ij}A_{ij}.$$

证 先假定第 1 行的元素除 a_{11} 外都是 0 的情形.此时，

$$D=\begin{vmatrix} a_{11} & 0 & \cdots & 0 \\ a_{21} & a_{22} & \cdots & a_{2n} \\ \vdots & \vdots & & \vdots \\ a_{n1} & a_{n2} & \cdots & a_{nn} \end{vmatrix},$$

根据行列式的定义

$$D=\sum_{1j_2\cdots j_n}(-1)^{\tau(1j_2\cdots j_n)}a_{11}a_{2j_2}\cdots a_{nj_n}$$
$$=a_{11}\sum_{j_2\cdots j_n}(-1)^{\tau(j_2\cdots j_n)}a_{2j_2}\cdots a_{nj_n}$$
$$=a_{11}\begin{vmatrix}a_{22}&a_{23}&\cdots&a_{2n}\\a_{32}&a_{33}&\cdots&a_{3n}\\\vdots&\vdots&&\vdots\\a_{n2}&a_{n3}&\cdots&a_{nn}\end{vmatrix}=a_{11}M_{11}.$$

由 $A_{11}=(-1)^{1+1}M_{11}=M_{11}$,得 $D=a_{11}A_{11}$.

再证一般情形,设

$$D=\begin{vmatrix}a_{11}&\cdots&a_{1j}&\cdots&a_{1n}\\\vdots&&\vdots&&\vdots\\0&\cdots&a_{ij}&\cdots&0\\\vdots&&\vdots&&\vdots\\a_{n1}&\cdots&a_{nj}&\cdots&a_{nn}\end{vmatrix}.$$

为了利用前面的结果,将行列式 D 进行对换,把 a_{ij} 调至行列式的第1行第1列的位置.

首先把 D 的第 i 行依次与第 $i-1$ 行、第 $i-2$ 行、…、第1行对调,这样元素 a_{ij} 就调到第1行上,调换的次数为 $i-1$.再把第 j 列依次与第 $j-1$ 列、第 $j-2$ 列、…、第1列对调,这样元素 a_{ij} 就调到第1行第1列的位置,调换的次数为 $j-1$.总之经过 $i+j-2$ 次调换,元素 a_{ij} 调到第1行第1列的位置时所得行列式记为 D_1,显然 $D=(-1)^{i+j-2}D_1=(-1)^{i+j}D_1$,而元素 a_{ij} 在 D_1 中的余子式仍然是 a_{ij} 在 D 中的余子式 M_{ij}.

由于

$$D_1=a_{ij}M_{ij},$$

于是

$$D=(-1)^{i+j}D_1=(-1)^{i+j}a_{ij}M_{ij}=a_{ij}A_{ij}.$$

定理 1.3 行列式等于它的任一行(列)的各元素与其对应的代数余子式乘积之和,即

$$D=a_{i1}A_{i1}+a_{i2}A_{i2}+\cdots+a_{in}A_{in},\quad i=1,2,\cdots,n,$$

或

$$D=a_{1j}A_{1j}+a_{2j}A_{2j}+\cdots+a_{nj}A_{nj},\quad j=1,2,\cdots,n.$$

证

$$D=\begin{vmatrix}a_{11}&a_{12}&\cdots&a_{1n}\\\vdots&\vdots&&\vdots\\a_{i1}&a_{i2}&\cdots&a_{in}\\\vdots&\vdots&&\vdots\\a_{n1}&a_{n2}&\cdots&a_{nn}\end{vmatrix}$$

$$
=\begin{vmatrix} a_{11} & a_{12} & \cdots & a_{1n} \\ \vdots & \vdots & & \vdots \\ a_{i1}+0+\cdots+0 & 0+a_{i2}+\cdots+0 & \cdots & 0+0+\cdots+a_{in} \\ \vdots & \vdots & & \vdots \\ a_{n1} & a_{n2} & \cdots & a_{nn} \end{vmatrix}
$$

$$
=\begin{vmatrix} a_{11} & a_{12} & \cdots & a_{1n} \\ \vdots & \vdots & & \vdots \\ a_{i1} & 0 & \cdots & 0 \\ \vdots & \vdots & & \vdots \\ a_{n1} & a_{n2} & \cdots & a_{nn} \end{vmatrix}+\begin{vmatrix} a_{11} & a_{12} & \cdots & a_{1n} \\ \vdots & \vdots & & \vdots \\ 0 & a_{i2} & \cdots & 0 \\ \vdots & \vdots & & \vdots \\ a_{n1} & a_{n2} & \cdots & a_{nn} \end{vmatrix}+\cdots+\begin{vmatrix} a_{11} & a_{12} & \cdots & a_{1n} \\ \vdots & \vdots & & \vdots \\ 0 & 0 & \cdots & a_{in} \\ \vdots & \vdots & & \vdots \\ a_{n1} & a_{n2} & \cdots & a_{nn} \end{vmatrix},
$$

由定理1.2，$D=a_{i1}A_{i1}+a_{i2}A_{i2}+\cdots+a_{in}A_{in}, i=1,2,\cdots,n$.

类似地，按列证明可得 $D=a_{1j}A_{1j}+a_{2j}A_{2j}+\cdots+a_{nj}A_{nj}, j=1,2,\cdots,n$.

这个定理叫做**行列式按行(列)展开法则**.利用这一法则并结合行列式的性质可以简化行列式的计算.

例1.13 计算行列式

$$
D=\begin{vmatrix} 1 & 3 & 2 & 4 \\ 2 & 1 & 3 & 1 \\ 3 & 2 & 1 & 4 \\ 2 & 1 & 0 & 1 \end{vmatrix}.
$$

解 保留 a_{44}，把第4行其余元素变为0，然后按第4行展开，

$$
D=\begin{vmatrix} 1 & 3 & 2 & 4 \\ 2 & 1 & 3 & 1 \\ 3 & 2 & 1 & 4 \\ 2 & 1 & 0 & 1 \end{vmatrix}\xlongequal[c_2-c_4]{c_1-2c_2}\begin{vmatrix} -5 & -1 & 2 & 4 \\ 0 & 0 & 3 & 1 \\ -1 & -2 & 1 & 4 \\ 0 & 0 & 0 & 1 \end{vmatrix}=(-1)^{4+4}\begin{vmatrix} -5 & -1 & 2 \\ 0 & 0 & 3 \\ -1 & -2 & 1 \end{vmatrix}
$$

$$
=3\times(-1)^{2+3}\begin{vmatrix} -5 & -1 \\ -1 & -2 \end{vmatrix}=(-3)\times(10-1)=-27.
$$

例1.14 计算行列式

$$
D_n=\begin{vmatrix} x & y & 0 & \cdots & 0 & 0 \\ 0 & x & y & \cdots & 0 & 0 \\ \vdots & \vdots & \vdots & & \vdots & \vdots \\ 0 & 0 & 0 & \cdots & x & y \\ y & 0 & 0 & \cdots & 0 & x \end{vmatrix}.
$$

解 将行列式按第1列展开得

$$D_n=(-1)^{1+1}x\begin{vmatrix} x & y & 0 & \cdots & 0 & 0 \\ 0 & x & y & \cdots & 0 & 0 \\ \vdots & \vdots & \vdots & & \vdots & \vdots \\ 0 & 0 & 0 & \cdots & x & y \\ 0 & 0 & 0 & \cdots & 0 & x \end{vmatrix}+(-1)^{n+1}y\begin{vmatrix} y & 0 & 0 & \cdots & 0 & 0 \\ x & y & 0 & \cdots & 0 & 0 \\ \vdots & \vdots & \vdots & & \vdots & \vdots \\ 0 & 0 & 0 & \cdots & y & 0 \\ 0 & 0 & 0 & \cdots & x & y \end{vmatrix}.$$

上面两个行列式分别为 $n-1$ 阶上三角行列式和 $n-1$ 阶下三角行列式,故

$$D_n=x\cdot x^{n-1}+(-1)^{n+1}y\cdot y^{n-1}=x^n+(-1)^{n+1}y^n.$$

例 1.15 计算 n 阶行列式

$$D_n=\begin{vmatrix} 2 & -1 & 0 & 0 & \cdots & 0 & 0 & 0 \\ -1 & 2 & -1 & 0 & \cdots & 0 & 0 & 0 \\ 0 & -1 & 2 & -1 & \cdots & 0 & 0 & 0 \\ \vdots & \vdots & \vdots & \vdots & & \vdots & \vdots & \vdots \\ 0 & 0 & 0 & 0 & \cdots & -1 & 2 & -1 \\ 0 & 0 & 0 & 0 & \cdots & 0 & -1 & 2 \end{vmatrix}.$$

解 由性质5将 D_n 的第1列的各元素看成两元素之和,得

$$D_n=\begin{vmatrix} 1 & -1 & 0 & 0 & \cdots & 0 & 0 & 0 \\ 0 & 2 & -1 & 0 & \cdots & 0 & 0 & 0 \\ 0 & -1 & 2 & -1 & \cdots & 0 & 0 & 0 \\ \vdots & \vdots & \vdots & \vdots & & \vdots & \vdots & \vdots \\ 0 & 0 & 0 & 0 & \cdots & -1 & 2 & -1 \\ 0 & 0 & 0 & 0 & \cdots & 0 & -1 & 2 \end{vmatrix}+$$

$$\begin{vmatrix} 1 & -1 & 0 & 0 & \cdots & 0 & 0 & 0 \\ -1 & 2 & -1 & 0 & \cdots & 0 & 0 & 0 \\ 0 & -1 & 2 & -1 & \cdots & 0 & 0 & 0 \\ \vdots & \vdots & \vdots & \vdots & & \vdots & \vdots & \vdots \\ 0 & 0 & 0 & 0 & \cdots & -1 & 2 & -1 \\ 0 & 0 & 0 & 0 & \cdots & 0 & -1 & 2 \end{vmatrix}.$$

第1个行列式按第1列展开,第2个行列式从第1行开始依次加到下一行,得到

$$D_n=D_{n-1}+\begin{vmatrix} 1 & -1 & 0 & 0 & \cdots & 0 & 0 & 0 \\ 0 & 1 & -1 & 0 & \cdots & 0 & 0 & 0 \\ 0 & 0 & 1 & -1 & \cdots & 0 & 0 & 0 \\ \vdots & \vdots & \vdots & \vdots & & \vdots & \vdots & \vdots \\ 0 & 0 & 0 & 0 & \cdots & 0 & 1 & -1 \\ 0 & 0 & 0 & 0 & \cdots & 0 & 0 & 1 \end{vmatrix}=D_{n-1}+1,$$

从而有递推公式

$$D_n=D_{n-1}+1=D_{n-2}+2=\cdots=D_1+n-1=2+n-1=n+1.$$

此处是将行列式的计算归结为形式相同而阶数较低的行列式的计算，此方法称为递推法，所得关系式 $D_n=D_{n-1}+1$ 称为递推式.

例 1.16 证明范德蒙德(Vandermonde)行列式

$$D_n=\begin{vmatrix}1 & 1 & \cdots & 1 & 1\\ x_1 & x_2 & \cdots & x_{n-1} & x_n\\ x_1^2 & x_2^2 & \cdots & x_{n-1}^2 & x_n^2\\ \vdots & \vdots & & \vdots & \vdots\\ x_1^{n-1} & x_2^{n-1} & \cdots & x_{n-1}^{n-1} & x_n^{n-1}\end{vmatrix}=\prod_{1\leqslant j<i\leqslant n}(x_i-x_j), \tag{1.10}$$

其中，记号“$\prod$”表示全体同类因子的乘积.

证 用数学归纳法.因为

$$D_2=\begin{vmatrix}1 & 1\\ x_1 & x_2\end{vmatrix}=x_2-x_1=\prod_{1\leqslant j<i\leqslant 2}(x_i-x_j),$$

所以当 $n=2$ 时，式(1.10)成立.现假设式(1.10)对 $n-1$ 阶范德蒙德行列式成立，要证式(1.10)对 n 阶范德蒙德行列式也成立.

为此，设法将 D_n 降阶：从第 n 行开始，后行减去前行的 x_1 倍，得

$$D_n=\begin{vmatrix}1 & 1 & 1 & \cdots & 1\\ 0 & x_2-x_1 & x_3-x_1 & \cdots & x_n-x_1\\ 0 & x_2(x_2-x_1) & x_3(x_3-x_1) & \cdots & x_n(x_n-x_1)\\ \vdots & \vdots & \vdots & & \vdots\\ 0 & x_2^{n-2}(x_2-x_1) & x_3^{n-2}(x_3-x_1) & \cdots & x_n^{n-2}(x_n-x_1)\end{vmatrix},$$

再按第1列展开，并把每列的公因子 (x_i-x_1) 提出，就有

$$D_n=(x_2-x_1)(x_3-x_1)\cdots(x_n-x_1)\begin{vmatrix}1 & 1 & \cdots & 1\\ x_2 & x_3 & \cdots & x_n\\ \vdots & \vdots & & \vdots\\ x_2^{n-2} & x_3^{n-2} & \cdots & x_n^{n-2}\end{vmatrix},$$

上式右端的行列式是 $n-1$ 阶范德蒙德行列式，按归纳法假设，它等于所有 (x_i-x_j) 因子的乘积，其中 $2\leqslant j<i\leqslant n$，故

$$D_n=(x_2-x_1)(x_3-x_1)\cdots(x_n-x_1)\prod_{2\leqslant j<i\leqslant n}(x_i-x_j)=\prod_{1\leqslant j<i\leqslant n}(x_i-x_j).$$

例 1.17 计算行列式

$$D=\begin{vmatrix}1 & 1 & 1 & 1\\ 1 & -1 & 1 & -1\\ 1 & 3 & 9 & 27\\ 1 & -2 & 4 & -8\end{vmatrix}.$$

解 D 是4阶范德蒙德行列式的转置,利用行列式的性质 $D=D^{\mathrm{T}}$,所以

$$D=(-1-1)(3-1)(-2-1)(3+1)(-2+1)(-2-3)=240.$$

定理 1.4 行列式某一行(列)的元素与另一行(列)的对应元素的代数余子式乘积之和等于零.即

$$a_{i1}A_{j1}+a_{i2}A_{j2}+\cdots+a_{in}A_{jn}=0,\quad i\neq j,$$

或

$$a_{1i}A_{1j}+a_{2i}A_{2j}+\cdots+a_{ni}A_{nj}=0,\quad i\neq j.$$

证 $$D=\begin{vmatrix} a_{11} & a_{12} & \cdots & a_{1n} \\ \vdots & \vdots & & \vdots \\ a_{i1} & a_{i2} & \cdots & a_{in} \\ \vdots & \vdots & & \vdots \\ a_{j1} & a_{j2} & \cdots & a_{jn} \\ \vdots & \vdots & & \vdots \\ a_{n1} & a_{n2} & \cdots & a_{nn} \end{vmatrix} \xlongequal{r_j+r_i} \begin{vmatrix} a_{11} & a_{12} & \cdots & a_{1n} \\ \vdots & \vdots & & \vdots \\ a_{i1} & a_{i2} & \cdots & a_{in} \\ \vdots & \vdots & & \vdots \\ a_{j1}+a_{i1} & a_{j2}+a_{i2} & \cdots & a_{jn}+a_{in} \\ \vdots & \vdots & & \vdots \\ a_{n1} & a_{n2} & & a_{nn} \end{vmatrix}.$$

上述两个行列式都按第 j 行展开,得

$$\sum_{k=1}^{n}a_{jk}A_{jk}=\sum_{k=1}^{n}(a_{ik}+a_{jk})A_{jk},$$

移项化简,得

$$\sum_{k=1}^{n}a_{ik}A_{jk}=0,\quad i\neq j.$$

同理可证另一式.

综合定理1.3与定理1.4,可得关于代数余子式的重要性质:

$$\sum_{k=1}^{n}a_{ki}A_{kj}=D\delta_{ij}=\begin{cases}D, & i=j,\\ 0, & i\neq j,\end{cases}$$

或

$$\sum_{k=1}^{n}a_{ik}A_{jk}=D\delta_{ij}=\begin{cases}D, & i=j,\\ 0, & i\neq j,\end{cases}$$

其中

$$\delta_{ij}=\begin{cases}1, & i=j,\\ 0, & i\neq j.\end{cases}$$

例 1.18 设行列式

$$D_4=\begin{vmatrix} 3 & 0 & 4 & 0 \\ 2 & 2 & 2 & 2 \\ 0 & -7 & 0 & 0 \\ 5 & 3 & -2 & 2 \end{vmatrix},$$

求第4行各元素代数余子式及余子式之和.

解 $A_{41}+A_{42}+A_{43}+A_{44}=\begin{vmatrix}3 & 0 & 4 & 0\\2 & 2 & 2 & 2\\0 & -7 & 0 & 0\\1 & 1 & 1 & 1\end{vmatrix}$.

由于第2行与第4行的元素对应成比例,故行列式的值为0.

$$M_{41}+M_{42}+M_{43}+M_{44}=-A_{41}+A_{42}-A_{43}+A_{44}=\begin{vmatrix}3 & 0 & 4 & 0\\2 & 2 & 2 & 2\\0 & -7 & 0 & 0\\-1 & 1 & -1 & 1\end{vmatrix}$$

$$=(-7)\times(-1)^{3+2}\times\begin{vmatrix}3 & 4 & 0\\2 & 2 & 2\\-1 & -1 & 1\end{vmatrix}$$

$$=7\times(6+0-8-0+6-8)=-28.$$

1.4 行列式的应用——克莱姆法则

含有 n 个未知数 $x_1,x_2,\cdots,x_n$ 的 n 个线性方程的方程组

$$\begin{cases}a_{11}x_1+a_{12}x_2+\cdots+a_{1n}x_n=b_1,\\a_{21}x_1+a_{22}x_2+\cdots+a_{2n}x_n=b_2,\\\qquad\vdots\\a_{n1}x_1+a_{n2}x_2+\cdots+a_{nn}x_n=b_n.\end{cases}\tag{1.11}$$

它的系数构成的行列式

$$D=\begin{vmatrix}a_{11} & a_{12} & \cdots & a_{1n}\\a_{21} & a_{22} & \cdots & a_{2n}\\\vdots & \vdots & & \vdots\\a_{n1} & a_{n2} & \cdots & a_{nn}\end{vmatrix}$$

称为方程组(1.11)的系数行列式.

定理1.5(克莱姆法则)　如果线性方程组(1.11)的系数行列式 $D\neq0$,则方程组有唯一解,且解可用行列式表示为

$$x_1=\frac{D_1}{D},\quad x_2=\frac{D_2}{D},\quad \cdots,\quad x_n=\frac{D_n}{D},$$

其中,$D_j(j=1,2,\cdots,n)$是把系数行列式中的第 j 列的元素用方程组右端的常数项代替后所得到的 n 阶行列式,即

$$D_j=\begin{vmatrix} a_{11} & \cdots & a_{1,j-1} & b_1 & a_{1,j+1} & \cdots & a_{1n} \\ \vdots & & \vdots & \vdots & \vdots & & \vdots \\ a_{n1} & \cdots & a_{n,j-1} & b_n & a_{n,j+1} & \cdots & a_{nn} \end{vmatrix}.$$

证 以行列式 D 的第 $j(j=1,2,\cdots,n)$ 列元素的代数余子式 $A_{1j},A_{2j},\cdots,A_{nj}$ 分别乘方程组(1.11)的第1,第2,…,第 n 个方程,然后相加,得

$$\begin{aligned}&(a_{11}A_{1j}+a_{21}A_{2j}+\cdots+a_{n1}A_{nj})x_1+\cdots+\\&(a_{1j}A_{1j}+a_{2j}A_{2j}+\cdots+a_{nj}A_{nj})x_j+\cdots+\\&(a_{1n}A_{1j}+a_{2n}A_{2j}+\cdots+a_{nn}A_{nj})x_n\\=&b_1A_{1j}+b_2A_{2j}+\cdots+b_nA_{nj}.\end{aligned}$$

由定理1.3及定理1.4知,x_j 的系数等于 D,$x_i(i\neq j)$ 的系数等于0,而等号右端恰好等于 D_j,即

$$Dx_j=D_j,\quad j=1,2,\cdots,n.$$

当 $D\neq 0$ 时,方程组(1.11)有唯一解,即

$$x_1=\frac{D_1}{D},\quad x_2=\frac{D_2}{D},\quad \cdots,\quad x_n=\frac{D_n}{D}.$$

例 1.19 解线性方程组

$$\begin{cases}x_1+4x_2-7x_3+6x_4=0,\\2x_2+x_3+x_4=-8,\\x_2+x_3+3x_4=-2,\\x_1+x_3-x_4=1.\end{cases}$$

解 计算系数行列式

$$D=\begin{vmatrix}1&4&-7&6\\0&2&1&1\\0&1&1&3\\1&0&1&-1\end{vmatrix}\overset{r_1-r_4}{=\!=\!=}\begin{vmatrix}0&4&-8&7\\0&2&1&1\\0&1&1&3\\1&0&1&-1\end{vmatrix}=1\times(-1)^{4+1}\times\begin{vmatrix}4&-8&7\\2&1&1\\1&1&3\end{vmatrix}$$

$$=-(12+14-8-7-4+48)=-55\neq 0,$$

故方程组有唯一解.

$$D_1=\begin{vmatrix}0&4&-7&6\\-8&2&1&1\\-2&1&1&3\\1&0&1&-1\end{vmatrix}\overset{\substack{c_3-c_1\\c_4+c_1}}{=\!=\!=}\begin{vmatrix}0&4&-7&6\\-8&2&9&-7\\-2&1&3&1\\1&0&0&0\end{vmatrix}$$

$$=1\times(-1)^{4+1}\times\begin{vmatrix}4&-7&6\\2&9&-7\\1&3&1\end{vmatrix}=-(36+36+49-54+84+14)$$

$$=-165,$$

$$D_2=\begin{vmatrix}1&0&-7&6\\0&-8&1&1\\0&-2&1&3\\1&1&1&-1\end{vmatrix}\xlongequal{r_4-r_1}\begin{vmatrix}1&0&-7&6\\0&-8&1&1\\0&-2&1&3\\0&1&8&-7\end{vmatrix}=\begin{vmatrix}-8&1&1\\-2&1&3\\1&8&-7\end{vmatrix}$$

$$=56-16+3-1+192-14=220,$$

$$D_3=\begin{vmatrix}1&4&0&6\\0&2&-8&1\\0&1&-2&3\\1&0&1&-1\end{vmatrix}\xlongequal{r_1-r_4}\begin{vmatrix}0&4&-1&7\\0&2&-8&1\\0&1&-2&3\\1&0&1&-1\end{vmatrix}=1\times(-1)^{4+1}\times\begin{vmatrix}4&-1&7\\2&-8&1\\1&-2&3\end{vmatrix}$$

$$=-(-96-28-1+56+8+6)=55,$$

$$D_4=\begin{vmatrix}1&4&-7&0\\0&2&1&-8\\0&1&1&-2\\1&0&1&1\end{vmatrix}\xlongequal{r_4-r_1}\begin{vmatrix}1&4&-7&0\\0&2&1&-8\\0&1&1&-2\\0&-4&8&1\end{vmatrix}=\begin{vmatrix}2&1&-8\\1&1&-2\\-4&8&1\end{vmatrix}$$

$$=2-64+8-32+32-1=-55,$$

所以,方程组的解为:$x_1=\dfrac{D_1}{D}=3$,$x_2=\dfrac{D_2}{D}=-4$,$x_3=\dfrac{D_3}{D}=-1$,$x_4=\dfrac{D_4}{D}=1$.

例 1.20 设曲线 $y=a_0+a_1x+a_2x^2+a_3x^3$ 通过4个点(1,3),(2,4),(3,3),(4,−3),求系数 a_0,a_1,a_2,a_3.

解 把4个点的坐标代入曲线方程,得线性方程组

$$\begin{cases}a_0+a_1+a_2+a_3=3,\\a_0+2a_1+4a_2+8a_3=4,\\a_0+3a_1+9a_2+27a_3=3,\\a_0+4a_1+16a_2+64a_3=-3.\end{cases}$$

其系数行列式为

$$D=\begin{vmatrix}1&1&1&1\\1&2&4&8\\1&3&9&27\\1&4&16&64\end{vmatrix},$$

这是一个范德蒙德行列式的转置,计算可得

$$D=(2-1)(3-1)(4-1)(3-2)(4-2)(4-3)=12,$$

而

$$D_1=\begin{vmatrix}3&1&1&1\\4&2&4&8\\3&3&9&27\\-3&4&16&64\end{vmatrix}=\begin{vmatrix}0&1&0&0\\-2&2&2&4\\-6&3&6&18\\-15&4&12&48\end{vmatrix}$$

$$=(-1)^3\times\begin{vmatrix}-2&2&4\\-6&6&18\\-15&12&48\end{vmatrix}=-\begin{vmatrix}0&2&4\\0&6&18\\-3&12&48\end{vmatrix}=-(-3)\begin{vmatrix}2&4\\6&18\end{vmatrix}=36,$$

$$D_2=\begin{vmatrix}1&3&1&1\\1&4&4&8\\1&3&9&27\\1&-3&16&64\end{vmatrix}=-18,$$

$$D_3=\begin{vmatrix}1&1&3&1\\1&2&4&8\\1&3&3&27\\1&4&-3&64\end{vmatrix}=24,$$

$$D_4=\begin{vmatrix}1&1&1&3\\1&2&4&4\\1&3&9&3\\1&4&16&-3\end{vmatrix}=-6.$$

根据克莱姆法则,得唯一解为

$$a_0=3,\quad a_1=-\frac{3}{2},\quad a_2=2,\quad a_3=-\frac{1}{2}.$$

即曲线方程为

$$y=3-\frac{3}{2}x+2x^2-\frac{1}{2}x^3.$$

定理 1.6 如果线性方程组(1.11)无解或有两个不同的解,则它的系数行列式 $D=0$.

当线性方程组(1.11)的常数项 $b_1,b_2,\cdots,b_n$ 不全为零时,线性方程组(1.11)称为**非齐次线性方程组**.当线性方程组的常数项 $b_1,b_2,\cdots,b_n$ 全为零时,线性方程组成为

$$\begin{cases}a_{11}x_1+a_{12}x_2+\cdots+a_{1n}x_n=0,\\a_{21}x_1+a_{22}x_2+\cdots+a_{2n}x_n=0,\\\qquad\qquad\vdots\\a_{n1}x_1+a_{n2}x_2+\cdots+a_{nn}x_n=0.\end{cases}\tag{1.12}$$

称为**齐次线性方程组**.

齐次线性方程组一定有解,$x_1=x_2=\cdots=x_n=0$ 就是它的解,这个解叫做齐次线性方程组(1.12)的**零解**.如果一组不全为零的数是方程组(1.12)的解,则它叫做齐次线性方程组(1.12)的**非零解**.齐次线性方程组一定有零解,但不一定有非零解.

由于齐次线性方程组(1.12)是非齐次线性方程组(1.11)的特殊情形,所以由克莱姆法则可得如下定理.

定理 1.7 如果齐次线性方程组(1.12)的系数行列式 $D\neq0$,则齐次线性方程组(1.12)

没有非零解.

定理 1.8 如果齐次线性方程组(1.12)有非零解,则它的系数行列式 $D=0$.

例 1.21 设齐次线性方程组

$$\begin{cases}(\lambda-1)x_1+x_2-x_3=0,\\ x_1+\lambda x_2-x_3=0,\\ -x_1-x_2+\lambda x_3=0\end{cases}$$

有非零解,求 λ 的值.

解 由定理 1.8 可知,方程组的系数行列式 $D=0$.

$$D=\begin{vmatrix}\lambda-1 & 1 & -1\\ 1 & \lambda & -1\\ -1 & -1 & \lambda\end{vmatrix}\xlongequal{c_3+c_2}\begin{vmatrix}\lambda-1 & 1 & 0\\ 1 & \lambda & \lambda-1\\ -1 & -1 & \lambda-1\end{vmatrix}$$

$$=(\lambda-1)\begin{vmatrix}\lambda-1 & 1 & 0\\ 1 & \lambda & 1\\ -1 & -1 & 1\end{vmatrix}\xlongequal{r_2-r_3}(\lambda-1)\begin{vmatrix}\lambda-1 & 1 & 0\\ 2 & \lambda+1 & 0\\ -1 & -1 & 1\end{vmatrix}$$

$$=(\lambda-1)\begin{vmatrix}\lambda-1 & 1\\ 2 & \lambda+1\end{vmatrix}=(\lambda-1)(\lambda^2-3),$$

由 $D=0$,即得

$$\lambda_1=1,\quad \lambda_2=\sqrt{3},\quad \lambda_3=-\sqrt{3}.$$

习 题 1

1. 填空题

(1) 行列式 $\begin{vmatrix}x-1 & 1\\ x^3 & x^2+x+1\end{vmatrix}=$________.

(2) 已知 4 阶行列式 D 中第 3 列元素依次为 $-1,2,0,1$,它们的余子式依次为 $5,3,-7,4$,则 $D=$________.

(3) $D=\begin{vmatrix}1 & 1 & 1 & 1\\ 2 & 3 & 4 & 5\\ 4 & 9 & 16 & 25\\ 8 & 27 & 64 & 125\end{vmatrix}$ 是一个 4 阶范德蒙德行列式,D 的第 4 行元素的代数余子式之和 $A_{41}+A_{42}+A_{43}+A_{44}=$________.

(4) 若 $a_{12}a_{23}a_{5i}a_{41}a_{3j}$ 是 5 阶行列式中带有正号的一项,则 $i=$________,$j=$________.

(5) a,b,c 是方程 $x^3+px+q=0$ 的 3 个根,则行列式 $\begin{vmatrix}a & b & c\\ c & a & b\\ b & c & a\end{vmatrix}=$________.

(6) 设4阶行列式 $D=\begin{vmatrix} 0 & a & b & a \\ b & 0 & a & b \\ a & b & 0 & a \\ a & a & b & 0 \end{vmatrix}$,则 $A_{13}+A_{24}+A_{31}+A_{42}=$________.

(7) 已知 $\begin{vmatrix} x & y & z \\ 3 & 0 & 2 \\ 1 & 1 & 1 \end{vmatrix}=1$,则 $\begin{vmatrix} x & y & z \\ 3x+3 & 3y & 3z+2 \\ x+2 & y+2 & z+2 \end{vmatrix}=$________.

(8) $\begin{vmatrix} 3 & 1 & 301 \\ 1 & 2 & 102 \\ 2 & 4 & 199 \end{vmatrix}=$________.

(9) n 阶行列式 $\begin{vmatrix} 0 & \cdots & 0 & a_1 & 0 \\ 0 & \cdots & a_2 & 0 & 0 \\ \vdots & & \vdots & \vdots & \vdots \\ a_{n-1} & \cdots & 0 & 0 & 0 \\ 0 & \cdots & 0 & 0 & a_n \end{vmatrix}=$________.

(10) 设行列式 $D=\begin{vmatrix} 1 & -2 & 3 \\ 2 & x & -1 \\ 4 & 5 & 7 \end{vmatrix}$,则 D 中 x 的系数为________.

2. 选择题

(1) 在5阶行列式 $D_5=|a_{ij}|$ 的展开式中,包含 a_{13},a_{25} 并带有负号的项是(　　).

A. $a_{13}a_{25}a_{34}a_{42}a_{51}$　　B. $a_{13}a_{25}a_{31}a_{42}a_{54}$

C. $a_{13}a_{25}a_{32}a_{41}a_{54}$　　D. $a_{13}a_{25}a_{31}a_{44}a_{52}$

(2) n 阶行列式 $D_n=0$ 的充分条件是(　　).

A. 主对角线上的元素全为0　　B. 副对角线上的元素全为0

C. 至少有一个$(n-1)$阶子式为0　　D. 所有$(n-1)$阶子式均为0

(3) 设线性方程组 $\begin{cases} x_1+x_2+x_3=0, \\ ax_1+bx_2+cx_3=0, \\ bcx_1+cax_2+abx_3=0. \end{cases}$

若方程组有非零解,则 a,b,c 应满足的条件是(　　).

A. $a=b=c$　　B. $a=b$,或 $b=c$,或 $a=c$

C. a,b,c 互不相等　　D. $a\neq b$,或 $b\neq c$,或 $a\neq c$

(4) 设 n 阶行列式

$$D_n=\begin{vmatrix} 1 & 1 & \cdots & 1 & 1 \\ 1 & 1 & \cdots & 2 & 0 \\ \vdots & \vdots & & \vdots & \vdots \\ 1 & n-1 & \cdots & 0 & 0 \\ n & 0 & \cdots & 0 & 0 \end{vmatrix},$$

则 D_n 的值等于( ).

A. $(-1)^n n!$ B. $(-1)^{n^2} n!$ C. $(-1)^{\frac{n(n-1)}{2}} n!$ D. $(-1)^{\frac{n(n+1)}{2}} n!$

(5) 设4阶行列式 $D_4=|a_{ij}|$, $a_{11}=a_{12}=a_{13}=a_{14}=m(m\neq 0)$, A_{ij} 表示元素 a_{ij} 的代数余子式,则 $A_{21}+A_{22}+A_{23}+A_{24}=$( ).

A. 0 B. m C. $-m$ D. $-D_4$

(6) 若 $a_{1i}a_{23}a_{35}a_{5j}a_{44}$ 是5阶行列式中带有正号的一项,则 i,j 之值为( ).

A. $i=1,j=3$ B. $i=2,j=3$ C. $i=1,j=2$ D. $i=2,j=1$

(7) 设 a,b 为实数,则当 $a=$________,且 $b=$________时,$\begin{vmatrix} a & b & 0 \\ -b & a & 0 \\ -1 & 0 & -1 \end{vmatrix}=0$.

A. $a=0,b=0$ B. $a=1,b=0$ C. $a=0,b=1$ D. $a=1,b=-1$

(8) 行列式 $\begin{vmatrix} 0 & a & b & 0 \\ a & 0 & 0 & b \\ 0 & c & d & 0 \\ c & 0 & 0 & d \end{vmatrix}=$( ).

A. $(ad-bc)^2$ B. $-(ad-bc)^2$ C. $a^2d^2-b^2c^2$ D. $b^2c^2-a^2d^2$

(9) 问 λ,μ 取何值时,齐次线性方程组 $\begin{cases} \lambda x_1+x_2+x_3=0, \\ x_1+\mu x_2+x_3=0, \\ x_1+2\mu x_2+x_3=0 \end{cases}$ 有唯一零解?

A. $\mu\neq 0$ 且 $\lambda\neq 1$ B. $\mu=0$ 且 $\lambda\neq 1$ C. $\mu\neq 0$ 且 $\lambda=1$ D. $\mu=0$ 且 $\lambda=1$

(10) 多项式 $f(x)=\begin{vmatrix} x & x & 1 & 2x \\ 1 & x & 2 & -1 \\ 2 & 1 & x & 1 \\ 2 & -1 & 1 & x \end{vmatrix}$ 中 x^3 项的系数为( ).

A. -3 B. -3 C. 5 D. -5

3. 计算下列三阶行列式:

(1) $\begin{vmatrix} 2 & 0 & 1 \\ 1 & -4 & -2 \\ -1 & 8 & 3 \end{vmatrix}$; (2) $\begin{vmatrix} 2x & 1 & -1 \\ -x & -x & x \\ 1 & 2 & x \end{vmatrix}$.

4. 确定下列排列的逆序数,并确定排列的奇偶性.

(1) 2341; (2) 41253;

(3) 5327614; (4) $13\cdots(2n-1)(2n)(2n-2)\cdots 2$.

5. 求解下列线性方程组：

(1) $\begin{cases} x_1-2x_2+x_3=-2, \\ 2x_1+x_2-3x_3=1, \\ -x_1+x_2-x_3=0; \end{cases}$　　(2) $\begin{cases} x_1-x_2+x_3-2x_4=2, \\ 2x_1-x_3+4x_4=4, \\ 3x_1+2x_2+x_3=-1, \\ -x_1+2x_2-x_3+2x_4=-4; \end{cases}$

(3) $\begin{cases} 2x_1-x_3=1, \\ 2x_1+4x_2-x_3=1, \\ -x_1+8x_2+3x_3=2; \end{cases}$　　(4) $\begin{cases} x_1+x_2+x_3+x_4=5, \\ x_1+2x_2-x_3+4x_4=-2, \\ 2x_1-3x_2-x_3-5x_4=-2, \\ 3x_1+x_2+2x_3+11x_4=0. \end{cases}$

6. 计算下列行列式：

(1) $D=\begin{vmatrix} 3 & 1 & -1 & 2 \\ -5 & 1 & 3 & -4 \\ 2 & 0 & 1 & -1 \\ 1 & -5 & 3 & -3 \end{vmatrix}$；　　(2) $D=\begin{vmatrix} 1 & 1 & 1 & 1 \\ 1 & -1 & 1 & -1 \\ -1 & 1 & 1 & -1 \\ -1 & -1 & 1 & 1 \end{vmatrix}$；

(3) $D=\begin{vmatrix} 1 & b_1 & 0 & 0 \\ -1 & 1-b_1 & b_2 & 0 \\ 0 & -1 & 1-b_2 & b_3 \\ 0 & 0 & -1 & 1-b_3 \end{vmatrix}$；　(4) $D_n=\begin{vmatrix} x & -1 & 0 & \cdots & 0 & 0 \\ 0 & x & -1 & \cdots & 0 & 0 \\ \vdots & \vdots & \vdots & & \vdots & \vdots \\ 0 & 0 & 0 & \cdots & x & -1 \\ a_n & a_{n-1} & a_{n-2} & \cdots & a_2 & a_1 \end{vmatrix}$；

(5) $D_n=\begin{vmatrix} a_1+b & a_2 & a_3 & \cdots & a_n \\ a_1 & a_2+b & a_3 & \cdots & a_n \\ a_1 & a_2 & a_3+b & \cdots & a_n \\ \vdots & \vdots & \vdots & & \vdots \\ a_1 & a_2 & a_3 & \cdots & a_n+b \end{vmatrix}$.

7. 设方程

$$f(x)=\begin{vmatrix} 3 & 2 & -1 & 2 & 1 \\ 5 & 2 & -2 & 1 & -2 \\ -1 & x & 2 & -2 & 2 \\ 3 & 1 & 1 & -1 & -1 \\ x & 3 & 3 & -3 & -3 \end{vmatrix},$$

求方程 $f(x)=0$ 的根.

8. 问 k 为何值时，齐次线性方程组有非零解？

$$\begin{cases} kx_1+x_4=0, \\ x_1+2x_2-x_4=0, \\ (k+2)x_1-x_2+4x_4=0, \\ 2x_1+x_2+3x_3+kx_4=0. \end{cases}$$

9. 求一个二次多项式 $f(x)$，使得 $f(1)=-1,f(-1)=9,f(2)=-3$.

数学家简介

加布里尔·克莱姆

加布里尔·克莱姆(Cramer Gabriel，1704—1752)，瑞士数学家.生于日内瓦，卒于法国塞兹河畔巴尼奥勒. 早年在日内瓦读书，1724 年起在日内瓦加尔文学院任教，1734 年成为几何学教授，1750 年任哲学教授.

克莱姆的主要著作是《代数曲线的分析引论》(1750)，首先定义了正则、非正则、超越曲线和无理曲线等概念，第一次正式引入坐标系的纵轴(y 轴)，然后讨论曲线变换，并依据曲线方程的阶数将曲线进行分类.为了确定经过 5 个点的一般二次曲线的系数，应用了著名的“克莱姆法则”，即由线性方程组的系数确定方程组解的表达式.该法则于 1729 年由英国数学家麦克劳林(Maclaurin，Colin，1698—1746)得到，1748 年发表，但克莱姆的优越符号使之流传，他还提出了“克莱姆悖论”.

范德蒙德

范德蒙德(Van der Monde Alexandre Theophile，1735—1796)，法国数学家.1735 年生于巴黎，1771 年成为巴黎科学院院士，1796 年 1 月 1 日逝世.范德蒙德在高等代数方面有重要贡献.他在 1771 年发表的论文中证明了多项式方程根的任何对称式都能用方程的系数表示出来.他不但把行列式应用于解线性方程组，而且对行列式理论本身进行了开创性研究，是行列式的奠基者.他给出了用二阶子式和它的余子式来展开行列式的法则，还提出了专门的行列式符号.

知识拓展　多项式插值问题

已知函数 $y=f(x)$(一般未知)在 n 个互不相同的观测点 $x_1,x_2,\cdots,x_n$ 处的函数值(或观测值)

$$y_i=f(x_i),\quad i=1,2,\cdots,n,$$

寻求一个函数 $\varphi(x)$，使得

$$\varphi(x_i)=f(x_i),\quad i=1,2,\cdots,n,$$

即求一条曲线 $\varphi(x)$，使其通过所有数据点 (x_i,y_i)，$i=1,2,\cdots,n$.若插值函数为代数多项式，则该插值方法称为多项式插值.

例 表1.1中给出了函数$f(x)$上4个点的值,试求三次插值多项式$f(x)=a_0+a_1x+a_2x^2+a_3x^3$,并求$f(1.5)$的值.

表 1.1

x_i	0	1	2	3
$f(x_i)$	3	0	-1	6

【分析】 因为要构造三次插值多项式函数,故把表1.1中给出的x_i和$f(x_i)$的值代入函数中求解即可.

【模型建立与求解】 把表1.1中数据代入$f(x)=a_0+a_1x+a_2x^2+a_3x^3$,得

$$\begin{cases} a_0=3, \\ a_0+a_1+a_2+a_3=0, \\ a_0+2a_1+4a_2+8a_3=-1, \\ a_0+3a_1+9a_2+27a_3=6. \end{cases}$$

关于a_0,a_1,a_2,a_3的线性方程组的系数行列式D是一个范德蒙德行列式.

$$D=\begin{vmatrix} 1 & 0 & 0 & 0 \\ 1 & 1 & 1 & 1 \\ 1 & 2 & 4 & 8 \\ 1 & 3 & 9 & 27 \end{vmatrix}=12\neq 0.$$

因此,由克莱姆法则知方程组有唯一解,求得$a_0=3,a_1=-2,a_2=-2,a_3=1$,所求函数为

$$f(x)=3-2x-2x^2+x^3,$$
$$f(1.5)=3-2\times 1.5-2\times 1.5^2+1.5^3=-1.125.$$

【结论】 求解插值多项式的系数时,由于对应的非齐次线性方程组的系数行列式是一个范德蒙德行列式,故仅当插值点互不相同时,方程组有唯一解,对应唯一的多项式函数.将任一点的值代入可求得多项式在该点的值,从而获得对这些数据所描述事物的更多信息.

矩　　阵

矩阵是线性代数的最基本的概念之一，在自然科学、工程技术与生产实践中有许多问题都可归结为矩阵的运算.本章介绍矩阵的概念及运算，同时引入矩阵的初等变换和矩阵的秩的概念，并给出利用初等变换求逆矩阵和矩阵的秩的方法.

2.1　矩阵的概念及运算

2.1.1　矩阵的概念

在日常生活中很多实际问题都可用矩阵表示.下面仅举几例.

例 2.1　某总公司的两个工厂 A_1，A_2 生产的 3 种产品 B_1，B_2，B_3 在 2007 年第一季度的产量(单位：千台)如表 2.1 所示.

表　2.1

	B_1	B_2	B_3
A_1	3	4.5	8
A_2	2	5.5	0

表 2.1 中的数据依照原顺序排列，可以记作

$$\begin{pmatrix} 3 & 4.5 & 8 \\ 2 & 5.5 & 0 \end{pmatrix}.$$

这样的矩形数表就称为一个 2 行 3 列的矩阵.

例 2.2　线性方程组有解或无解，完全取决于线性方程组的系数和常数项.例如，对于三元线性方程组

$$\begin{cases} 2x_1 - x_2 + 3x_3 = 1, \\ 4x_1 - 2x_2 + 5x_3 = 4, \\ 2x_1 - 3x_2 + 4x_3 = 0 \end{cases}$$

而言，它有无解完全由未知量系数和常数项来确定，未知量用何字母来表示并无关系.于是

我们将方程组中每一未知量的系数及常数项按原有相应位置排成一个矩形数表,就得到

$$\begin{pmatrix} 2 & -1 & 3 & 1 \\ 4 & -2 & 5 & 4 \\ 2 & -3 & 4 & 0 \end{pmatrix}.$$

这样的矩形数表就称为一个3行4列的矩阵.

上面的例子表明,有许多问题都需要利用矩形数表来表达其中的相互关系,由此可抽象出矩阵的概念.

定义2.1 由 $m\times n$ 个数 $a_{ij}(i=1,2,\cdots,m;j=1,2,\cdots,n)$ 排成的 m 行 n 列的矩形数表

$$\begin{pmatrix} a_{11} & a_{12} & \cdots & a_{1n} \\ a_{21} & a_{22} & \cdots & a_{2n} \\ \vdots & \vdots & & \vdots \\ a_{m1} & a_{m2} & \cdots & a_{mn} \end{pmatrix}$$

称为 m 行 n 列的矩阵,简称 $m\times n$ 矩阵.矩阵一般用大写字母 $\boldsymbol{A},\boldsymbol{B},\boldsymbol{C},\cdots$ 表示,记作 $\boldsymbol{A}=(a_{ij})_{m\times n}$,$a_{ij}$ 为位于矩阵 $\boldsymbol{A}$ 的第 i 行第 j 列的元素.

若矩阵 $\boldsymbol{A}$ 中的元素全为实(复)数,则称 $\boldsymbol{A}$ 为实(复)矩阵.(本书如不做特殊说明为实矩阵)

1×1 的矩阵,记作 $\boldsymbol{A}=(a)$ 或 $\boldsymbol{A}=\boldsymbol{a}$.

只有一行的矩阵

$$\boldsymbol{A}=(a_1 \quad a_2 \quad \cdots \quad a_n)$$

称为行矩阵,也称为行向量.为避免元素间的混淆,行矩阵常记为

$$\boldsymbol{A}=(a_1,a_2,\cdots,a_n).$$

只有一列的矩阵

$$\boldsymbol{B}=\begin{pmatrix} b_1 \\ b_2 \\ \vdots \\ b_m \end{pmatrix}$$

称为列矩阵,也称为列向量.

若两个矩阵的行数相等、列数也相等时,则称它们是同型矩阵.

若 $\boldsymbol{A}=(a_{ij})_{m\times n}$ 与 $\boldsymbol{B}=(b_{ij})_{m\times n}$ 是同型矩阵,并且它们的对应元素相等,即

$$a_{ij}=b_{ij}(i=1,2,\cdots,m;\ j=1,2,\cdots,n),$$

则称矩阵 $\boldsymbol{A}=(a_{ij})_{m\times n}$ 与矩阵 $\boldsymbol{B}=(b_{ij})_{m\times n}$ 相等,记作

$$\boldsymbol{A}=\boldsymbol{B}.$$

元素都是零的矩阵称为零矩阵,记作 $\boldsymbol{O}$.值得注意的是不同型的零矩阵是不同的.

在 $m\times n$ 矩阵 $\boldsymbol{A}$ 中,若 $m=n$,则称 $\boldsymbol{A}$ 为 n 阶方阵.

下面我们介绍几种常见的特殊方阵.

1. 对角矩阵

若 n 阶方阵 $\boldsymbol{A}$ 中除主对角线上的元素之外，其余元素均为零，则称此矩阵为对角矩阵，即

$$\boldsymbol{A}=\begin{pmatrix} a_{11} & 0 & \cdots & 0 \\ 0 & a_{22} & \cdots & 0 \\ \vdots & \vdots & & \vdots \\ 0 & 0 & \cdots & a_{nn} \end{pmatrix}.$$

此时，我们也记 $\boldsymbol{A}=\mathrm{diag}(a_{11},a_{22},\cdots,a_{nn})$.

2. 数量矩阵

若对角矩阵中主对角线上的元素均相等，则称此矩阵为数量矩阵，即

$$\begin{pmatrix} a & 0 & \cdots & 0 \\ 0 & a & \cdots & 0 \\ \vdots & \vdots & & \vdots \\ 0 & 0 & \cdots & a \end{pmatrix}.$$

3. 单位矩阵

若数量矩阵中主对角线上的元素均为 1，则称此矩阵为单位矩阵，n 阶单位矩阵记为 $\boldsymbol{E}_n$，简记为 $\boldsymbol{E}$，即

$$\boldsymbol{E}=\begin{pmatrix} 1 & 0 & \cdots & 0 \\ 0 & 1 & \cdots & 0 \\ \vdots & \vdots & & \vdots \\ 0 & 0 & \cdots & 1 \end{pmatrix}.$$

4. 三角矩阵

若一个方阵的主对角线下(上)的元素全为零，则称此矩阵为上(下)三角矩阵，上、下三角矩阵统称为三角矩阵，例如：

$$\begin{pmatrix} a_{11} & a_{12} & \cdots & a_{1n} \\ 0 & a_{22} & \cdots & a_{2n} \\ \vdots & \vdots & & \vdots \\ 0 & 0 & \cdots & a_{nn} \end{pmatrix}, \quad \begin{pmatrix} a_{11} & 0 & \cdots & 0 \\ a_{21} & a_{22} & \cdots & 0 \\ \vdots & \vdots & & \vdots \\ a_{n1} & a_{n2} & \cdots & a_{nn} \end{pmatrix}.$$

在许多实际问题中，会遇到一组变量由另一组变量线性表示的问题，如变量 $y_1,y_2,\cdots,y_m$ 可由变量 $x_1,x_2,\cdots,x_n$ 线性表示，即

$$\begin{cases} y_1=a_{11}x_1+a_{12}x_2+\cdots+a_{1n}x_n, \\ y_2=a_{21}x_1+a_{22}x_2+\cdots+a_{2n}x_n, \\ \quad\vdots \\ y_m=a_{m1}x_1+a_{m2}x_2+\cdots+a_{mn}x_n. \end{cases}$$

这种由变量 $x_1,x_2,\cdots,x_n$ 到变量 $y_1,y_2,\cdots,y_m$ 的变换称为线性变换，它的系数构成的矩阵

$$\begin{pmatrix} a_{11} & a_{12} & \cdots & a_{1n} \\ a_{21} & a_{22} & \cdots & a_{2n} \\ \vdots & \vdots & & \vdots \\ a_{m1} & a_{m2} & \cdots & a_{mn} \end{pmatrix}$$

是确定的.反之,若给出了一个矩阵是线性变换的系数矩阵,则线性变换也随之确定.从这个意义上讲,线性变换与矩阵之间存在着一一对应的关系,因此可利用矩阵来研究线性变换.

例 2.3 线性变换

$$\begin{cases} y_1 = \lambda_1 x_1, \\ y_2 = \lambda_2 x_2, \\ \quad\vdots \\ y_n = \lambda_n x_n \end{cases}$$

对应的系数矩阵为 n 阶对角矩阵

$$\boldsymbol{A} = \begin{pmatrix} \lambda_1 & 0 & \cdots & 0 \\ 0 & \lambda_2 & \cdots & 0 \\ \vdots & \vdots & & \vdots \\ 0 & 0 & \cdots & \lambda_n \end{pmatrix}.$$

2.1.2 矩阵的线性运算

矩阵的线性运算包括矩阵的加法、数与矩阵的乘法.

1. 矩阵的加法

定义 2.2 设两个 $m \times n$ 矩阵 $\boldsymbol{A}=(a_{ij})$ 与 $\boldsymbol{B}=(b_{ij})$,那么 $\boldsymbol{A}$ 与 $\boldsymbol{B}$ 的和记为 $\boldsymbol{A}+\boldsymbol{B}$,规定为

$$\boldsymbol{A}+\boldsymbol{B} = \begin{pmatrix} a_{11}+b_{11} & a_{12}+b_{12} & \cdots & a_{1n}+b_{1n} \\ a_{21}+b_{21} & a_{22}+b_{22} & \cdots & a_{2n}+b_{2n} \\ \vdots & \vdots & & \vdots \\ a_{m1}+b_{m1} & a_{m2}+b_{m2} & \cdots & a_{mn}+b_{mn} \end{pmatrix}.$$

注意 只有当两个矩阵是同型矩阵时,才能进行加法运算.

矩阵的加法满足以下运算规律(设 $\boldsymbol{A},\boldsymbol{B},\boldsymbol{C}$ 都是 $m \times n$ 矩阵):

(1) $\boldsymbol{A}+\boldsymbol{B}=\boldsymbol{B}+\boldsymbol{A}$;

(2) $(\boldsymbol{A}+\boldsymbol{B})+\boldsymbol{C}=\boldsymbol{A}+(\boldsymbol{B}+\boldsymbol{C})$.

2. 数与矩阵的乘法

定义 2.3 数 λ 与矩阵 $\boldsymbol{A}$ 的乘积记作 $\lambda\boldsymbol{A}$ 或 $\boldsymbol{A}\lambda$,规定为

$$\lambda \boldsymbol{A}=\begin{pmatrix}\lambda a_{11} & \lambda a_{12} & \cdots & \lambda a_{1n}\\ \lambda a_{21} & \lambda a_{22} & \cdots & \lambda a_{2n}\\ \vdots & \vdots & & \vdots\\ \lambda a_{m1} & \lambda a_{m2} & \cdots & \lambda a_{mn}\end{pmatrix}.$$

数乘矩阵满足下列运算规律(其中 λ,μ 为常数)：

(1) $(\lambda\mu)\boldsymbol{A}=\lambda(\mu\boldsymbol{A})$；

(2) $(\lambda+\mu)\boldsymbol{A}=\lambda\boldsymbol{A}+\mu\boldsymbol{A}$；

(3) $\lambda(\boldsymbol{A}+\boldsymbol{B})=\lambda\boldsymbol{A}+\lambda\boldsymbol{B}$.

设矩阵 $\boldsymbol{A}=(a_{ij})$，记 $-\boldsymbol{A}=(-1)\cdot\boldsymbol{A}=(-a_{ij})$，$-\boldsymbol{A}$ 称为 $\boldsymbol{A}$ 的负矩阵.显然有

$$\boldsymbol{A}+(-\boldsymbol{A})=\boldsymbol{O},$$

其中，$\boldsymbol{O}$ 为各元素均为 0 且与 $\boldsymbol{A}$ 同型的矩阵.于是，矩阵的减法定义为

$$\boldsymbol{A}-\boldsymbol{B}=\boldsymbol{A}+(-\boldsymbol{B}).$$

矩阵相加和数乘矩阵统称为矩阵的线性运算.

2.1.3 矩阵的乘法

矩阵的乘法运算是本章最重要的运算之一，也是从实际需要中产生的.举例如下.

某厂向 3 家商店运送 4 种不同产品的数量表示为矩阵

$$\boldsymbol{A}=\begin{matrix}\text{商店 1}\\ \text{商店 2}\\ \text{商店 3}\end{matrix}\overset{\begin{matrix}\text{产品 1} & \text{产品 2} & \text{产品 3} & \text{产品 4}\end{matrix}}{\begin{pmatrix}30 & 20 & 50 & 20\\ 0 & 7 & 10 & 0\\ 50 & 40 & 50 & 50\end{pmatrix}},$$

这 4 种产品的单价(百元)及单位质量(kg)表示为矩阵

$$\boldsymbol{B}=\begin{matrix}\text{产品 1}\\ \text{产品 2}\\ \text{产品 3}\\ \text{产品 4}\end{matrix}\overset{\begin{matrix}\text{单价} & \text{单位质量}\end{matrix}}{\begin{pmatrix}30 & 40\\ 16 & 30\\ 22 & 30\\ 18 & 20\end{pmatrix}},$$

则该厂向每个商店售出产品的总售价及总质量可以用下面的矩阵表示

$$\boldsymbol{C}=\begin{matrix}\text{商店 1}\\ \text{商店 2}\\ \text{商店 3}\end{matrix}\overset{\begin{matrix}\text{总售价} & \text{总质量}\end{matrix}}{\begin{pmatrix}30\times30+20\times16+50\times22+20\times18 & 30\times40+20\times30+50\times30+20\times20\\ 0\times30+7\times16+10\times22+0\times18 & 0\times40+7\times30+10\times30+0\times20\\ 50\times30+40\times16+50\times22+50\times18 & 50\times40+40\times30+50\times30+50\times20\end{pmatrix}}.$$

由于总售价是产品数量与单价之积，总质量是产品数量与单个质量之积，因此可以把总售价和总质量矩阵 $\boldsymbol{C}$ 看成是产品的数量矩阵 $\boldsymbol{A}$ 与单价和单位质量矩阵 $\boldsymbol{B}$ 之积，即

$$AB=\begin{pmatrix}30&20&50&20\\0&7&10&0\\50&40&50&50\end{pmatrix}\begin{pmatrix}30&40\\16&30\\22&30\\18&20\end{pmatrix}$$

$$=\begin{pmatrix}30\times30+20\times16+50\times22+20\times18&30\times40+20\times30+50\times30+20\times20\\0\times30+7\times16+10\times22+0\times18&0\times40+7\times30+10\times30+0\times20\\50\times30+40\times16+50\times22+50\times18&50\times40+40\times30+50\times30+50\times20\end{pmatrix}$$

$$=\begin{pmatrix}2680&3700\\332&510\\4140&5700\end{pmatrix}=\boldsymbol{C},$$

其中,乘积矩阵 $\boldsymbol{C}$ 的第 i 行第 j 列的元素 $c_{ij}(i=1,2,3;j=1,2)$ 是 $\boldsymbol{A}$ 的第 i 行的元素与 $\boldsymbol{B}$ 的第 j 列的对应元素的乘积之和.

受此启发,可以给出矩阵的乘法定义.

定义 2.4 设矩阵 $\boldsymbol{A}=(a_{ij})$ 是 $m\times s$ 矩阵,$\boldsymbol{B}=(b_{ij})$ 是 $s\times n$ 矩阵,那么 $\boldsymbol{A}$ 与 $\boldsymbol{B}$ 的乘积是 $m\times n$ 矩阵 $\boldsymbol{C}=(c_{ij})$,其中

$$c_{ij}=a_{i1}b_{1j}+a_{i2}b_{2j}+\cdots+a_{is}b_{sj}=\sum_{k=1}^{s}a_{ik}b_{kj},$$

并将此乘积记作 $\boldsymbol{C}=\boldsymbol{AB}$.记号 $\boldsymbol{AB}$ 常读作 $\boldsymbol{A}$ 左乘 $\boldsymbol{B}$ 或 $\boldsymbol{B}$ 右乘 $\boldsymbol{A}$.

注意

(1) 只有第一个矩阵的列数等于第二个矩阵的行数时,两个矩阵才能相乘.

(2) 对于矩阵 $\boldsymbol{C}=\boldsymbol{AB}$,$\boldsymbol{C}$ 的行数与 $\boldsymbol{A}$ 的行数相等,$\boldsymbol{C}$ 的列数与 $\boldsymbol{B}$ 的列数相等.

(3) 矩阵 $\boldsymbol{C}$ 的第 i 行第 j 列的元素 c_{ij} 是 $\boldsymbol{A}$ 的第 i 行的元素与 $\boldsymbol{B}$ 的第 j 列的对应元素的乘积之和.

例 2.4 设矩阵

$$\boldsymbol{A}=\begin{pmatrix}-1&0&2\\2&3&-1\end{pmatrix},\quad \boldsymbol{B}=\begin{pmatrix}-2&4\\1&3\\-5&-1\end{pmatrix},$$

求 $\boldsymbol{AB}$ 和 $\boldsymbol{BA}$.

解

$$\boldsymbol{AB}=\begin{pmatrix}-1&0&2\\2&3&-1\end{pmatrix}\begin{pmatrix}-2&4\\1&3\\-5&-1\end{pmatrix}=\begin{pmatrix}2+0-10&-4+0-2\\-4+3+5&8+9+1\end{pmatrix}=\begin{pmatrix}-8&-6\\4&18\end{pmatrix}.$$

$$\boldsymbol{BA}=\begin{pmatrix}-2&4\\1&3\\-5&-1\end{pmatrix}\begin{pmatrix}-1&0&2\\2&3&-1\end{pmatrix}=\begin{pmatrix}2+8&0+12&-4-4\\-1+6&0+9&2-3\\5-2&0-3&-10+1\end{pmatrix}=\begin{pmatrix}10&12&-8\\5&9&-1\\3&-3&-9\end{pmatrix}.$$

由例 2.4 可知，就一般的运算规律而言，矩阵的乘法不满足交换律，即在一般情形下，$\boldsymbol{AB} \neq \boldsymbol{BA}$.

特别地，对于两个同阶方阵 $\boldsymbol{A}, \boldsymbol{B}$，若 $\boldsymbol{AB} = \boldsymbol{BA}$，则称 $\boldsymbol{A}$ 与 $\boldsymbol{B}$ 是可交换矩阵.如对于 n 阶单位矩阵 $\boldsymbol{E}$，n 阶方阵 $\boldsymbol{A}$，可以验证有

$$\boldsymbol{AE} = \boldsymbol{EA},$$

此时称 $\boldsymbol{A}$ 与 $\boldsymbol{E}$ 是可交换矩阵.这也说明：在矩阵乘法中单位矩阵的作用与数 1 在数的乘法中的作用类似.

例 2.5 设矩阵

$$\boldsymbol{A} = \begin{pmatrix} 2 & 4 \\ -3 & -6 \end{pmatrix}, \quad \boldsymbol{B} = \begin{pmatrix} -2 & 4 \\ 1 & -2 \end{pmatrix},$$

求 $\boldsymbol{AB}$.

解 $\boldsymbol{AB} = \begin{pmatrix} 2 & 4 \\ -3 & -6 \end{pmatrix} \begin{pmatrix} -2 & 4 \\ 1 & -2 \end{pmatrix} = \begin{pmatrix} 0 & 0 \\ 0 & 0 \end{pmatrix} = \boldsymbol{O}.$

由例 2.5 可知：即使矩阵 $\boldsymbol{A} \neq \boldsymbol{O}, \boldsymbol{B} \neq \boldsymbol{O}$，也可能得到 $\boldsymbol{AB} = \boldsymbol{O}$.换言之，当 $\boldsymbol{AB} = \boldsymbol{O}$ 时，一般不能得出 $\boldsymbol{A} = \boldsymbol{O}$ 或 $\boldsymbol{B} = \boldsymbol{O}$ 的结论.这与数的乘法截然不同.

例 2.6 设矩阵

$$\boldsymbol{A} = \begin{pmatrix} 1 & 1 \\ -1 & -1 \end{pmatrix}, \quad \boldsymbol{B} = \begin{pmatrix} -1 & 1 \\ 1 & -1 \end{pmatrix}, \quad \boldsymbol{C} = \begin{pmatrix} 0 & 0 \\ 0 & 0 \end{pmatrix},$$

求 $\boldsymbol{AB}, \boldsymbol{AC}$.

解 $\boldsymbol{AB} = \begin{pmatrix} 1 & 1 \\ -1 & -1 \end{pmatrix} \begin{pmatrix} -1 & 1 \\ 1 & -1 \end{pmatrix} = \begin{pmatrix} 0 & 0 \\ 0 & 0 \end{pmatrix}, \boldsymbol{AC} = \begin{pmatrix} 1 & 1 \\ -1 & -1 \end{pmatrix} \begin{pmatrix} 0 & 0 \\ 0 & 0 \end{pmatrix} = \begin{pmatrix} 0 & 0 \\ 0 & 0 \end{pmatrix}.$

由例 2.6 可知：即使矩阵 $\boldsymbol{AB} = \boldsymbol{AC}$，一般推不出 $\boldsymbol{B} = \boldsymbol{C}$.因而矩阵的乘法不满足消去律.

上面所述是矩阵乘法和数的乘法的不同之处，但两者仍有一些相似之处.可以证明，矩阵乘法满足以下运算规律：

(1) 结合律 $(\boldsymbol{AB})\boldsymbol{C} = \boldsymbol{A}(\boldsymbol{BC})$；

(2) 左分配律 $\boldsymbol{A}(\boldsymbol{B} + \boldsymbol{C}) = \boldsymbol{AB} + \boldsymbol{AC}$，

右分配律 $(\boldsymbol{B} + \boldsymbol{C})\boldsymbol{A} = \boldsymbol{BA} + \boldsymbol{CA}$；

(3) 对常数 λ，有 $\lambda(\boldsymbol{AB}) = (\lambda \boldsymbol{A})\boldsymbol{B} = \boldsymbol{A}(\lambda \boldsymbol{B})$；

(4) 对任意矩阵 $\boldsymbol{A}_{m \times n}$，有

$$\boldsymbol{E}_m \boldsymbol{A}_{m \times n} = \boldsymbol{A}_{m \times n} \boldsymbol{E}_n = \boldsymbol{A}_{m \times n}.$$

有了矩阵的乘法，就可以定义矩阵的幂.

设 n 阶方阵 $\boldsymbol{A}$，对于正整数 k，

$$\boldsymbol{A}^k = \underbrace{\boldsymbol{AA} \cdots \boldsymbol{A}}_{k个},$$

称为方阵 $\boldsymbol{A}$ 的 k 次幂.规定 $\boldsymbol{A}^0 = \boldsymbol{E}$.

显然,只有方阵的幂才有意义.

矩阵的幂举例:

例如,矩阵 $\boldsymbol{A}=\begin{pmatrix}0&1&0\\0&0&1\\0&0&0\end{pmatrix}$,那么

$$\boldsymbol{A}^2=\begin{pmatrix}0&1&0\\0&0&1\\0&0&0\end{pmatrix}\begin{pmatrix}0&1&0\\0&0&1\\0&0&0\end{pmatrix}=\begin{pmatrix}0&0&1\\0&0&0\\0&0&0\end{pmatrix},$$

$$\boldsymbol{A}^3=\boldsymbol{A}^2\boldsymbol{A}=\begin{pmatrix}0&0&1\\0&0&0\\0&0&0\end{pmatrix}\begin{pmatrix}0&1&0\\0&0&1\\0&0&0\end{pmatrix}=\begin{pmatrix}0&0&0\\0&0&0\\0&0&0\end{pmatrix}.$$

由于矩阵乘法满足结合律,所以矩阵的幂满足以下运算规律:

$$\boldsymbol{A}^k\boldsymbol{A}^l=\boldsymbol{A}^{k+l},\quad (\boldsymbol{A}^k)^l=\boldsymbol{A}^{kl}.$$

值得注意的是,由于矩阵乘法不满足交换律,所以对于两个同阶方阵 $\boldsymbol{A},\boldsymbol{B}$ 而言,一般来说,$(\boldsymbol{AB})^k\neq\boldsymbol{A}^k\boldsymbol{B}^k$.另外,由上例可知,若 $\boldsymbol{A}^k=\boldsymbol{O}$,也不一定有 $\boldsymbol{A}=\boldsymbol{O}$.

同时,由于矩阵乘法不满足交换律,初等代数中的乘法公式对矩阵一般都不成立.例如,一般而言,$(\boldsymbol{A}+\boldsymbol{B})(\boldsymbol{A}-\boldsymbol{B})\neq\boldsymbol{A}^2-\boldsymbol{B}^2$,$(\boldsymbol{A}\pm\boldsymbol{B})^2\neq\boldsymbol{A}^2\pm2\boldsymbol{AB}+\boldsymbol{B}^2$ 等.

然而,如果 $\boldsymbol{A},\boldsymbol{B}$ 是可交换矩阵,即 $\boldsymbol{AB}=\boldsymbol{BA}$,则有 $(\boldsymbol{A}+\boldsymbol{B})(\boldsymbol{A}-\boldsymbol{B})=\boldsymbol{A}^2-\boldsymbol{B}^2$,$(\boldsymbol{A}\pm\boldsymbol{B})^2=\boldsymbol{A}^2\pm2\boldsymbol{AB}+\boldsymbol{B}^2$.

2.1.4 矩阵的转置

定义 2.5 矩阵 $\boldsymbol{A}=(a_{ij})_{m\times n}$ 的行列互换后得到的矩阵称为 $\boldsymbol{A}$ 的转置矩阵,记为 $\boldsymbol{A}^{\mathrm{T}}$.即若

$$\boldsymbol{A}=\begin{pmatrix}a_{11}&a_{12}&\cdots&a_{1n}\\a_{21}&a_{22}&\cdots&a_{2n}\\\vdots&\vdots&&\vdots\\a_{m1}&a_{m2}&\cdots&a_{mn}\end{pmatrix},$$

则

$$\boldsymbol{A}^{\mathrm{T}}=\begin{pmatrix}a_{11}&a_{21}&\cdots&a_{m1}\\a_{12}&a_{22}&\cdots&a_{m2}\\\vdots&\vdots&&\vdots\\a_{1n}&a_{2n}&\cdots&a_{mn}\end{pmatrix}.$$

例如,矩阵

$$\boldsymbol{A}=\begin{pmatrix}-1&0&2\\2&3&-1\end{pmatrix}$$

的转置矩阵为

$$\boldsymbol{A}^{\mathrm{T}}=\begin{pmatrix}-1 & 2\\ 0 & 3\\ 2 & -1\end{pmatrix}.$$

对于矩阵的转置,有以下运算规律:

(1) $(\boldsymbol{A}^{\mathrm{T}})^{\mathrm{T}}=\boldsymbol{A}$;

(2) $(\boldsymbol{A}+\boldsymbol{B})^{\mathrm{T}}=\boldsymbol{A}^{\mathrm{T}}+\boldsymbol{B}^{\mathrm{T}}$;

(3) 对常数 λ,有$(\lambda\boldsymbol{A})^{\mathrm{T}}=\lambda\boldsymbol{A}^{\mathrm{T}}$;

(4) $(\boldsymbol{AB})^{\mathrm{T}}=\boldsymbol{B}^{\mathrm{T}}\boldsymbol{A}^{\mathrm{T}}$.

定义 2.6 设 n 阶方阵 $\boldsymbol{A}$,若满足 $\boldsymbol{A}^{\mathrm{T}}=\boldsymbol{A}$,即

$$a_{ij}=a_{ji},\quad i,j=1,2,\cdots,n,$$

则称 $\boldsymbol{A}$ 为对称矩阵,简称对称阵.

例如,矩阵

$$\boldsymbol{A}=\begin{pmatrix}3 & -2 & 4\\ -2 & 5 & 1\\ 4 & 1 & 6\end{pmatrix}$$

是一个三阶对称阵.

对称阵具有以下性质:

(1) 如果 $\boldsymbol{A},\boldsymbol{B}$ 是同阶对称阵,则 $\boldsymbol{A}+\boldsymbol{B}$ 也是对称阵;

(2) 常数 λ 与对称阵 $\boldsymbol{A}$ 的乘积 $\lambda\boldsymbol{A}$ 仍是对称阵.

定义 2.7 设 n 阶方阵 $\boldsymbol{A}$,若满足 $\boldsymbol{A}^{\mathrm{T}}=-\boldsymbol{A}$,即

$$a_{ij}=-a_{ji},\quad i,j=1,2,\cdots,n,$$

则称 $\boldsymbol{A}$ 为反对称矩阵,简称反对称阵.

例如,矩阵

$$\boldsymbol{A}=\begin{pmatrix}0 & 1 & -3\\ -1 & 0 & -1\\ 3 & 1 & 0\end{pmatrix}$$

是一个三阶反对称阵.

反对称阵具有以下性质:

(1) 如果 $\boldsymbol{A},\boldsymbol{B}$ 是同阶反对称阵,则 $\boldsymbol{A}+\boldsymbol{B}$ 也是反对称阵;

(2) 常数 λ 与反对称阵 $\boldsymbol{A}$ 的乘积 $\lambda\boldsymbol{A}$ 仍是反对称阵.

例 2.7 设 $\boldsymbol{A}$ 为一个 $m\times n$ 矩阵,求证 $\boldsymbol{A}^{\mathrm{T}}\boldsymbol{A}$ 是对称阵.

证 由于$(\boldsymbol{A}^{\mathrm{T}}\boldsymbol{A})^{\mathrm{T}}=\boldsymbol{A}^{\mathrm{T}}(\boldsymbol{A}^{\mathrm{T}})^{\mathrm{T}}=\boldsymbol{A}^{\mathrm{T}}\boldsymbol{A}$,故 $\boldsymbol{A}^{\mathrm{T}}\boldsymbol{A}$ 是对称阵.

例 2.8 证明:任意一个 n 阶方阵 $\boldsymbol{A}$ 都可以表示为一个对称阵与一个反对称阵之和.

证 由于

$$A=\frac{A+A^{\mathrm{T}}}{2}+\frac{A-A^{\mathrm{T}}}{2},$$

又因为

$$\left(\frac{A+A^{\mathrm{T}}}{2}\right)^{\mathrm{T}}=\frac{A^{\mathrm{T}}+(A^{\mathrm{T}})^{\mathrm{T}}}{2}=\frac{A+A^{\mathrm{T}}}{2},$$

$$\left(\frac{A-A^{\mathrm{T}}}{2}\right)^{\mathrm{T}}=\frac{A^{\mathrm{T}}-(A^{\mathrm{T}})^{\mathrm{T}}}{2}=\frac{A^{\mathrm{T}}-A}{2},$$

故$\dfrac{A+A^{\mathrm{T}}}{2}$为对称阵,$\dfrac{A-A^{\mathrm{T}}}{2}$为反对称阵.因此命题得证.

定义 2.8 由 n 阶方阵$\boldsymbol{A}$ 的元素所构成的行列式(各元素的位置不变),称为方阵 $\boldsymbol{A}$ 的行列式,记作$|\boldsymbol{A}|$.即若

$$A=\begin{pmatrix} a_{11} & a_{12} & \cdots & a_{1n} \\ a_{21} & a_{22} & \cdots & a_{2n} \\ \vdots & \vdots & & \vdots \\ a_{n1} & a_{n2} & \cdots & a_{nn} \end{pmatrix},$$

则

$$|A|=\begin{vmatrix} a_{11} & a_{12} & \cdots & a_{1n} \\ a_{21} & a_{22} & \cdots & a_{2n} \\ \vdots & \vdots & & \vdots \\ a_{n1} & a_{n2} & \cdots & a_{nn} \end{vmatrix}.$$

n 阶方阵$\boldsymbol{A},\boldsymbol{B}$ 的行列式满足以下运算规律:

(1) $|A^{\mathrm{T}}|=|A|$;

(2) $|AB|=|A||B|$;

(3) $|A^k|=|A|^k$(k 为正整数且不为零);

(4) 对常数 λ,有$|\lambda A|=\lambda^n|A|$.

例 2.9 设二阶方阵 $\boldsymbol{A}$ 满足$|\boldsymbol{A}|=3$,求$|4\boldsymbol{A}|$.

解 $|4A|=4^2|A|=16\times3=48$.

例 2.10 设三阶方阵 $\boldsymbol{A},\boldsymbol{B}$ 的行列式$|\boldsymbol{A}|=-1$,$|\boldsymbol{B}|=2$,求$|2(\boldsymbol{A}^{\mathrm{T}}\boldsymbol{B})^2|$.

解 $|2(A^{\mathrm{T}}B)^2|=2^3|A|^2|B|^2=32$.

例 2.11 设 n 阶方阵 $\boldsymbol{A}$ 满足 $\boldsymbol{A}\boldsymbol{A}^{\mathrm{T}}=\boldsymbol{E}$,$|\boldsymbol{A}|=-1$,求$|\boldsymbol{A}+\boldsymbol{E}|$.

解 由于

$$\begin{aligned}|A+E|&=|A+AA^{\mathrm{T}}|=|A(E+A^{\mathrm{T}})|=|A||E+A^{\mathrm{T}}|\\&=-|(E+A)^{\mathrm{T}}|=-|A+E|,\end{aligned}$$

所以

$$2|A+E|=0,$$

即

$$|\boldsymbol{A}+\boldsymbol{E}|=0.$$

2.2 逆矩阵

在初等数学中，解方程 $ax=b$ 时，当 $a\neq 0$ 时，存在一个数 a^{-1}，使 $x=a^{-1}b$ 为方程的解；那么在解矩阵方程 $\boldsymbol{AX}=\boldsymbol{B}$ 时，是否也存在一个矩阵，使这个矩阵乘以 $\boldsymbol{B}$ 等于 $\boldsymbol{X}$ 呢？这就是我们将要讨论的逆矩阵问题.

定义 2.9　对于 n 阶方阵 $\boldsymbol{A}$，若存在一个 n 阶方阵 $\boldsymbol{B}$，使得

$$\boldsymbol{AB}=\boldsymbol{BA}=\boldsymbol{E},$$

则称 n 阶方阵 $\boldsymbol{A}$ 可逆，且称方阵 $\boldsymbol{B}$ 是 $\boldsymbol{A}$ 的逆矩阵.

显然，若 $\boldsymbol{B}$ 是 $\boldsymbol{A}$ 的逆矩阵，则 $\boldsymbol{A}$ 也是 $\boldsymbol{B}$ 的逆矩阵.

注意　若 $\boldsymbol{A}$ 是可逆的，则 $\boldsymbol{A}$ 的逆矩阵必唯一.这是因为：设 $\boldsymbol{B}$，$\boldsymbol{C}$ 都是 $\boldsymbol{A}$ 的逆矩阵，则有

$$\boldsymbol{B}=\boldsymbol{BE}=\boldsymbol{B}(\boldsymbol{AC})=(\boldsymbol{BA})\boldsymbol{C}=\boldsymbol{EC}=\boldsymbol{C},$$

所以 $\boldsymbol{A}$ 的逆矩阵是唯一的.

$\boldsymbol{A}$ 的逆矩阵记作 $\boldsymbol{A}^{-1}$.即若 $\boldsymbol{AB}=\boldsymbol{BA}=\boldsymbol{E}$，则 $\boldsymbol{B}=\boldsymbol{A}^{-1}$.

例 2.12　n 阶单位矩阵 $\boldsymbol{E}$ 可逆.事实上，由于 $\boldsymbol{EE}=\boldsymbol{E}$，故 $\boldsymbol{E}^{-1}=\boldsymbol{E}$.

例 2.13　设 $\boldsymbol{A}=\begin{pmatrix}1 & 3\\ 2 & 5\end{pmatrix}$，$\boldsymbol{B}=\begin{pmatrix}-5 & 3\\ 2 & -1\end{pmatrix}$，可以验证

$$\boldsymbol{AB}=\begin{pmatrix}1 & 3\\ 2 & 5\end{pmatrix}\begin{pmatrix}-5 & 3\\ 2 & -1\end{pmatrix}=\begin{pmatrix}1 & 0\\ 0 & 1\end{pmatrix}=\boldsymbol{E},$$

$$\boldsymbol{BA}=\begin{pmatrix}-5 & 3\\ 2 & -1\end{pmatrix}\begin{pmatrix}1 & 3\\ 2 & 5\end{pmatrix}=\begin{pmatrix}1 & 0\\ 0 & 1\end{pmatrix}=\boldsymbol{E}.$$

故 $\boldsymbol{A}$ 可逆，且 $\boldsymbol{A}^{-1}=\boldsymbol{B}$，$\boldsymbol{B}^{-1}=\boldsymbol{A}$.

上面我们举了两个较特殊的方阵的逆矩阵的例子，那么对于一般的矩阵而言，如何去求它的逆矩阵呢？为此，我们先介绍伴随矩阵的概念.

定义 2.10　设 n 阶方阵 $\boldsymbol{A}=(a_{ij})$，A_{ij} 为行列式 $|\boldsymbol{A}|$ 的各元素 $a_{ij}(i,j=1,2,\cdots,n)$ 的代数余子式，称矩阵

$$\boldsymbol{A}^*=\begin{pmatrix}A_{11} & A_{21} & \cdots & A_{n1}\\ A_{12} & A_{22} & \cdots & A_{n2}\\ \vdots & \vdots & & \vdots\\ A_{1n} & A_{2n} & \cdots & A_{nn}\end{pmatrix}$$

为矩阵 $\boldsymbol{A}$ 的伴随矩阵.

利用行列式的按行(列)展开定理，有

$$\boldsymbol{AA}^* = \begin{pmatrix} a_{11} & a_{12} & \cdots & a_{1n} \\ a_{21} & a_{22} & \cdots & a_{2n} \\ \vdots & \vdots & & \vdots \\ a_{n1} & a_{n2} & \cdots & a_{nn} \end{pmatrix} \begin{pmatrix} A_{11} & A_{21} & \cdots & A_{n1} \\ A_{12} & A_{22} & \cdots & A_{n2} \\ \vdots & \vdots & & \vdots \\ A_{1n} & A_{2n} & \cdots & A_{nn} \end{pmatrix}$$

$$= \begin{pmatrix} \sum_{k=1}^{n} a_{1k}A_{1k} & \sum_{k=1}^{n} a_{1k}A_{2k} & \cdots & \sum_{k=1}^{n} a_{1k}A_{nk} \\ \sum_{k=1}^{n} a_{2k}A_{1k} & \sum_{k=1}^{n} a_{2k}A_{2k} & \cdots & \sum_{k=1}^{n} a_{2k}A_{nk} \\ \vdots & \vdots & & \vdots \\ \sum_{k=1}^{n} a_{nk}A_{1k} & \sum_{k=1}^{n} a_{nk}A_{2k} & \cdots & \sum_{k=1}^{n} a_{nk}A_{nk} \end{pmatrix}$$

$$= \begin{pmatrix} |\boldsymbol{A}| & 0 & \cdots & 0 \\ 0 & |\boldsymbol{A}| & \cdots & 0 \\ \vdots & \vdots & & \vdots \\ 0 & 0 & \cdots & |\boldsymbol{A}| \end{pmatrix} = |\boldsymbol{A}| \begin{pmatrix} 1 & 0 & \cdots & 0 \\ 0 & 1 & \cdots & 0 \\ \vdots & \vdots & & \vdots \\ 0 & 0 & \cdots & 1 \end{pmatrix} = |\boldsymbol{A}| \boldsymbol{E}.$$

同理可得

$$\boldsymbol{A}^*\boldsymbol{A} = |\boldsymbol{A}| \boldsymbol{E}.$$

由此,可以得到伴随矩阵有如下的性质:

$$\boldsymbol{AA}^* = \boldsymbol{A}^*\boldsymbol{A} = |\boldsymbol{A}| \boldsymbol{E}.$$

下面给出一个方阵可逆的充分必要条件.

定理 2.1 n 阶方阵 $\boldsymbol{A}$ 可逆的充分必要条件是 $|\boldsymbol{A}| \neq 0$,且 $\boldsymbol{A}^{-1} = \dfrac{\boldsymbol{A}^*}{|\boldsymbol{A}|}$.

证 必要性 若 $\boldsymbol{A}$ 可逆,则存在逆矩阵 $\boldsymbol{A}^{-1}$,使得 $\boldsymbol{AA}^{-1} = \boldsymbol{E}$,故 $|\boldsymbol{AA}^{-1}| = |\boldsymbol{A}||\boldsymbol{A}^{-1}| = |\boldsymbol{E}| = 1 \neq 0$,因此 $|\boldsymbol{A}| \neq 0$.由 $\boldsymbol{AA}^* = \boldsymbol{A}^*\boldsymbol{A} = |\boldsymbol{A}|\boldsymbol{E}$ 可得

$$\boldsymbol{A} \frac{\boldsymbol{A}^*}{|\boldsymbol{A}|} = \frac{\boldsymbol{A}^*}{|\boldsymbol{A}|} \boldsymbol{A} = \boldsymbol{E},$$

因此 $\boldsymbol{A}^{-1} = \dfrac{\boldsymbol{A}^*}{|\boldsymbol{A}|}$.

充分性 若 $|\boldsymbol{A}| \neq 0$,由 $\boldsymbol{AA}^* = \boldsymbol{AA}^* = |\boldsymbol{A}|\boldsymbol{E}$ 可得

$$\boldsymbol{A} \frac{\boldsymbol{A}^*}{|\boldsymbol{A}|} = \frac{\boldsymbol{A}^*}{|\boldsymbol{A}|} \boldsymbol{A} = \boldsymbol{E}.$$

由定义 2.9 可知 $\boldsymbol{A}$ 可逆且 $\boldsymbol{A}^{-1} = \dfrac{\boldsymbol{A}^*}{|\boldsymbol{A}|}$.

伴随矩阵 $\boldsymbol{A}^*$ 的常用公式及证明,参见附录 1.

推论 设 $\boldsymbol{A}, \boldsymbol{B}$ 均为 n 阶方阵,若 $\boldsymbol{AB} = \boldsymbol{E}$(或 $\boldsymbol{BA} = \boldsymbol{E}$),则 $\boldsymbol{A}^{-1} = \boldsymbol{B}$.

证 由 $\boldsymbol{AB}=\boldsymbol{E}$ 可知，$|\boldsymbol{AB}|=|\boldsymbol{A}||\boldsymbol{B}|=|\boldsymbol{E}|=1$，故 $|\boldsymbol{A}|\neq 0$，因而 $\boldsymbol{A}^{-1}$ 存在，且

$$\boldsymbol{B}=\boldsymbol{EB}=(\boldsymbol{A}^{-1}\boldsymbol{A})\boldsymbol{B}=\boldsymbol{A}^{-1}(\boldsymbol{AB})=\boldsymbol{A}^{-1}\boldsymbol{E}=\boldsymbol{A}^{-1}.$$

定义 2.11 设 $\boldsymbol{A}$ 是 n 阶方阵，若 $|\boldsymbol{A}|=0$，则称 $\boldsymbol{A}$ 为奇异矩阵；若 $|\boldsymbol{A}|\neq 0$，则称 $\boldsymbol{A}$ 为非奇异矩阵.

由定理 2.1 可知，n 阶方阵 $\boldsymbol{A}$ 可逆的充分必要条件是 $\boldsymbol{A}$ 为非奇异矩阵.

定理 2.1 为我们提供了一种求逆矩阵的方法.下面用定理 2.1 的方法求例 2.13 中矩阵 $\boldsymbol{A}=\begin{pmatrix}1&3\\2&5\end{pmatrix}$ 的逆矩阵.因为

$$|\boldsymbol{A}|=\begin{vmatrix}1&3\\2&5\end{vmatrix}=-1\neq 0,$$

故 $\boldsymbol{A}^{-1}$ 存在，且 $\boldsymbol{A}^{-1}=\dfrac{\boldsymbol{A}^{*}}{|\boldsymbol{A}|}=-\boldsymbol{A}^{*}=-\begin{pmatrix}5&-3\\-2&1\end{pmatrix}=\begin{pmatrix}-5&3\\2&-1\end{pmatrix}$ 恰为例 2.13 中的矩阵 $\boldsymbol{B}$.

例 2.14 求方阵 $\boldsymbol{A}=\begin{pmatrix}2&2&2\\1&2&3\\1&3&6\end{pmatrix}$ 的逆矩阵.

解 因为

$$|\boldsymbol{A}|=\begin{vmatrix}2&2&2\\1&2&3\\1&3&6\end{vmatrix}=2\neq 0,$$

故 $\boldsymbol{A}^{-1}$ 存在，且 $\boldsymbol{A}^{-1}=\dfrac{\boldsymbol{A}^{*}}{|\boldsymbol{A}|}$.为此先求 $\boldsymbol{A}$ 的伴随矩阵 $\boldsymbol{A}^{*}$.

$$\begin{aligned}&A_{11}=3, &&A_{12}=-3, &&A_{13}=1,\\ &A_{21}=-6, &&A_{22}=10, &&A_{23}=-4,\\ &A_{31}=2, &&A_{32}=-4, &&A_{33}=2,\end{aligned}$$

故

$$\boldsymbol{A}^{*}=\begin{pmatrix}3&-6&2\\-3&10&-4\\1&-4&2\end{pmatrix}.$$

因此，方阵 $\boldsymbol{A}$ 的逆矩阵为

$$\boldsymbol{A}^{-1}=\frac{1}{2}\begin{pmatrix}3&-6&2\\-3&10&-4\\1&-4&2\end{pmatrix}=\begin{pmatrix}\dfrac{3}{2}&-3&1\\-\dfrac{3}{2}&5&-2\\\dfrac{1}{2}&-2&1\end{pmatrix}.$$

例 2.15 设方阵 $\boldsymbol{A}$ 满足 $\boldsymbol{A}^2-\boldsymbol{A}-2\boldsymbol{E}=\boldsymbol{O}$，证明：$\boldsymbol{A}$ 及 $\boldsymbol{A}+2\boldsymbol{E}$ 都可逆，并求 $\boldsymbol{A}^{-1}$ 及 $(\boldsymbol{A}+2\boldsymbol{E})^{-1}$.

证 (1) 由 $\boldsymbol{A}^2-\boldsymbol{A}-2\boldsymbol{E}=\boldsymbol{O}$ 得到 $\boldsymbol{A}^2-\boldsymbol{A}=2\boldsymbol{E}$，即 $\boldsymbol{A}(\boldsymbol{A}-\boldsymbol{E})=2\boldsymbol{E}$，从而 $\boldsymbol{A}\dfrac{\boldsymbol{A}-\boldsymbol{E}}{2}=\boldsymbol{E}$，所以 $\boldsymbol{A}$ 可逆，且 $\boldsymbol{A}^{-1}=\dfrac{\boldsymbol{A}-\boldsymbol{E}}{2}$.

(2) 由 $\boldsymbol{A}^2-\boldsymbol{A}-2\boldsymbol{E}=\boldsymbol{A}^2-\boldsymbol{A}-6\boldsymbol{E}+4\boldsymbol{E}=(\boldsymbol{A}+2\boldsymbol{E})(\boldsymbol{A}-3\boldsymbol{E})+4\boldsymbol{E}=\boldsymbol{O}$，即可得 $(\boldsymbol{A}+2\boldsymbol{E})(\boldsymbol{A}-3\boldsymbol{E})=-4\boldsymbol{E}$，即 $(\boldsymbol{A}+2\boldsymbol{E})\left(-\dfrac{\boldsymbol{A}-3\boldsymbol{E}}{4}\right)=\boldsymbol{E}$，所以 $\boldsymbol{A}+2\boldsymbol{E}$ 可逆，且 $(\boldsymbol{A}+2\boldsymbol{E})^{-1}=-\dfrac{\boldsymbol{A}-3\boldsymbol{E}}{4}$.

方阵的逆矩阵满足下面的运算法则：

(1) 若 $\boldsymbol{A}$ 可逆，则 $\boldsymbol{A}^{-1}$ 也可逆，且 $(\boldsymbol{A}^{-1})^{-1}=\boldsymbol{A}$；

(2) 若 $\boldsymbol{A}$ 可逆，常数 $\lambda\neq0$，则 $\lambda\boldsymbol{A}$ 也可逆，且有 $(\lambda\boldsymbol{A})^{-1}=\dfrac{1}{\lambda}\boldsymbol{A}^{-1}$；

(3) 若 $\boldsymbol{A},\boldsymbol{B}$ 为同阶可逆矩阵，则 $\boldsymbol{AB}$ 也可逆，且有 $(\boldsymbol{AB})^{-1}=\boldsymbol{B}^{-1}\boldsymbol{A}^{-1}$，可以推广到有限个情形；

(4) 若 $\boldsymbol{A}$ 可逆，则 $\boldsymbol{A}^{\mathrm{T}}$ 也可逆，且 $(\boldsymbol{A}^{\mathrm{T}})^{-1}=(\boldsymbol{A}^{-1})^{\mathrm{T}}$；

(5) 若 $\boldsymbol{A}$ 可逆，则有 $|\boldsymbol{A}^{-1}|=|\boldsymbol{A}|^{-1}$；

(6) 设 $\boldsymbol{A}=\mathrm{diag}(a_1,a_2,\cdots,a_n)$ 是对角矩阵，则 $\boldsymbol{A}$ 可逆的充分必要条件是 $a_i\neq0(i=1,2,\cdots,n)$，且 $\boldsymbol{A}^{-1}=\mathrm{diag}(a_1^{-1},a_2^{-1},\cdots,a_n^{-1})$.

这几个运算法则的证明都是验证式的证明，在此我们只给出运算法则(4)的证明，而将其余证明留给读者.

分析 若要验证 $(\boldsymbol{A}^{-1})^{\mathrm{T}}$ 是 $\boldsymbol{A}^{\mathrm{T}}$ 的逆矩阵，只需证明 $\boldsymbol{A}^{\mathrm{T}}\cdot(\boldsymbol{A}^{-1})^{\mathrm{T}}=\boldsymbol{E}$.

证 由已知，因为 $\boldsymbol{A}^{\mathrm{T}}\cdot(\boldsymbol{A}^{-1})^{\mathrm{T}}=(\boldsymbol{A}^{-1}\cdot\boldsymbol{A})^{\mathrm{T}}=\boldsymbol{E}^{\mathrm{T}}=\boldsymbol{E}$，故 $(\boldsymbol{A}^{\mathrm{T}})^{-1}=(\boldsymbol{A}^{-1})^{\mathrm{T}}$.

我们也可以利用逆矩阵求解矩阵方程，如下例.

例 2.16 设方阵 $\boldsymbol{A}=\begin{pmatrix}1&3\\2&5\end{pmatrix}$，$\boldsymbol{B}=\begin{pmatrix}2&1&3\\1&-1&0\end{pmatrix}$，求矩阵 $\boldsymbol{X}$ 使其满足 $\boldsymbol{AX}=\boldsymbol{B}$.

解 由例 2.13 可知 $\boldsymbol{A}^{-1}$ 存在，故可将 $\boldsymbol{A}^{-1}$ 左乘 $\boldsymbol{AX}=\boldsymbol{B}$ 两端，有

$$\boldsymbol{A}^{-1}\boldsymbol{AX}=\boldsymbol{A}^{-1}\boldsymbol{B},$$
$$\boldsymbol{EX}=\boldsymbol{A}^{-1}\boldsymbol{B},$$
$$\boldsymbol{X}=\boldsymbol{A}^{-1}\boldsymbol{B},$$

于是得到 $\boldsymbol{X}=\boldsymbol{A}^{-1}\boldsymbol{B}=\begin{pmatrix}-5&3\\2&-1\end{pmatrix}\begin{pmatrix}2&1&3\\1&-1&0\end{pmatrix}=\begin{pmatrix}-7&-8&-15\\3&3&6\end{pmatrix}$.

例 2.17 设方阵 $\boldsymbol{A}=\begin{pmatrix}1 & 3\\ 2 & 5\end{pmatrix}$，$\boldsymbol{B}=\begin{pmatrix}1 & 3\\ 2 & 0\\ 3 & 1\end{pmatrix}$，求矩阵 $\boldsymbol{X}$ 使其满足

$$\boldsymbol{XA}=\boldsymbol{B}.$$

解 由例 2.13 可知 $\boldsymbol{A}^{-1}$ 存在，故可将 $\boldsymbol{A}^{-1}$ 右乘 $\boldsymbol{XA}=\boldsymbol{B}$ 两端，有

$$\boldsymbol{XAA}^{-1}=\boldsymbol{BA}^{-1},$$

$$\boldsymbol{XE}=\boldsymbol{BA}^{-1},$$

$$\boldsymbol{X}=\boldsymbol{BA}^{-1},$$

于是得到 $\boldsymbol{X}=\boldsymbol{BA}^{-1}=\begin{pmatrix}1 & 3\\ 2 & 0\\ 3 & 1\end{pmatrix}\begin{pmatrix}-5 & 3\\ 2 & -1\end{pmatrix}=\begin{pmatrix}1 & 0\\ -10 & 6\\ -13 & 8\end{pmatrix}$.

例 2.18(用可逆矩阵进行信息编码) 密码法是信息编码与解码的技巧，其中一种方法利用了可逆矩阵的方法.先在 26 个英文字母与数字之间建立一一对应的关系，即

$$\begin{matrix} A & B & C & \cdots & X & Y & Z\\ \updownarrow & \updownarrow & \updownarrow & \cdots & \updownarrow & \updownarrow & \updownarrow\\ 1 & 2 & 3 & \cdots & 24 & 25 & 26\end{matrix}$$

如果要发出信息“action”，那么由上可知，此信息的密码是 1，3，20，9，15，14.直接用这种方法，容易根据数字出现的频率估计出它所代表的字母，因此容易被破译.我们往往利用矩阵的乘法来对这个信息进一步加密，最后再利用逆矩阵解密.先将信息编码 1,3,20,9,15,14 写成一个矩阵 $\boldsymbol{A}=\begin{pmatrix}1 & 9\\ 3 & 15\\ 20 & 14\end{pmatrix}$，再选一个可逆的整数矩阵(该矩阵是信息传递双方事先约定的，被称为“密匙”)$\boldsymbol{B}=\begin{pmatrix}1 & 2 & 3\\ 1 & 1 & 2\\ 0 & 1 & 2\end{pmatrix}$，将要发出的信息矩阵 $\boldsymbol{A}$ 左乘以矩阵 $\boldsymbol{B}$(即加密)变为密码

$$\boldsymbol{BA}=\begin{pmatrix}1 & 2 & 3\\ 1 & 1 & 2\\ 0 & 1 & 2\end{pmatrix}\begin{pmatrix}1 & 9\\ 3 & 15\\ 20 & 14\end{pmatrix}=\begin{pmatrix}67 & 81\\ 44 & 52\\ 43 & 43\end{pmatrix}$$

后发出，接收方接到信息 $\begin{pmatrix}67 & 81\\ 44 & 52\\ 43 & 43\end{pmatrix}$ 后，用 $\boldsymbol{B}^{-1}$ 左乘此矩阵，即 $\boldsymbol{A}=\boldsymbol{B}^{-1}\boldsymbol{BA}=\boldsymbol{B}^{-1}\begin{pmatrix}67 & 81\\ 44 & 52\\ 43 & 43\end{pmatrix}$，所以经过

$$\boldsymbol{A}=\boldsymbol{B}^{-1}\begin{pmatrix}67 & 81\\ 44 & 52\\ 43 & 43\end{pmatrix}=\begin{pmatrix}1 & 2 & 3\\ 1 & 1 & 2\\ 0 & 1 & 2\end{pmatrix}^{-1}\begin{pmatrix}67 & 81\\ 44 & 52\\ 43 & 43\end{pmatrix}$$

$$=\begin{pmatrix}0 & 1 & -1\\2 & -2 & -1\\-1 & 1 & 1\end{pmatrix}\begin{pmatrix}67 & 81\\44 & 52\\43 & 43\end{pmatrix}=\begin{pmatrix}1 & 9\\3 & 15\\20 & 14\end{pmatrix}$$

的解密过程将收到的信息解码为 1,3,20,9,15,14,最后将密码恢复为明码,得到信息"action".经过这样变换的消息就难以按其出现的频率来破译密码了.

2.3 分块矩阵

2.3.1 分块矩阵的概念

在许多实际问题中,经常会遇到阶数较高或具有特殊结构的矩阵.为了方便计算分析,经常把这样的矩阵用若干条横线、纵线分成若干个小矩阵,这些小矩阵称为子阵或子块,原来的矩阵经过分块后称为分块矩阵.

一般地,我们要根据所研究矩阵的特点或实际问题的背景将矩阵分块.在理论上,对一个矩阵可以任意分块.

例如,设矩阵

$$\boldsymbol{A}=\left(\begin{array}{cc:cc}a_{11} & a_{12} & a_{13} & a_{14}\\ \hdashline a_{21} & a_{22} & a_{23} & a_{24}\\a_{31} & a_{32} & a_{33} & a_{34}\end{array}\right).$$

若令

$$\boldsymbol{A}_{11}=(a_{11}\quad a_{12}),\quad \boldsymbol{A}_{12}=(a_{13}\quad a_{14}),$$
$$\boldsymbol{A}_{21}=\begin{pmatrix}a_{21} & a_{22}\\a_{31} & a_{32}\end{pmatrix},\quad \boldsymbol{A}_{22}=\begin{pmatrix}a_{23} & a_{24}\\a_{33} & a_{34}\end{pmatrix},$$

则将矩阵 $\boldsymbol{A}$ 分块成

$$\boldsymbol{A}=\begin{pmatrix}\boldsymbol{A}_{11} & A_{12}\\\boldsymbol{A}_{21} & \boldsymbol{A}_{22}\end{pmatrix}.$$

若令

$$\boldsymbol{\alpha}_1=(a_{11},a_{12},a_{13},a_{14}),\quad \boldsymbol{\alpha}_2=(a_{21},a_{22},a_{23},a_{24}),\quad \boldsymbol{\alpha}_3=(a_{31},a_{32},a_{33},a_{34}),$$

则矩阵 $\boldsymbol{A}$ 可以按行分块成

$$\boldsymbol{A}=\begin{pmatrix}\boldsymbol{\alpha}_1\\\boldsymbol{\alpha}_2\\\boldsymbol{\alpha}_3\end{pmatrix}.$$

若令

$$\boldsymbol{\alpha}_1=\begin{pmatrix}a_{11}\\a_{21}\\a_{31}\end{pmatrix},\quad \boldsymbol{\alpha}_2=\begin{pmatrix}a_{12}\\a_{22}\\a_{32}\end{pmatrix},\quad \boldsymbol{\alpha}_3=\begin{pmatrix}a_{13}\\a_{23}\\a_{33}\end{pmatrix},\quad \boldsymbol{\alpha}_4=\begin{pmatrix}a_{14}\\a_{24}\\a_{34}\end{pmatrix},$$

则矩阵 $\boldsymbol{A}$ 可以按列分块成

$$\boldsymbol{A}=(\boldsymbol{\alpha}_1,\boldsymbol{\alpha}_2,\boldsymbol{\alpha}_3,\boldsymbol{\alpha}_4).$$

2.3.2 分块矩阵的运算

分块矩阵的运算规律与普通矩阵的运算规律相似,具体讨论如下:

(1) 若矩阵 $\boldsymbol{A}$ 与矩阵 $\boldsymbol{B}$ 为同型矩阵,并采用相同的分块方法,有

$$\boldsymbol{A}=\begin{pmatrix}\boldsymbol{A}_{11}&\cdots&\boldsymbol{A}_{1r}\\\vdots&&\vdots\\\boldsymbol{A}_{s1}&\cdots&\boldsymbol{A}_{sr}\end{pmatrix},\quad \boldsymbol{B}=\begin{pmatrix}\boldsymbol{B}_{11}&\cdots&\boldsymbol{B}_{1r}\\\vdots&&\vdots\\\boldsymbol{B}_{s1}&\cdots&\boldsymbol{B}_{sr}\end{pmatrix},$$

其中,$\boldsymbol{A}_{ij}$ 与 $\boldsymbol{B}_{ij}$ 亦为同型矩阵,则

$$\boldsymbol{A}+\boldsymbol{B}=\begin{pmatrix}\boldsymbol{A}_{11}+\boldsymbol{B}_{11}&\cdots&\boldsymbol{A}_{1r}+\boldsymbol{B}_{1r}\\\vdots&&\vdots\\\boldsymbol{A}_{s1}+\boldsymbol{B}_{s1}&\cdots&\boldsymbol{A}_{sr}+\boldsymbol{B}_{sr}\end{pmatrix}.$$

(2) 若 $\boldsymbol{A}=\begin{pmatrix}\boldsymbol{A}_{11}&\cdots&\boldsymbol{A}_{1r}\\\vdots&&\vdots\\\boldsymbol{A}_{s1}&\cdots&\boldsymbol{A}_{sr}\end{pmatrix}$,$\lambda$ 为常数,则

$$\lambda\boldsymbol{A}=\begin{pmatrix}\lambda\boldsymbol{A}_{11}&\cdots&\lambda\boldsymbol{A}_{1r}\\\vdots&&\vdots\\\lambda\boldsymbol{A}_{s1}&\cdots&\lambda\boldsymbol{A}_{sr}\end{pmatrix}.$$

(3) 若 $\boldsymbol{A}$ 为 $m\times l$ 矩阵,$\boldsymbol{B}$ 为 $l\times n$ 矩阵,将 $\boldsymbol{A},\boldsymbol{B}$ 分块成

$$\boldsymbol{A}=\begin{pmatrix}\boldsymbol{A}_{11}&\cdots&\boldsymbol{A}_{1t}\\\vdots&&\vdots\\\boldsymbol{A}_{s1}&\cdots&\boldsymbol{A}_{st}\end{pmatrix},\quad \boldsymbol{B}=\begin{pmatrix}\boldsymbol{B}_{11}&\cdots&\boldsymbol{B}_{1r}\\\vdots&&\vdots\\\boldsymbol{B}_{t1}&\cdots&\boldsymbol{B}_{tr}\end{pmatrix},$$

其中,$\boldsymbol{A}_{i1},\boldsymbol{A}_{i2},\cdots,\boldsymbol{A}_{it}$ 的列数分别等于 $\boldsymbol{B}_{1j},\boldsymbol{B}_{2j},\cdots,\boldsymbol{B}_{tj}$ 的行数,则有

$$\boldsymbol{AB}=\begin{pmatrix}\boldsymbol{C}_{11}&\cdots&\boldsymbol{C}_{1r}\\\vdots&&\vdots\\\boldsymbol{C}_{s1}&\cdots&\boldsymbol{C}_{sr}\end{pmatrix},$$

其中,$\boldsymbol{C}_{ij}=\sum\limits_{k=1}^{t}\boldsymbol{A}_{ik}\boldsymbol{B}_{kj}\ (i=1,2,\cdots,s;j=1,2,\cdots,r)$.

注意 在分块矩阵的乘法 $\boldsymbol{AB}$ 中,要求左矩阵 $\boldsymbol{A}$ 的列分块方式与右矩阵 $\boldsymbol{B}$ 的行分块方式保持一致.

例 2.19 设

$$A=\left(\begin{array}{cc:ccc}1&2&0&0&0\\3&4&0&0&0\\ \hdashline 0&0&1&2&3\\0&0&2&1&3\\0&0&3&2&1\end{array}\right),\quad B=\left(\begin{array}{c:cc}1&-1&0\\0&0&-1\\ \hdashline 0&0&1\\0&1&0\\0&1&1\end{array}\right),$$

求 $\boldsymbol{AB}$.

解 将 $\boldsymbol{A}$,$\boldsymbol{B}$ 分块成

$$\boldsymbol{A}=\begin{pmatrix}\boldsymbol{A}_{11}&\boldsymbol{O}\\\boldsymbol{O}&\boldsymbol{A}_{22}\end{pmatrix},\quad \boldsymbol{B}=\begin{pmatrix}\boldsymbol{B}_{11}&-\boldsymbol{E}\\\boldsymbol{O}&\boldsymbol{B}_{22}\end{pmatrix},$$

其中

$$\boldsymbol{A}_{11}=\begin{pmatrix}1&2\\3&4\end{pmatrix},\quad \boldsymbol{A}_{22}=\begin{pmatrix}1&2&3\\2&1&3\\3&2&1\end{pmatrix},\quad \boldsymbol{B}_{11}=\begin{pmatrix}1\\0\end{pmatrix},\quad \boldsymbol{B}_{22}=\begin{pmatrix}0&1\\1&0\\1&1\end{pmatrix},$$

$$-\boldsymbol{E}=\begin{pmatrix}-1&0\\0&-1\end{pmatrix},$$

而

$$\boldsymbol{AB}=\begin{pmatrix}\boldsymbol{A}_{11}&\boldsymbol{O}\\\boldsymbol{O}&\boldsymbol{A}_{22}\end{pmatrix}\begin{pmatrix}\boldsymbol{B}_{11}&-\boldsymbol{E}\\\boldsymbol{O}&\boldsymbol{B}_{22}\end{pmatrix}=\begin{pmatrix}\boldsymbol{A}_{11}\boldsymbol{B}_{11}&-\boldsymbol{A}_{11}\\\boldsymbol{O}&\boldsymbol{A}_{22}\boldsymbol{B}_{22}\end{pmatrix},$$

又

$$\boldsymbol{A}_{11}\boldsymbol{B}_{11}=\begin{pmatrix}1&2\\3&4\end{pmatrix}\begin{pmatrix}1\\0\end{pmatrix}=\begin{pmatrix}1\\3\end{pmatrix},\quad \boldsymbol{A}_{22}\boldsymbol{B}_{22}=\begin{pmatrix}1&2&3\\2&1&3\\3&2&1\end{pmatrix}\begin{pmatrix}0&1\\1&0\\1&1\end{pmatrix}=\begin{pmatrix}5&4\\4&5\\3&4\end{pmatrix},$$

由此可得

$$\boldsymbol{AB}=\begin{pmatrix}1&-1&-2\\3&-3&-4\\0&5&4\\0&4&5\\0&3&4\end{pmatrix}.$$

(4) 若 $\boldsymbol{A}=\begin{pmatrix}\boldsymbol{A}_{11}&\cdots&\boldsymbol{A}_{1r}\\\vdots&&\vdots\\\boldsymbol{A}_{s1}&\cdots&\boldsymbol{A}_{sr}\end{pmatrix}$,则

$$\boldsymbol{A}^{\mathrm{T}}=\begin{pmatrix}\boldsymbol{A}_{11}^{\mathrm{T}}&\cdots&\boldsymbol{A}_{s1}^{\mathrm{T}}\\\vdots&&\vdots\\\boldsymbol{A}_{1r}^{\mathrm{T}}&\cdots&\boldsymbol{A}_{sr}^{\mathrm{T}}\end{pmatrix}.$$

(5) 设方阵 $\boldsymbol{A}$ 的分块矩阵为

$$\boldsymbol{A}=\begin{pmatrix}\boldsymbol{A}_1 & & & \\ & \boldsymbol{A}_2 & & \\ & & \ddots & \\ & & & \boldsymbol{A}_s\end{pmatrix},$$

除对角线上的子块外,其余子块都为零矩阵,且对角线上的子块 $\boldsymbol{A}_i(i=1,2,\cdots,s)$ 都是方阵,则称 $\boldsymbol{A}$ 为分块对角矩阵.

分块对角矩阵具有下述性质:

(ⅰ) 分块对角矩阵的行列式 $|\boldsymbol{A}|=|\boldsymbol{A}_1||\boldsymbol{A}_2|\cdots|\boldsymbol{A}_s|$.

(ⅱ) 若 $|\boldsymbol{A}_i|\neq 0(i=1,2,\cdots,s)$,则 $|\boldsymbol{A}|\neq 0$,并有

$$\boldsymbol{A}^{-1}=\begin{pmatrix}\boldsymbol{A}_1^{-1} & & & \\ & \boldsymbol{A}_2^{-1} & & \\ & & \ddots & \\ & & & \boldsymbol{A}_s^{-1}\end{pmatrix}.$$

(ⅲ) 若有与 $\boldsymbol{A}$ 同阶的分块对角矩阵

$$\boldsymbol{B}=\begin{pmatrix}\boldsymbol{B}_1 & & & \\ & \boldsymbol{B}_2 & & \\ & & \ddots & \\ & & & \boldsymbol{B}_s\end{pmatrix},$$

其中,$\boldsymbol{A}_i$ 与 $\boldsymbol{B}_i(i=1,2,\cdots,s)$ 亦为同阶方阵,则有

$$\boldsymbol{AB}=\begin{pmatrix}\boldsymbol{A}_1\boldsymbol{B}_1 & & & \\ & \boldsymbol{A}_2\boldsymbol{B}_2 & & \\ & & \ddots & \\ & & & \boldsymbol{A}_s\boldsymbol{B}_s\end{pmatrix}.$$

例 2.20 设

$$\boldsymbol{A}=\begin{pmatrix}5 & 1 & 0 & 0\\ 3 & 1 & 0 & 0\\ 0 & 0 & 3 & 1\\ 0 & 0 & 2 & 1\end{pmatrix},$$

求 $\boldsymbol{A}^{-1}$.

解 令 $\boldsymbol{A}=\begin{pmatrix}\boldsymbol{A}_1 & \boldsymbol{O}\\ \boldsymbol{O} & \boldsymbol{A}_2\end{pmatrix}$,其中

$$\boldsymbol{A}_1=\begin{pmatrix}5 & 1\\ 3 & 1\end{pmatrix},\quad \boldsymbol{A}_2=\begin{pmatrix}3 & 1\\ 2 & 1\end{pmatrix},$$

于是,有

$$\boldsymbol{A}_1^{-1}=\frac{1}{2}\begin{pmatrix}1 & -1\\ -3 & 5\end{pmatrix},\quad \boldsymbol{A}_2^{-1}=\begin{pmatrix}1 & -1\\ -2 & 3\end{pmatrix},$$

故

$$\boldsymbol{A}^{-1}=\begin{pmatrix}\frac{1}{2} & -\frac{1}{2} & 0 & 0\\ -\frac{3}{2} & \frac{5}{2} & 0 & 0\\ 0 & 0 & 1 & -1\\ 0 & 0 & -2 & 3\end{pmatrix}.$$

由以上例题可知,对于阶数较高的矩阵进行乘法或求逆运算时,利用分块方法可以达到降阶的目的,从而简化计算.当然分块的原则要使其分块后出现的子块间的运算有意义,同时要达到简化计算的目的.

2.3.3 矩阵与分块矩阵的应用举例

1. 线性方程组的表达形式

设线性方程组

$$\begin{cases}a_{11}x_1+a_{12}x_2+\cdots+a_{1n}x_n=b_1,\\ a_{21}x_1+a_{22}x_2+\cdots+a_{2n}x_n=b_2,\\ \qquad\qquad\vdots\\ a_{m1}x_1+a_{m2}x_2+\cdots+a_{mn}x_n=b_m.\end{cases}\tag{2.1}$$

利用矩阵运算,可以给出方程组(2.1)的矩阵表示形式和向量表示形式.

首先,利用矩阵乘法,可以把方程组(2.1)表示为一个简洁的矩阵方程.

令 $\boldsymbol{A}=\begin{pmatrix}a_{11} & a_{12} & \cdots & a_{1n}\\ a_{21} & a_{22} & \cdots & a_{2n}\\ \vdots & \vdots & & \vdots\\ a_{m1} & a_{m2} & \cdots & a_{mn}\end{pmatrix}$,$\boldsymbol{x}=\begin{pmatrix}x_1\\ x_2\\ \vdots\\ x_n\end{pmatrix}$,$\boldsymbol{b}=\begin{pmatrix}b_1\\ b_2\\ \vdots\\ b_m\end{pmatrix}$,则式(2.1)就可以用矩阵方程

$$\boldsymbol{Ax}=\boldsymbol{b}$$

来表示.

其次,利用数乘矩阵和分块运算,可以将方程组(2.1)表示为一个向量方程.

将矩阵 $\boldsymbol{A}$ 按列分块成

$$\boldsymbol{A}=(\boldsymbol{\alpha}_1,\boldsymbol{\alpha}_2,\cdots,\boldsymbol{\alpha}_n),$$

其中

$$\boldsymbol{\alpha}_1=\begin{pmatrix}a_{11}\\a_{21}\\\vdots\\a_{m1}\end{pmatrix},\quad \boldsymbol{\alpha}_2=\begin{pmatrix}a_{12}\\a_{22}\\\vdots\\a_{m2}\end{pmatrix},\quad \cdots,\quad \boldsymbol{\alpha}_n=\begin{pmatrix}a_{1n}\\a_{2n}\\\vdots\\a_{mn}\end{pmatrix},$$

则式(2.1)就可以用向量方程

$$x_1\boldsymbol{\alpha}_1+x_2\boldsymbol{\alpha}_2+\cdots+x_n\boldsymbol{\alpha}_n=\boldsymbol{b}$$

来表示.

2. 线性变换

设变量 $x_1,x_2,\cdots,x_n$ 到变量 $y_1,y_2,\cdots,y_m$ 的线性变换为

$$\begin{cases}y_1=a_{11}x_1+a_{12}x_2+\cdots+a_{1n}x_n,\\y_2=a_{21}x_1+a_{22}x_2+\cdots+a_{2n}x_n,\\\quad\vdots\\y_m=a_{m1}x_1+a_{m2}x_2+\cdots+a_{mn}x_n.\end{cases}\tag{2.2}$$

利用矩阵乘法,线性变换可记为

$$\boldsymbol{y}=\boldsymbol{A}\boldsymbol{x},$$

其中

$$\boldsymbol{A}=\begin{pmatrix}a_{11}&a_{12}&\cdots&a_{1n}\\a_{21}&a_{22}&\cdots&a_{2n}\\\vdots&\vdots&&\vdots\\a_{m1}&a_{m2}&\cdots&a_{mn}\end{pmatrix},\quad \boldsymbol{x}=\begin{pmatrix}x_1\\x_2\\\vdots\\x_n\end{pmatrix},\quad \boldsymbol{y}=\begin{pmatrix}y_1\\y_2\\\vdots\\y_m\end{pmatrix}.$$

2.4 矩阵的初等变换与初等矩阵

矩阵的初等变换是矩阵的重要运算之一.利用初等变换将矩阵 $\boldsymbol{A}$ 化为“形式简单”的矩阵 $\boldsymbol{B}$,并由矩阵 $\boldsymbol{B}$ 研究 $\boldsymbol{A}$ 的有关性质.这在理论研究和实际计算中都有重要作用.

2.4.1 矩阵的初等变换

矩阵的初等变换起源于线性方程组的求解问题.在初等数学中我们学习过用消元法解二元或三元线性方程组,如下例.

例 2.21 解线性方程组

$$\begin{cases}2x_1+2x_3=6,\\x_1-x_2+3x_3=1,\\4x_1+2x_2+5x_3=4.\end{cases}\tag{2.3}$$

解 将方程组的第 1 个方程左右两边同时乘以 $\dfrac{1}{2}$,得

$$\begin{cases}x_1+x_3=3,\\x_1-x_2+3x_3=1,\\4x_1+2x_2+5x_3=4.\end{cases}\tag{2.4}$$

将方程组(2.4)的第1个方程分别乘以-1、-4加到第2个、第3个方程上去，从而消去这两个方程中的x_1项,有

$$\begin{cases}x_1+x_3=3,\\-x_2+2x_3=-2,\\2x_2+x_3=-8.\end{cases}\tag{2.5}$$

将方程组(2.5)的第2个方程乘以2加到第3个方程上去，从而消去第3个方程中的x_2项,有

$$\begin{cases}x_1+x_3=3,\\-x_2+2x_3=-2,\\5x_3=-12.\end{cases}\tag{2.6}$$

方程组(2.6)与原线性方程组同解.这一过程称为消元过程.

将方程组(2.6)的第3个方程两边同时除以5,得到$x_3=-\dfrac{12}{5}$;将$x_3=-\dfrac{12}{5}$代入方程组(2.6)的第2个方程,可求得$x_2=-\dfrac{14}{5}$;最后将$x_3=-\dfrac{12}{5}$代入方程组(2.6)的第1个方程,可求得$x_1=\dfrac{27}{5}$.所以原方程组的解为

$$x_1=\frac{27}{5},\quad x_2=-\frac{14}{5},\quad x_3=-\frac{12}{5}.$$

线性方程组的这种解法称为消元法.一般地,在用消元法解线性方程组的过程中,我们常对方程组施行以下3种变换:

(1) 交换两个方程的位置;

(2) 某个方程的两边同乘以一个非零常数;

(3) 将一个方程的k倍(k为常数,且不为0)加到另一个方程上.

这3种变换都称为线性方程组的初等变换.

在实施上述变换时,我们仅对方程组各未知量的系数和常数项进行运算，因此例2.21的消元、回代过程都可以转换为对矩阵

$$(\boldsymbol{A},\boldsymbol{b})=\begin{pmatrix}2&0&2&6\\1&-1&3&1\\4&2&5&4\end{pmatrix}$$

施以同样的变换.这个矩阵称为线性方程组(2.3)的增广矩阵.由此引入矩阵的初等变换的概念.

定义 2.12 矩阵的下面3种变换称为矩阵的初等行(列)变换:

(1) 交换矩阵的第i,j两行(列),记作$r_i\leftrightarrow r_j$($c_i\leftrightarrow c_j$);

(2) 将非零常数 k 乘矩阵的第 i 行(列)，记作 $kr_i(kc_i)$；

(3) 把矩阵的第 j 行(列)乘以数 k 加到第 i 行(列)，记作 $r_i+kr_j(c_i+kc_j)$.

矩阵的初等行变换与初等列变换，统称为矩阵的初等变换.

初等变换都是可逆的，且其逆变换是同一类型的初等变换；变换 $r_i\leftrightarrow r_j$ 的逆变换就是其本身；变换 kr_i 的逆变换为 $\frac{1}{k}r_i$；变换 r_i+kr_j 的逆变换为 r_i-kr_j.

利用矩阵的初等行变换，例2.21中线性方程组的消元过程可表示如下：

$$\boldsymbol{B}=(\boldsymbol{A},\boldsymbol{b})=\begin{pmatrix}2&0&2&6\\1&-1&3&1\\4&2&5&4\end{pmatrix}\xrightarrow{\frac{1}{2}r_1}\begin{pmatrix}1&0&1&3\\1&-1&3&1\\4&2&5&4\end{pmatrix}\xrightarrow[r_3-4r_1]{r_2-r_1}\begin{pmatrix}1&0&1&3\\0&-1&2&-2\\0&2&1&-8\end{pmatrix}$$

$$\xrightarrow{r_3+2r_2}\begin{pmatrix}1&0&1&3\\0&-1&2&-2\\0&0&5&-12\end{pmatrix}\xrightarrow{\frac{1}{5}r_3}\begin{pmatrix}1&0&1&3\\0&-1&2&-2\\0&0&1&-\frac{12}{5}\end{pmatrix}=\boldsymbol{B}_1.$$

方程组(2.6)所对应的矩阵 $\boldsymbol{B}_1$ 称为行阶梯形矩阵，简称行阶梯阵，它的特点：可画出一条阶梯线，线的下方全为0；每个台阶只有一行，台阶数即是非零行的行数，阶梯线的竖线(每段竖线的长度为一行)后面的第1个元素为非零元.

求解方程组的回代过程，也可用矩阵的初等行变换表示：

$$\boldsymbol{B}_1=\begin{pmatrix}1&0&1&3\\0&-1&2&-2\\0&0&1&-\frac{12}{5}\end{pmatrix}\xrightarrow[r_2-2r_3]{r_1-r_3}\begin{pmatrix}1&0&0&\frac{27}{5}\\0&-1&0&\frac{14}{5}\\0&0&1&-\frac{12}{5}\end{pmatrix}\xrightarrow{-r_2}\begin{pmatrix}1&0&0&\frac{27}{5}\\0&1&0&-\frac{14}{5}\\0&0&1&-\frac{12}{5}\end{pmatrix}=\boldsymbol{B}_2.$$

由矩阵 $\boldsymbol{B}_2$ 得到原方程组的解为

$$x_1=\frac{27}{5},\quad x_2=-\frac{14}{5},\quad x_3=-\frac{12}{5}.$$

行阶梯形矩阵 $\boldsymbol{B}_2$ 称为行最简形矩阵，其特点是：非零行的第一个非零元为1，且这些非零元所在列的其他元素都为0.

对行最简形矩阵再实施初等列变换，可变成一种形式更简单的矩阵，例如将矩阵 $\boldsymbol{B}_2$ 化为

$$\boldsymbol{B}_2=\begin{pmatrix}1&0&0&\frac{27}{5}\\0&1&0&-\frac{14}{5}\\0&0&1&-\frac{12}{5}\end{pmatrix}\xrightarrow{\substack{c_4-\frac{27}{5}c_1\\c_4+\frac{14}{5}c_2\\c_4+\frac{12}{5}c_3}}\begin{pmatrix}1&0&0&0\\0&1&0&0\\0&0&1&0\end{pmatrix}=\boldsymbol{F}.$$

矩阵 $\boldsymbol{F}$ 称为矩阵 $\boldsymbol{B}$ 的标准形,其特点:$\boldsymbol{F}$ 的左上角是一个单位矩阵,其余元素全为0.

对于任何矩阵 $\boldsymbol{A}_{m\times n}$ 总可经过有限次初等行变换,把它变为行阶梯形矩阵和行最简形矩阵,其中,行最简形矩阵是由方程组唯一确定的,行阶梯形矩阵的行数也是由方程组唯一确定的;行最简形矩阵再经过初等列变换,可以化成标准形.

例 2.22 利用初等变换将矩阵

$$\boldsymbol{A}=\begin{pmatrix}3 & 2 & 6\\ -1 & -3 & -17\\ 1 & 4 & 3\\ -1 & -4 & -3\end{pmatrix}$$

化为行阶梯形矩阵.

解

$$\boldsymbol{A}=\begin{pmatrix}3 & 2 & 6\\ -1 & -3 & -17\\ 1 & 4 & 3\\ -1 & -4 & -3\end{pmatrix}\xrightarrow{r_1\leftrightarrow r_3}\begin{pmatrix}1 & 4 & 3\\ -1 & -3 & -17\\ 3 & 2 & 6\\ -1 & -4 & -3\end{pmatrix}\xrightarrow[r_4+r_1]{\substack{r_2+r_1\\ r_3-3r_1}}\begin{pmatrix}1 & 4 & 3\\ 0 & 1 & -14\\ 0 & -10 & -3\\ 0 & 0 & 0\end{pmatrix}$$

$$\xrightarrow{r_3+10r_2}\begin{pmatrix}1 & 4 & 3\\ 0 & 1 & -14\\ 0 & 0 & -143\\ 0 & 0 & 0\end{pmatrix}=\boldsymbol{B}.$$

矩阵 $\boldsymbol{B}$ 即为 $\boldsymbol{A}$ 的行阶梯形矩阵.

定义 2.13 如果矩阵 $\boldsymbol{A}$ 经过有限次初等变换变成矩阵 $\boldsymbol{B}$,则称矩阵 $\boldsymbol{A}$ 与矩阵 $\boldsymbol{B}$ 等价,记作 $\boldsymbol{A}\sim\boldsymbol{B}$.

矩阵之间的等价关系具有以下性质:

(1) 反身性:$\boldsymbol{A}\sim\boldsymbol{A}$;

(2) 对称性:若 $\boldsymbol{A}\sim\boldsymbol{B}$,则 $\boldsymbol{B}\sim\boldsymbol{A}$;

(3) 传递性:若 $\boldsymbol{A}\sim\boldsymbol{B}$,$\boldsymbol{B}\sim\boldsymbol{C}$,则 $\boldsymbol{A}\sim\boldsymbol{C}$.

在所有与 $\boldsymbol{A}$ 等价的矩阵中,$\boldsymbol{A}$ 的标准形 $\boldsymbol{F}$ 是形状最简单的矩阵.

2.4.2 初等矩阵

定义 2.14 由单位矩阵 $\boldsymbol{E}$ 经过一次初等变换得到的矩阵称为初等矩阵.

3种初等变换对应有3种初等矩阵.

(1) 互换 $\boldsymbol{E}$ 的第 i,j 两行(或 i,j 两列),得到

$$\boldsymbol{E}(i,j)=\begin{pmatrix}1&&&&&&&&\\&\ddots&&&&&&&\\&&0&&\cdots&&1&&\\&&&1&&&&&\\&&\vdots&&\ddots&&\vdots&&\\&&&&&1&&&\\&&1&&\cdots&&0&&\\&&&&&&&\ddots&\\&&&&&&&&1\end{pmatrix}\begin{matrix}\\\\\text{第 } i \text{ 行}\\\\\\\\\text{第 } j \text{ 行}\\\\\\\end{matrix};$$

(2) 将非零常数 k 乘 $\boldsymbol{E}$ 的第 i 行(或 i 列),得到

$$\boldsymbol{E}[i(k)]=\begin{pmatrix}1&&&&&&\\&\ddots&&&&&\\&&1&&&&\\&&&k&&&\\&&&&1&&\\&&&&&\ddots&\\&&&&&&1\end{pmatrix}\text{第 } i \text{ 行};$$

(3) 把 $\boldsymbol{E}$ 的第 j 行的 k 倍加到第 i 行上(或第 i 列的 k 倍加到第 j 列上),得

$$\boldsymbol{E}[i,j(k)]=\begin{pmatrix}1&&&&&&\\&\ddots&&&&&\\&&1&\cdots&k&&\\&&&\ddots&\vdots&&\\&&&&1&&\\&&&&&\ddots&\\&&&&&&1\end{pmatrix}\begin{matrix}\\\\\text{第 } i \text{ 行}\\\\\text{第 } j \text{ 行}\\\\\\\end{matrix}.$$

由于 3 种初等矩阵是由单位矩阵经过一次初等变换得到的,故初等矩阵可逆,且有

$$\boldsymbol{E}^{-1}(i,j)=\boldsymbol{E}(i,j),\quad \boldsymbol{E}^{-1}[i(k)]=\boldsymbol{E}\left[i\left(\frac{1}{k}\right)\right],\quad \boldsymbol{E}^{-1}[i,j(k)]=\boldsymbol{E}[i,j(-k)].$$

初等矩阵和初等变换之间有着密切的关系.

设矩阵 $\boldsymbol{A}=\begin{pmatrix}a_{11}&a_{12}&a_{13}\\a_{21}&a_{22}&a_{23}\\a_{31}&a_{32}&a_{33}\end{pmatrix}$,则

$$\boldsymbol{E}(2,3)\boldsymbol{A}=\begin{pmatrix}1&0&0\\0&0&1\\0&1&0\end{pmatrix}\begin{pmatrix}a_{11}&a_{12}&a_{13}\\a_{21}&a_{22}&a_{23}\\a_{31}&a_{32}&a_{33}\end{pmatrix}=\begin{pmatrix}a_{11}&a_{12}&a_{13}\\a_{31}&a_{32}&a_{33}\\a_{21}&a_{22}&a_{23}\end{pmatrix}=\boldsymbol{B}_1,$$

$$E[2(2)]A=\begin{pmatrix}1&0&0\\0&2&0\\0&0&1\end{pmatrix}\begin{pmatrix}a_{11}&a_{12}&a_{13}\\a_{21}&a_{22}&a_{23}\\a_{31}&a_{32}&a_{33}\end{pmatrix}=\begin{pmatrix}a_{11}&a_{12}&a_{13}\\2a_{21}&2a_{22}&2a_{23}\\a_{31}&a_{32}&a_{33}\end{pmatrix}=B_2,$$

$$E[2,1(1)]A=\begin{pmatrix}1&0&0\\1&1&0\\0&0&1\end{pmatrix}\begin{pmatrix}a_{11}&a_{12}&a_{13}\\a_{21}&a_{22}&a_{23}\\a_{31}&a_{32}&a_{33}\end{pmatrix}=\begin{pmatrix}a_{11}&a_{12}&a_{13}\\a_{21}+a_{11}&a_{22}+a_{12}&a_{23}+a_{13}\\a_{31}&a_{32}&a_{33}\end{pmatrix}=B_3.$$

同时可看出 $A\xrightarrow{r_2\leftrightarrow r_3}B_1$，$A\xrightarrow{2r_2}B_2$，$A\xrightarrow{r_2+r_1}B_3$，可见对 A 左乘一个初等矩阵就相当于对 A 作一次对应的初等行变换.

定理 2.2 设矩阵 $A=(a_{ij})_{m\times n}$，则

(1) 对 A 实施一次初等行变换，相当于用一个相应的 m 阶的初等矩阵左乘 A；

(2) 对 A 实施一次初等列变换，相当于用一个相应的 n 阶的初等矩阵右乘 A.

证 仅证(1).

设矩阵 B 是由矩阵 A 经过交换 i,j 两行得到的矩阵，即若

$$A=\begin{pmatrix}a_{11}&a_{12}&\cdots&a_{1n}\\\vdots&\vdots&&\vdots\\a_{i1}&a_{i2}&\cdots&a_{in}\\\vdots&\vdots&&\vdots\\a_{j1}&a_{j2}&\cdots&a_{jn}\\\vdots&\vdots&&\vdots\\a_{m1}&a_{m2}&\cdots&a_{mn}\end{pmatrix},\quad 则\quad B=\begin{pmatrix}a_{11}&a_{12}&\cdots&a_{1n}\\\vdots&\vdots&&\vdots\\a_{j1}&a_{j2}&\cdots&a_{jn}\\\vdots&\vdots&&\vdots\\a_{i1}&a_{i2}&\cdots&a_{in}\\\vdots&\vdots&&\vdots\\a_{m1}&a_{m2}&\cdots&a_{mn}\end{pmatrix}.$$

又

$$E_m(i,j)A=\begin{pmatrix}1&&&&&&\\&\ddots&&&&&\\&&0&\cdots&1&&\\&&&1&&&\\&&\vdots&\ddots&\vdots&&\\&&&&1&&\\&&1&\cdots&0&&\\&&&&&\ddots&\\&&&&&&1\end{pmatrix}\cdot\begin{pmatrix}a_{11}&\cdots&a_{1i}&\cdots&a_{1j}&\cdots&a_{1n}\\\vdots&&\vdots&&\vdots&&\vdots\\a_{i1}&\cdots&a_{ii}&\cdots&a_{ij}&\cdots&a_{in}\\\vdots&&\vdots&&\vdots&&\vdots\\a_{j1}&\cdots&a_{ji}&\cdots&a_{jj}&\cdots&a_{jn}\\\vdots&&\vdots&&\vdots&&\vdots\\a_{m1}&\cdots&a_{mi}&\cdots&a_{mj}&\cdots&a_{mn}\end{pmatrix}$$

$$=\begin{pmatrix} a_{11} & \cdots & a_{1i} & \cdots & a_{1j} & \cdots & a_{1n} \\ \vdots & & \vdots & & \vdots & & \vdots \\ a_{j1} & \cdots & a_{ji} & \cdots & a_{jj} & \cdots & a_{jn} \\ \vdots & & \vdots & & \vdots & & \vdots \\ a_{i1} & \cdots & a_{ii} & \cdots & a_{ij} & \cdots & a_{in} \\ \vdots & & \vdots & & \vdots & & \vdots \\ a_{m1} & \cdots & a_{mi} & \cdots & a_{mj} & \cdots & a_{mn} \end{pmatrix}=\boldsymbol{B},$$

故对 $\boldsymbol{A}$ 实施一次第一种初等行变换,相当于用一个相应的 m 阶初等矩阵 $\boldsymbol{E}_m(i,j)$ 左乘矩阵 $\boldsymbol{A}$.对于其余两种初等行变换的运算,请读者自证.

根据定理 2.2,例 2.22 中对矩阵 $\boldsymbol{A}$ 所实施的初等行变换过程,可以写成初等矩阵与 $\boldsymbol{A}$ 的乘积.

$$\boldsymbol{E}[3,2(10)]\boldsymbol{E}[4,1(1)]\boldsymbol{E}[3,1(-3)]\boldsymbol{E}[2,1(1)]\boldsymbol{E}(1,3)\boldsymbol{A}=\boldsymbol{B}.$$

2.4.3 利用初等变换求逆矩阵

在 2.2 节中,我们给出了用伴随矩阵求一个可逆矩阵的逆矩阵的方法,但对于较高阶的矩阵,用伴随矩阵求逆矩阵的计算量太大.下面给出另一种求逆矩阵的方法——初等变换法.

定理 2.3 设 $\boldsymbol{A}$ 是 n 阶方阵,则下面的命题是等价的:

(1) $\boldsymbol{A}$ 是可逆的;

(2) $\boldsymbol{A}\sim\boldsymbol{E}$,$\boldsymbol{E}$ 是 n 阶单位矩阵,即 $\boldsymbol{A}$ 可经过一系列初等行(列)变换化为 $\boldsymbol{E}$;

(3) 存在有限个初等矩阵 $\boldsymbol{P}_1,\boldsymbol{P}_2,\cdots,\boldsymbol{P}_l$,使得 $\boldsymbol{A}=\boldsymbol{P}_1\boldsymbol{P}_2\cdots\boldsymbol{P}_l$.

定理 2.4 设矩阵 $\boldsymbol{A},\boldsymbol{B}$ 都是 $m\times n$ 矩阵.

(1) $\boldsymbol{A}$ 经过若干次初等行变换化为 $\boldsymbol{B}$ 的充分必要条件是存在 m 阶可逆矩阵 $\boldsymbol{P}$,使得 $\boldsymbol{B}=\boldsymbol{PA}$;

(2) $\boldsymbol{A}$ 经过若干次初等列变换化为 $\boldsymbol{B}$ 的充分必要条件是存在 n 阶可逆矩阵 $\boldsymbol{Q}$,使得 $\boldsymbol{B}=\boldsymbol{AQ}$;

(3) $\boldsymbol{A}$ 经过若干次初等变换化为 $\boldsymbol{B}$(即 $\boldsymbol{A}\sim\boldsymbol{B}$)的充分必要条件是存在 m 阶可逆矩阵 $\boldsymbol{P}$ 及 n 阶可逆矩阵 $\boldsymbol{Q}$,使得 $\boldsymbol{B}=\boldsymbol{PAQ}$.

由定理 2.3 可知,若 $\boldsymbol{A}$ 是可逆的(即 $\boldsymbol{A}^{-1}$ 存在),则存在有限个初等矩阵 $\boldsymbol{P}_1,\boldsymbol{P}_2,\cdots,\boldsymbol{P}_l$,使得

$$\boldsymbol{A}=\boldsymbol{P}_1\boldsymbol{P}_2\cdots\boldsymbol{P}_l,$$

由于初等矩阵均可逆,故

$$\boldsymbol{A}^{-1}=(\boldsymbol{P}_1\boldsymbol{P}_2\cdots\boldsymbol{P}_{l-1}\boldsymbol{P}_l)^{-1}=\boldsymbol{P}_l^{-1}\boldsymbol{P}_{l-1}^{-1}\cdots\boldsymbol{P}_2^{-1}\boldsymbol{P}_1^{-1},$$

于是

$$\begin{aligned}\boldsymbol{A}^{-1}(\boldsymbol{A}\mid\boldsymbol{E})&=\boldsymbol{P}_l^{-1}\boldsymbol{P}_{l-1}^{-1}\cdots\boldsymbol{P}_2^{-1}\boldsymbol{P}_1^{-1}(\boldsymbol{A}\mid\boldsymbol{E})\\&=\boldsymbol{P}_l^{-1}\boldsymbol{P}_{l-1}^{-1}\cdots\boldsymbol{P}_2^{-1}\boldsymbol{P}_1^{-1}(\boldsymbol{P}_1\boldsymbol{P}_2\cdots\boldsymbol{P}_{l-1}\boldsymbol{P}_l\mid\boldsymbol{E})\\&=(\boldsymbol{E}\mid\boldsymbol{P}_l^{-1}\boldsymbol{P}_{l-1}^{-1}\cdots\boldsymbol{P}_2^{-1}\boldsymbol{P}_1^{-1})=(\boldsymbol{E}\mid\boldsymbol{A}^{-1}).\end{aligned}$$

上式表明,将 $\boldsymbol{A}$ 施行一系列初等行变换化为 $\boldsymbol{E}$ 的同时,对 $\boldsymbol{E}$ 施行相同的一系列初等行变换可化为 $\boldsymbol{A}^{-1}$,于是得到用初等行变换求逆矩阵的方法:构造一个 $n\times 2n$ 矩阵$(\boldsymbol{A}\mid\boldsymbol{E})$,用初等行变换将它的左边一半化为 $\boldsymbol{E}$,同时,右边的一半便是 $\boldsymbol{A}^{-1}$,即

$$(\boldsymbol{A}\mid\boldsymbol{E})\xrightarrow{\text{初等行变换}}(\boldsymbol{E}\mid\boldsymbol{A}^{-1}).$$

同样地,也可用初等列变换的方法求逆矩阵,即

$$\begin{pmatrix}\boldsymbol{A}\\ \hdashline \boldsymbol{E}\end{pmatrix}\xrightarrow{\text{初等列变换}}\begin{pmatrix}\boldsymbol{E}\\ \hdashline \boldsymbol{A}^{-1}\end{pmatrix}.$$

若 $\boldsymbol{A}$ 可逆,则对于矩阵方程 $\boldsymbol{AX}=\boldsymbol{B}$,也可用初等行变换的方法求得 $\boldsymbol{X}=\boldsymbol{A}^{-1}\boldsymbol{B}$,即

$$\boldsymbol{A}^{-1}(\boldsymbol{A}\mid\boldsymbol{B})=(\boldsymbol{A}^{-1}\boldsymbol{A}\mid\boldsymbol{A}^{-1}\boldsymbol{B})=(\boldsymbol{E}\mid\boldsymbol{A}^{-1}\boldsymbol{B}).$$

上式表明:将 $\boldsymbol{A}$ 施行一系列初等行变换化为 $\boldsymbol{E}$ 的同时,对 $\boldsymbol{B}$ 施行相同的一系列初等行变换可化为 $\boldsymbol{A}^{-1}\boldsymbol{B}$.于是得到用初等行变换求 $\boldsymbol{X}=\boldsymbol{A}^{-1}\boldsymbol{B}$ 的方法:构造一个矩阵$(\boldsymbol{A}\mid\boldsymbol{B})$,用初等行变换将它的左边一半化为 $\boldsymbol{E}$,同时,右边的一半便是 $\boldsymbol{A}^{-1}\boldsymbol{B}$,即

$$(\boldsymbol{A}\mid\boldsymbol{B})\xrightarrow{\text{初等行变换}}(\boldsymbol{E}\mid\boldsymbol{A}^{-1}\boldsymbol{B}).$$

例 2.23 利用初等行变换求方阵 $\boldsymbol{A}=\begin{pmatrix}2&2&2\\1&2&3\\1&3&6\end{pmatrix}$ 的逆矩阵.

解 $(\boldsymbol{A}\mid\boldsymbol{E})=\left(\begin{array}{ccc:ccc}2&2&2&1&0&0\\1&2&3&0&1&0\\1&3&6&0&0&1\end{array}\right)\xrightarrow{r_1-r_2}\left(\begin{array}{ccc:ccc}1&0&-1&1&-1&0\\1&2&3&0&1&0\\1&3&6&0&0&1\end{array}\right)$

$$\xrightarrow[r_3-r_1]{r_2-r_1}\left(\begin{array}{ccc:ccc}1&0&-1&1&-1&0\\0&2&4&-1&2&0\\0&3&7&-1&1&1\end{array}\right)\xrightarrow{\frac{1}{2}r_2}\left(\begin{array}{ccc:ccc}1&0&-1&1&-1&0\\0&1&2&-\frac{1}{2}&1&0\\0&3&7&-1&1&1\end{array}\right)$$

$$\xrightarrow{r_3-3r_2}\left(\begin{array}{ccc:ccc}1&0&-1&1&-1&0\\0&1&2&-\frac{1}{2}&1&0\\0&0&1&\frac{1}{2}&-2&1\end{array}\right)$$

$$\xrightarrow[r_1+r_3]{r_2-2r_3}\left(\begin{array}{ccc:ccc}1&0&0&\frac{3}{2}&-3&1\\0&1&0&-\frac{3}{2}&5&-2\\0&0&1&\frac{1}{2}&-2&1\end{array}\right)=(\boldsymbol{E}\ \vdots\ \boldsymbol{A}^{-1}),$$

故

$$\boldsymbol{A}^{-1}=\begin{pmatrix}\frac{3}{2}&-3&1\\-\frac{3}{2}&5&-2\\\frac{1}{2}&-2&1\end{pmatrix}.$$

例 2.24 设方阵 $\boldsymbol{A}=\begin{pmatrix}4&2&3\\1&1&0\\-1&2&3\end{pmatrix}$ 满足 $\boldsymbol{AX}=\boldsymbol{A}+2\boldsymbol{X}$，利用初等行变换求矩阵 $\boldsymbol{X}$.

解 由 $\boldsymbol{AX}=\boldsymbol{A}+2\boldsymbol{X}$，得 $\boldsymbol{AX}-2\boldsymbol{X}=\boldsymbol{A}$，即 $(\boldsymbol{A}-2\boldsymbol{E})\boldsymbol{X}=\boldsymbol{A}$，因为

$$|\boldsymbol{A}-2\boldsymbol{E}|=\begin{vmatrix}2&2&3\\1&-1&0\\-1&2&1\end{vmatrix}=-1\neq 0,$$

所以 $\boldsymbol{A}-2\boldsymbol{E}$ 可逆，于是 $\boldsymbol{X}=(\boldsymbol{A}-2\boldsymbol{E})^{-1}\boldsymbol{A}$.

$$(\boldsymbol{A}-2\boldsymbol{E}\ \vdots\ \boldsymbol{A})=\left(\begin{array}{ccc:ccc}2&2&3&4&2&3\\1&-1&0&1&1&0\\-1&2&1&-1&2&3\end{array}\right)\xrightarrow{r_1-r_2}\left(\begin{array}{ccc:ccc}1&3&3&3&1&3\\1&-1&0&1&1&0\\-1&2&1&-1&2&3\end{array}\right)$$

$$\xrightarrow[r_3+r_1]{r_2-r_1}\left(\begin{array}{ccc:ccc}1&3&3&3&1&3\\0&-4&-3&-2&0&-3\\0&5&4&2&3&6\end{array}\right)\xrightarrow{r_2+r_3}\left(\begin{array}{ccc:ccc}1&3&3&3&1&3\\0&1&1&0&3&3\\0&5&4&2&3&6\end{array}\right)$$

$$\xrightarrow[r_3-5r_2]{r_1-3r_2}\left(\begin{array}{ccc:ccc}1&0&0&3&-8&-6\\0&1&1&0&3&3\\0&0&-1&2&-12&-9\end{array}\right)\xrightarrow[-r_3]{r_2+r_3}\left(\begin{array}{ccc:ccc}1&0&0&3&-8&-6\\0&1&0&2&-9&-6\\0&0&1&-2&12&9\end{array}\right)$$

$$=(\boldsymbol{E}\ \vdots\ (\boldsymbol{A}-2\boldsymbol{E})^{-1}\boldsymbol{A}),$$

故

$$\boldsymbol{X}=(\boldsymbol{A}-2\boldsymbol{E})^{-1}\boldsymbol{A}=\begin{pmatrix}3&-8&-6\\2&-9&-6\\-2&12&9\end{pmatrix}.$$

2.5 矩阵的秩

对于一般的 $m\times n$ 矩阵 $\boldsymbol{A}$,不存在通常意义上的逆矩阵.然而,我们可以引入矩阵的秩的概念,以研究矩阵的性质.在下一章线性方程组的理论中,这一概念也有重要的应用.

2.5.1 矩阵的秩的概念

定义 2.15 在矩阵 $\boldsymbol{A}$ 中任取 k 行、k 列($k\leqslant m,k\leqslant n$),位于这些行、列交叉处的 k^2 个元素,不改变它们在 $\boldsymbol{A}$ 中所处的位置次序而得到的 k 阶行列式,称为矩阵 $\boldsymbol{A}$ 的一个 k 阶子式.

例如,设矩阵

$$\boldsymbol{A}=\begin{pmatrix}2&-1&0&3\\1&-2&-5&7\\-1&3&2&1\end{pmatrix},$$

取 $\boldsymbol{A}$ 的第 2、3 两行和第 1、3 两列,这些行列交叉处的元素构成 $\boldsymbol{A}$ 的一个二阶子式,即

$$\begin{vmatrix}1&-5\\-1&2\end{vmatrix}=-3.$$

可以看出这样的二阶子式共有 $C_3^2C_4^2$ 个.

一般地,$m\times n$ 矩阵 $\boldsymbol{A}$ 的 k 阶子式共有 $C_m^kC_n^k$ 个.

定义 2.16 矩阵 $\boldsymbol{A}$ 中最高阶非零子式的阶数称为矩阵 $\boldsymbol{A}$ 的秩,记作 $R(\boldsymbol{A})$.

由定义 2.16 可知,当且仅当矩阵 $\boldsymbol{A}$ 中有一个 r 阶子式不等于零,而所有 $r+1$ 阶子式(如果存在的话)都等于零时,有 $R(\boldsymbol{A})=r$.

对于任一矩阵 $\boldsymbol{A}$,如果 $\boldsymbol{A}$ 中有某一 k 阶子式不等于零,则必有 $R(\boldsymbol{A})\geqslant k$;若 $\boldsymbol{A}$ 中所有 s 阶子式都等于零,则必有 $R(\boldsymbol{A})<s$.

一般地,矩阵 $\boldsymbol{A}_{m\times n}$ 的秩具有下述性质:

(1) $R(\boldsymbol{A})=R(\boldsymbol{A}^{\mathrm{T}})$;

(2) $0\leqslant R(\boldsymbol{A})\leqslant\min\{m,n\}$.

规定零矩阵的秩为零.

对于 n 阶方阵 $\boldsymbol{A}$,它的 n 阶子式只有一个 $|\boldsymbol{A}|$,于是容易得到:

当 $\boldsymbol{A}$ 为 n 阶方阵时,行列式 $|\boldsymbol{A}|\neq 0$ 的充要条件是 $R(\boldsymbol{A})=n$,此时称 $\boldsymbol{A}$ 为满秩阵,也称 $\boldsymbol{A}$ 为非奇异矩阵.可见,对方阵而言,可逆、非奇异、满秩是等价的概念.这样,方阵是否可逆也可以用它的秩来判断.

例 2.25 求下列矩阵的秩:

$$\boldsymbol{A}=\begin{pmatrix}4&1\\8&2\end{pmatrix},\quad \boldsymbol{B}=\begin{pmatrix}1&2&0&3\\2&4&1&0\\3&6&0&9\end{pmatrix},\quad \boldsymbol{C}=\begin{pmatrix}2&4&6&5&1\\0&1&3&1&0\\0&0&0&2&4\\0&0&0&0&0\end{pmatrix}.$$

解 由于$|\boldsymbol{A}|=0$,且$\boldsymbol{A}$有一阶非零子式,故$R(\boldsymbol{A})=1$.

$\boldsymbol{B}$的4个三阶子式分别为

$$\begin{vmatrix}1&2&0\\2&4&1\\3&6&0\end{vmatrix}=0,\quad \begin{vmatrix}1&2&3\\2&4&0\\3&6&9\end{vmatrix}=0,\quad \begin{vmatrix}1&0&3\\2&1&0\\3&0&9\end{vmatrix}=0,\quad \begin{vmatrix}2&0&3\\4&1&0\\6&0&9\end{vmatrix}=0,$$

且有$\begin{vmatrix}1&0\\2&1\end{vmatrix}=1\neq0$,故$R(\boldsymbol{B})=2$.

$\boldsymbol{C}$的所有4阶子式均为零,且有

$$\begin{vmatrix}2&4&5\\0&1&1\\0&0&2\end{vmatrix}=4\neq0,$$

故$R(\boldsymbol{C})=3$.

由此可见,对于行阶梯矩阵,其秩就等于它的非零行的行数.然而,对于一般形式的矩阵,利用秩的定义求秩较烦琐.下面,我们将利用初等变换,把一般矩阵求秩的问题转化为行阶梯矩阵的求秩问题.

2.5.2 利用初等变换求矩阵的秩

定理 2.5 初等变换不改变矩阵的秩.

证 设$\boldsymbol{A}$经过一次初等行变换变为$\boldsymbol{B}$,当对$\boldsymbol{A}$施以交换两行或用非零数k乘某一行的变换时,变换后的矩阵的任一子式都能在原矩阵$\boldsymbol{A}$中找到相对应的子式,它们之间仅可能是行的顺序不同,或仅是某行乘以非零数,因此对应的子式或同为零,或都不为零.因此经过前两种初等行变换后,矩阵的秩不变.

设$\boldsymbol{A}\xrightarrow{r_j+kr_i}\boldsymbol{B}$,且$R(\boldsymbol{A})=r$.下面考察$\boldsymbol{B}$的任意$r+1$阶子式$D$.

(1) 如果D中不含$\boldsymbol{B}$的第j行元素,则D也是$\boldsymbol{A}$的$r+1$阶子式,所以$D=0$.

(2) 如果D中既含$\boldsymbol{B}$的第j行元素,又含$\boldsymbol{B}$的第i行元素,由行列式的性质知,D与$\boldsymbol{A}$的一个$r+1$阶子式相等,从而$D=0$.

(3) 如果D中含有$\boldsymbol{B}$的第j行元素,但不含$\boldsymbol{B}$的第i行元素,由行列式的性质,则有$D=D_1+kD_2$,这里D_1与D_2都是$\boldsymbol{A}$的$r+1$阶子式,从而$D=0$.

由上可知,$\boldsymbol{B}$的任意$r+1$阶子式都为零,于是$R(\boldsymbol{B})\leqslant R(\boldsymbol{A})$.

另外,$\boldsymbol{B}\xrightarrow{r_j-kr_i}\boldsymbol{A}$,由上面的讨论知,$R(\boldsymbol{A})\leqslant R(\boldsymbol{B})$.因此有$R(\boldsymbol{B})=R(\boldsymbol{A})$.

因此,初等行变换不改变矩阵的秩.

同样的方法可求得:初等列变换不改变矩阵的秩.

综上所述,初等变换不改变矩阵的秩.

利用上述定理求矩阵的秩,只需用初等变换将矩阵化为它的行阶梯阵,则阶梯阵中非零行的行数便是矩阵的秩.

推论 (1) 若存在可逆矩阵$\boldsymbol{P}$,使得$\boldsymbol{B}=\boldsymbol{PA}$,则$R(\boldsymbol{B})=R(\boldsymbol{A})$.

(2) 若存在可逆矩阵 $\boldsymbol{Q}$,使得 $\boldsymbol{B}=\boldsymbol{AQ}$,则 $\mathrm{R}(\boldsymbol{B})=\mathrm{R}(\boldsymbol{A})$.

(3) 若存在可逆矩阵 $\boldsymbol{P},\boldsymbol{Q}$,使得 $\boldsymbol{B}=\boldsymbol{PAQ}$,则 $\mathrm{R}(\boldsymbol{B})=\mathrm{R}(\boldsymbol{A})$.

例 2.26 求矩阵

$$\boldsymbol{A}=\begin{pmatrix}1 & 1 & 2 & -1\\ 1 & -1 & 3 & -2\\ 2 & 0 & 6 & -3\end{pmatrix}$$

的秩.

解 将矩阵 $\boldsymbol{A}$ 化为行阶梯阵:

$$\boldsymbol{A}=\begin{pmatrix}1 & 1 & 2 & -1\\ 1 & -1 & 3 & -2\\ 2 & 0 & 6 & -3\end{pmatrix}\xrightarrow[r_3-2r_1]{r_2-r_1}\begin{pmatrix}1 & 1 & 2 & -1\\ 0 & -2 & 1 & -1\\ 0 & -2 & 2 & -1\end{pmatrix}\xrightarrow{r_3-r_2}\begin{pmatrix}1 & 1 & 2 & -1\\ 0 & -2 & 1 & -1\\ 0 & 0 & 1 & 0\end{pmatrix}=\boldsymbol{B}.$$

由于 $\boldsymbol{B}$ 的非零行有 3 行,故 $\mathrm{R}(\boldsymbol{A})=\mathrm{R}(\boldsymbol{B})=3$.

例 2.27 设矩阵

$$\boldsymbol{A}=\begin{pmatrix}1 & -1 & 1 & 2\\ 3 & a & -1 & 2\\ 5 & 3 & b & 6\end{pmatrix},$$

且 $\mathrm{R}(\boldsymbol{A})=2$,求 a,b 的值.

解 $$\boldsymbol{A}=\begin{pmatrix}1 & -1 & 1 & 2\\ 3 & a & -1 & 2\\ 5 & 3 & b & 6\end{pmatrix}\xrightarrow[r_3-5r_1]{r_2-3r_1}\begin{pmatrix}1 & -1 & 1 & 2\\ 0 & a+3 & -4 & -4\\ 0 & 8 & b-5 & -4\end{pmatrix}$$

$$\xrightarrow{r_3-r_2}\begin{pmatrix}1 & -1 & 1 & 2\\ 0 & a+3 & -4 & -4\\ 0 & 5-a & b-1 & 0\end{pmatrix},$$

因为 $\mathrm{R}(\boldsymbol{A})=2$,所以 $5-a=0,b-1=0$,即 $a=5,b=1$.

另外,我们还可以证明下述常用的关于矩阵秩的性质:

(1) $\max\{\mathrm{R}(\boldsymbol{A}),\mathrm{R}(\boldsymbol{B})\}\leqslant \mathrm{R}(\boldsymbol{A},\boldsymbol{B})\leqslant \mathrm{R}(\boldsymbol{A})+\mathrm{R}(\boldsymbol{B})$;

(2) $\mathrm{R}(\boldsymbol{A}+\boldsymbol{B})\leqslant \mathrm{R}(\boldsymbol{A})+\mathrm{R}(\boldsymbol{B})$;

(3) $\mathrm{R}(\boldsymbol{AB})\leqslant \min\{\mathrm{R}(\boldsymbol{A}),\mathrm{R}(\boldsymbol{B})\}$;

(4) 设 $\boldsymbol{A},\boldsymbol{B}$ 都是 n 阶非零矩阵,若 $\boldsymbol{AB}=\boldsymbol{O}$,则 $\mathrm{R}(\boldsymbol{A})+\mathrm{R}(\boldsymbol{B})\leqslant n$;

(5) 若 n 阶矩阵 $\boldsymbol{A}$ 可逆,则 $\mathrm{R}(\boldsymbol{A}^*)=\begin{cases}n, & \mathrm{R}(\boldsymbol{A})=n,\\ 1, & \mathrm{R}(\boldsymbol{A})=n-1,\\ 0, & \mathrm{R}(\boldsymbol{A})<n-1.\end{cases}$

秩的性质(1)~性质(5)的证明,参见附录 2.

习 题 2

1. 填空题

(1) 若对任意的三维列向量 $\boldsymbol{X}=\begin{pmatrix}x_1\\x_2\\x_3\end{pmatrix}$,满足 $\boldsymbol{AX}=\begin{pmatrix}x_1+x_2\\2x_1-x_3\end{pmatrix}$,则 $\boldsymbol{A}=$________.

(2) 设矩阵 $\boldsymbol{A}=\begin{pmatrix}1&2&0&0\\3&5&0&0\\0&0&3&4\\0&0&5&6\end{pmatrix}$,则 $\boldsymbol{A}^{-1}=$________.

(3) 若三阶方阵 $\boldsymbol{A}=\begin{pmatrix}1&0&1\\0&1&0\\0&0&1\end{pmatrix}$,则$(\boldsymbol{A}+2\boldsymbol{E})^{-1}(\boldsymbol{A}^2-4\boldsymbol{E})=$________.

(4) 设矩阵 $\boldsymbol{A}=\begin{pmatrix}1&-1\\2&3\end{pmatrix}$,$\boldsymbol{B}=\boldsymbol{A}^2-3\boldsymbol{A}+2\boldsymbol{E}$,则 $\boldsymbol{B}^{-1}=$________.

(5) 设$\boldsymbol{\alpha}_1,\boldsymbol{\alpha}_2,\boldsymbol{\alpha}_3,\boldsymbol{\alpha},\boldsymbol{\beta}$ 均为四维列向量,矩阵 $\boldsymbol{A}=(\boldsymbol{\alpha}_1,\boldsymbol{\alpha}_2,\boldsymbol{\alpha}_3,\boldsymbol{\alpha})$,矩阵 $\boldsymbol{B}=(\boldsymbol{\alpha}_1,\boldsymbol{\alpha}_2,\boldsymbol{\alpha}_3,\boldsymbol{\beta})$,又$|\boldsymbol{A}|=2$,$|\boldsymbol{B}|=3$,则$|\boldsymbol{A}-3\boldsymbol{B}|=$________.

(6) 设 $\boldsymbol{A}=\begin{pmatrix}1&0&0\\2&2&0\\3&3&3\end{pmatrix}$的伴随方阵为 $\boldsymbol{A}^*$,则$(\boldsymbol{A}^*)^{-1}=$________.

(7) 设 $\boldsymbol{A}=\begin{pmatrix}1&2&0\\0&3&1\\1&3&0\end{pmatrix}$,$\boldsymbol{B}=\begin{pmatrix}2&3&4\\0&5&6\\0&0&7\end{pmatrix}$,则$|\boldsymbol{AB}^{-1}|=$________.

(8) 若三阶方阵 $\boldsymbol{A}=\begin{pmatrix}1&2&-1\\3&a&-2\\5&-4&2\end{pmatrix}$不可逆,则 $a=$________.

(9) 设 $\boldsymbol{A}$ 是 2×3 矩阵,$\mathrm{R}(\boldsymbol{A})=2$,又 $\boldsymbol{B}=\begin{pmatrix}2&0&2\\0&2&0\\-2&0&3\end{pmatrix}$,则 $\mathrm{R}(\boldsymbol{AB})=$________.

(10) 设矩阵 $\boldsymbol{A}=\begin{pmatrix}k&1&1\\1&k&1\\1&1&k\end{pmatrix}$,且 $\mathrm{R}(\boldsymbol{A})=2$,则 $k=$________.

2. 选择题

(1) 如果$\begin{pmatrix}1 & 0 & a\\ 2 & -1 & 0\\ 0 & 1 & b\end{pmatrix}\begin{pmatrix}1\\ 0\\ -1\end{pmatrix}=\begin{pmatrix}a\\ 2\\ -1\end{pmatrix}$,则 a,b 的值分别为(　　).

A. 1,1　　B. $\frac{1}{2}$,1　　C. $\frac{1}{2}$,-1　　D. 1,-1

(2) 设 $\boldsymbol{A}$,$\boldsymbol{B}$ 是 n 阶方阵,则下列结论成立的是(　　).

A. 若 $|\boldsymbol{AB}|=0$,则 $\boldsymbol{A}=\boldsymbol{O}$ 或 $\boldsymbol{B}=\boldsymbol{O}$　　B. 若 $|\boldsymbol{AB}|=0$,则 $|\boldsymbol{A}|=0$ 或 $|\boldsymbol{B}|=0$

C. 若 $\boldsymbol{AB}=\boldsymbol{O}$,则 $\boldsymbol{A}=\boldsymbol{O}$ 或 $\boldsymbol{B}=\boldsymbol{O}$　　D. 若 $\boldsymbol{AB}\neq\boldsymbol{O}$,则 $|\boldsymbol{A}|\neq 0$ 或 $|\boldsymbol{B}|\neq 0$

(3) 两个矩阵 $\boldsymbol{A}$,$\boldsymbol{B}$ 既可相加又可相乘的充要条件是(　　).

A. $\boldsymbol{A}$,$\boldsymbol{B}$ 是同阶方阵　　B. $\boldsymbol{A}$,$\boldsymbol{B}$ 具有相同行数

C. $\boldsymbol{A}$,$\boldsymbol{B}$ 具有相同列数　　D. $\boldsymbol{A}$ 的行数等于 $\boldsymbol{B}$ 的列数

(4) 设$\boldsymbol{\alpha}=(0.5,0,\cdots,0,0.5)$,矩阵 $\boldsymbol{A}=\boldsymbol{E}-\boldsymbol{\alpha}^{\mathrm{T}}\boldsymbol{\alpha}$,$\boldsymbol{B}=\boldsymbol{E}+2\boldsymbol{\alpha}^{\mathrm{T}}\boldsymbol{\alpha}$,则 $\boldsymbol{AB}$ 等于(　　).

A. $\boldsymbol{O}$　　B. $-\boldsymbol{E}$　　C. $\boldsymbol{E}$　　D. $\boldsymbol{E}+\boldsymbol{\alpha}^{\mathrm{T}}\boldsymbol{\alpha}$

(5) 设 n 阶方阵 $\boldsymbol{A}$ 可逆,则 $(\boldsymbol{A}^*)^{-1}=$(　　).

A. $\boldsymbol{A}$　　B. $|\boldsymbol{A}|\boldsymbol{A}$　　C. $\frac{\boldsymbol{A}}{|\boldsymbol{A}|}$　　D. $\frac{\boldsymbol{A}}{|\boldsymbol{A}|^{n-1}}$

(6) 设 $\boldsymbol{A}$,$\boldsymbol{B}$ 是 n 阶可逆方阵,则$\left|-2\begin{pmatrix}\boldsymbol{A}^{\mathrm{T}} & \boldsymbol{O}\\ \boldsymbol{O} & \boldsymbol{B}^{-1}\end{pmatrix}\right|=$(　　).

A. $(-2)^{2n}|\boldsymbol{A}||\boldsymbol{B}|^{-1}$　　B. $(-2)^{n}|\boldsymbol{A}||\boldsymbol{B}|^{-1}$

C. $-2|\boldsymbol{A}^{-1}||\boldsymbol{B}|$　　D. $(-2)|\boldsymbol{A}||\boldsymbol{B}|^{-1}$

(7) 设 $\boldsymbol{A}=\begin{pmatrix}a_{11} & a_{12} & a_{13}\\ a_{21} & a_{22} & a_{23}\\ a_{31} & a_{32} & a_{33}\end{pmatrix}$,$\boldsymbol{B}=\begin{pmatrix}a_{12} & a_{11} & a_{13}+a_{11}\\ a_{22} & a_{21} & a_{23}+a_{21}\\ a_{32} & a_{31} & a_{33}+a_{31}\end{pmatrix}$,$\boldsymbol{P}_1=\begin{pmatrix}0 & 1 & 0\\ 1 & 0 & 0\\ 0 & 0 & 1\end{pmatrix}$,$\boldsymbol{P}_2=\begin{pmatrix}1 & 0 & 1\\ 0 & 1 & 0\\ 0 & 0 & 1\end{pmatrix}$,则必有(　　).

A. $\boldsymbol{P}_1\boldsymbol{P}_2\boldsymbol{A}=\boldsymbol{B}$　　B. $\boldsymbol{P}_2\boldsymbol{P}_1\boldsymbol{A}=\boldsymbol{B}$

C. $\boldsymbol{A}\boldsymbol{P}_1\boldsymbol{P}_2=\boldsymbol{B}$　　D. $\boldsymbol{A}\boldsymbol{P}_2\boldsymbol{P}_1=\boldsymbol{B}$

(8) 设 $\boldsymbol{A}$ 的秩为 r,则 $\boldsymbol{A}$ 中(　　).

A. 所有 $r-1$ 阶子式都不为 0　　B. 所有 $r-1$ 阶子式都为 0

C. 至少有一个 r 阶子式不为 0　　D. 所有 r 阶子式都不为 0

(9) 设 $\boldsymbol{A}$,$\boldsymbol{B}$ 是同阶可逆方阵,则有(　　).

A. $\boldsymbol{AB}=\boldsymbol{BA}$

B. 存在可逆矩阵 $\boldsymbol{P}$,使得 $\boldsymbol{B}=\boldsymbol{P}^{-1}\boldsymbol{AP}$

C. 存在可逆矩阵 $\boldsymbol{Q}$，使得 $\boldsymbol{B}=\boldsymbol{Q}^{\mathrm{T}}\boldsymbol{A}\boldsymbol{Q}$

D. 存在可逆矩阵 $\boldsymbol{P},\boldsymbol{Q}$，使得 $\boldsymbol{B}=\boldsymbol{P}\boldsymbol{A}\boldsymbol{Q}$

(10) 设 $\boldsymbol{A},\boldsymbol{B}$ 都是 n 阶非零矩阵，且 $\boldsymbol{AB}=\boldsymbol{O}$，则 $\boldsymbol{A}$ 和 $\boldsymbol{B}$ 的秩(　　).

A. 必有一个等于零　　B. 都小于 n

C. 一个小于 n，一个等于 n　　D. 都等于 n

(11) 已知矩阵 $\boldsymbol{A}=\begin{pmatrix}1&0&-1\\2&-1&1\\-2&2&-5\end{pmatrix}$，若下三角可逆矩阵 $\boldsymbol{P}$ 和上三角可逆矩阵 $\boldsymbol{Q}$ 使得 $\boldsymbol{PAQ}$ 为对角矩阵，则 $\boldsymbol{P},\boldsymbol{Q}$ 可以分别取(　　).

A. $\begin{pmatrix}1&0&0\\0&1&0\\0&0&1\end{pmatrix}\begin{pmatrix}1&0&1\\0&1&3\\0&0&1\end{pmatrix}$　　B. $\begin{pmatrix}1&0&0\\2&-1&0\\-3&2&1\end{pmatrix}\begin{pmatrix}1&0&0\\0&1&0\\0&0&1\end{pmatrix}$

C. $\begin{pmatrix}1&0&0\\2&-1&0\\-3&2&1\end{pmatrix}\begin{pmatrix}1&0&1\\0&1&3\\0&0&1\end{pmatrix}$　　D. $\begin{pmatrix}1&0&0\\0&1&0\\1&3&1\end{pmatrix}\begin{pmatrix}1&2&-3\\0&-1&2\\0&0&1\end{pmatrix}$

3. 设矩阵 $\boldsymbol{X}$ 满足 $\boldsymbol{X}-2\boldsymbol{A}=\boldsymbol{B}-\boldsymbol{X}$，其中

$$\boldsymbol{A}=\begin{pmatrix}2&-1\\-1&2\end{pmatrix},\quad \boldsymbol{B}=\begin{pmatrix}0&-2\\-2&0\end{pmatrix},$$

求 $\boldsymbol{X}$.

4. 计算下列矩阵的乘积：

(1) $(1\quad 3\quad 2)\begin{pmatrix}1\\0\\2\end{pmatrix}$；　　(2) $\begin{pmatrix}1\\2\\-4\end{pmatrix}(-1\quad 1\quad 2)$；

(3) $\begin{pmatrix}2&3\\1&-2\\3&1\end{pmatrix}\begin{pmatrix}1&-2&-3\\2&-1&0\end{pmatrix}$；　　(4) $\begin{pmatrix}1&-2&-3\\2&-1&0\end{pmatrix}\begin{pmatrix}2&3\\1&-2\\3&1\end{pmatrix}$；

(5) $\begin{pmatrix}1&-2&3\\2&1&-1\\5&2&-3\end{pmatrix}\begin{pmatrix}1\\-2\\1\end{pmatrix}$.

5. 设矩阵

$$\boldsymbol{A}=\begin{pmatrix}3&1&0\\4&2&-1\end{pmatrix},\quad \boldsymbol{B}=\begin{pmatrix}-2&0&1\\-3&1&4\end{pmatrix},$$

求 $\boldsymbol{A}-3\boldsymbol{B}$.

6. 设矩阵

$$A=\begin{pmatrix}1&-4&3\\2&0&-1\\1&-2&0\end{pmatrix},\quad B=\begin{pmatrix}2&1&0\\3&-1&2\\1&1&6\end{pmatrix},$$

求 AB,BA.

7. 设 A,B 是 n 阶方阵,且 A 是对称矩阵,证明 $B^{\mathrm{T}}AB$ 也是对称矩阵.

8. 设 A,B 都是 n 阶可逆矩阵,$D=\begin{pmatrix}A&O\\C&B\end{pmatrix}$,试证明 $D^{-1}=\begin{pmatrix}A^{-1}&O\\-B^{-1}CA^{-1}&B^{-1}\end{pmatrix}$.

9. 求下列矩阵的逆矩阵:

(1) $\begin{pmatrix}2&1\\8&3\end{pmatrix}$;　(2) $\begin{pmatrix}0&1&2\\1&1&4\\2&-1&0\end{pmatrix}$;　(3) $\begin{pmatrix}1&2&3\\2&2&1\\3&4&3\end{pmatrix}$.

10. 设 A 是三阶方阵,且 $|A^*|=4$,求 $\left|\left(\frac{1}{3}A\right)^{-1}-4A^*\right|$.

11. 设方阵 A 满足 $A^2-3A-5E=O$,证明:$A+E$ 可逆,并求 $(A+E)^{-1}$.

12. 求解下列矩阵方程:

(1) $\begin{pmatrix}0&1&2\\1&1&4\\2&-1&0\end{pmatrix}X=\begin{pmatrix}1&1\\0&1\\-1&0\end{pmatrix}$;　(2) $X\begin{pmatrix}2&1&-1\\2&1&0\\1&-1&1\end{pmatrix}=\begin{pmatrix}1&-1&3\\4&3&2\end{pmatrix}$.

13. 设 A,B 都是三阶方阵,且满足方程 $A^{-1}BA=6A+BA$,若矩阵 $A=\mathrm{diag}\left(\frac{1}{3},\frac{1}{4},\frac{1}{7}\right)$,求矩阵 B.

14. 设矩阵 $A=\begin{pmatrix}3&4&0&0\\2&3&0&0\\0&0&2&0\\0&0&2&2\end{pmatrix}$,求 A^{-1},$|A|^4$.

15. 用初等变换将下列矩阵化为它的标准形:

(1) $\begin{pmatrix}3&2&-4\\3&2&-4\\1&2&-1\end{pmatrix}$;　(2) $\begin{pmatrix}1&-1&2&1&0\\2&-2&4&2&0\\3&0&6&-1&1\\3&0&6&3&1\end{pmatrix}$.

16. 用初等变换求下列矩阵的逆矩阵:

(1) $\begin{pmatrix}0&-2&1\\3&0&-2\\-2&3&0\end{pmatrix}$;　(2) $\begin{pmatrix}1&0&0&0\\1&2&0&0\\1&2&3&0\\1&2&3&4\end{pmatrix}$.

17. 设方阵 $\boldsymbol{A}=\begin{pmatrix}1&-1&0\\0&1&-1\\-1&0&1\end{pmatrix}$满足 $\boldsymbol{AX}=2\boldsymbol{X}+\boldsymbol{A}$，利用初等行变换求矩阵 $\boldsymbol{X}$.

18. 求下列矩阵的秩：

(1) $\begin{pmatrix}1&2&3\\2&2&1\\3&4&3\end{pmatrix}$；　　(2) $\begin{pmatrix}1&2&0&1&0\\0&6&4&10&2\\1&11&6&16&3\\1&-19&-14&-34&-7\end{pmatrix}$.

19. 设 $\boldsymbol{A}=\begin{pmatrix}1&-2&3k\\-1&2k&-3\\k&-2&3\end{pmatrix}$，问 k 分别为何值，可使：(1) $\mathrm{R}(\boldsymbol{A})=1$；(2) $\mathrm{R}(\boldsymbol{A})=2$；(3) $\mathrm{R}(\boldsymbol{A})=3$.

数学家简介

阿瑟·凯莱

阿瑟·凯莱(Arthur Cayley，1821—1895)，英国纯粹数学的近代学派带头人.1821 年 8 月 16 日生于萨里郡里士满，1895 年 1 月 26 日卒于剑桥.自小喜欢解决复杂的数学问题.1839 年进入剑桥大学三一学院，在希腊语、法语、德语、意大利语以及数学方面成绩优异.1842 年毕业后在三一学院任教 3 年，1846 年入林肯法律协会学习并于 1849 年成为律师，1863 年被任为剑桥大学纯粹数学的第一个萨德勒教授，直至逝世.他一生发表了九百篇论文，涵盖非欧几何、线性代数、群论和高维几何等方面.

矩阵这个词是西尔维斯特首先使用的(1850).矩阵的概念直接从行列式的概念而来，它作为表达一个线性方程组的简单记法而出现.脱离线性变换和行列式，对矩阵本身作专门研究，开始于凯莱.1855 年以后，凯莱发表了一系列研究矩阵理论的文章.他引进了关于矩阵的一些定义，如矩阵相等、零矩阵、单位矩阵、矩阵的和、矩阵的乘积、矩阵的逆、转置矩阵、对称矩阵等，并借助于行列式定义了方阵的特征方程和特征根.在 1858 年的文章中，凯莱证明了一个重要结果：任何方阵都满足它的特征方程.这个结果现被称为凯莱-哈密顿定理.由于凯莱的奠基性工作，一般认为他是矩阵理论的创始人.

卡尔·雅可比

卡尔·雅可比(Jacobi，Carl Gustav Jacob，1804—1851)，德国数学家.1804 年 12 月 10 日生于普鲁士的波茨坦，1851 年 2 月 18 日卒于柏林.雅可比是数学史上最勤奋的学者之

一,与欧拉一样也是一位在数学上多产的数学家,是被广泛承认的历史上最伟大的数学家之一.雅可比善于处理各种繁复的代数问题,在纯粹数学和应用数学上都有非凡的贡献,他所理解的数学有一种强烈的柏拉图式的格调,其数学成就对后人影响颇为深远.在他逝世后,狄利克雷称他为拉格朗日以来德国科学院成员中最卓越的数学家.

雅可比在柯尼斯堡大学任教期间,他不知疲倦地工作着,在科学研究和教学上都做出惊人的成绩,他在数学方面最主要的成就是和挪威数学家N.H.阿贝尔同时各自独立地奠定了椭圆函数论的基础,并且将自己在数学、力学等方面的主要论文都发表在克雷勒的《纯粹和应用数学》杂志上,平均每期3篇,这使他很快获得国际声誉,成为德国数学复兴的核心之一,并被多国聘为科学院院士,前后两次获得普鲁士国王或政府的津贴,在柏林大学任教.包括矩阵在内,现代数学中的许多定理都冠以雅可比的名字,可见他的成就对后人影响之深.

知识拓展　航班问题

图论是应用数学中一个重要分支.图论的研究对象是图,这里的“图”是一个抽象的数学概念,构成一个图有两个关键要素,即顶点和连接顶点之间的边.

数学上对图的连接结构量化方法是基于矩阵的方法进行的.若图G包含n个顶点,考虑顶点与顶点之间的邻接关系,可以定义一个$n\times n$方阵$\mathbf{A}=(a_{ij})_{n\times n}$,其矩阵元素的定义方法为

$$a_{ij}=\begin{cases}1, & \text{如果顶点 } v_i \text{ 和 } v_j \text{ 之间有边相连},\\ 0, & \text{如果顶点 } v_i \text{ 和 } v_j \text{ 之间没有边相连}.\end{cases}$$

这样定义的矩阵称为图G的邻接矩阵.

例　图2.1中的①,②,③,④表示4个城市,带箭头的线段表示两城市之间的航线.

(1) 写出该图的邻接矩阵;

(2) 从城市①是否可以连续乘坐两次航班到达城市④;

(3) 若某人连续乘坐3次航班,他从哪个城市出发到达另一个城市的方法最多?

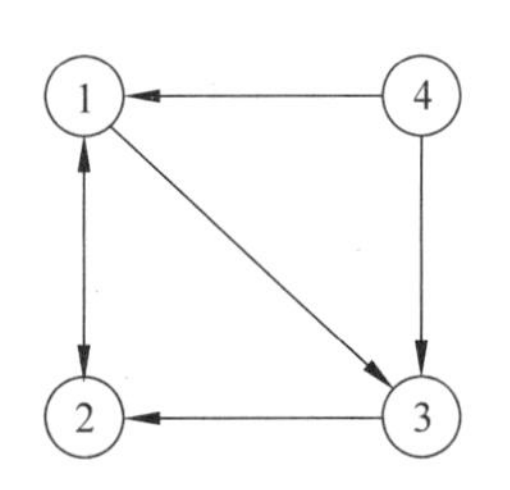

图2.1　4个城市之间的空运航线图

【分析】　把4个城市看成4个节点,构造这4个节点的邻接矩阵,利用乘幂运算可得到各城市之间的航班情况.

【模型建立与求解】　从图2.1中可以看出,从城市①到城市②和城市③之间有航班,但到城市④没有航班,该图的邻接矩阵为

$$\boldsymbol{A}=\begin{pmatrix}0&1&1&0\\1&0&0&0\\0&1&0&0\\1&0&1&0\end{pmatrix},$$

其中,若城市 i 到城市 j 有航线,则 $a_{ij}=1$,否则 $a_{ij}=0$,即矩阵 $\boldsymbol{A}$ 表示航班可直接到达的关系.

一次转机(就是乘坐两次航班)能到达的城市,可以由邻接矩阵的平方求得:

$$\boldsymbol{A}^2=\begin{pmatrix}0&1&1&0\\1&0&0&0\\0&1&0&0\\1&0&1&0\end{pmatrix}\begin{pmatrix}0&1&1&0\\1&0&0&0\\0&1&0&0\\1&0&1&0\end{pmatrix}=\begin{pmatrix}1&1&0&0\\0&1&1&0\\1&0&0&0\\0&2&1&0\end{pmatrix}$$

因为 $\boldsymbol{A}^2$ 中的元素 $a_{14}=0$,说明从城市①连续乘坐两次航班也不能到达城市④.

因为矩阵 $\boldsymbol{A}^3=\begin{pmatrix}1&1&1&0\\1&1&0&0\\0&1&1&0\\2&1&0&0\end{pmatrix}$ 表示一个人连续乘坐三次航班可以到达的城市,其中 $a_{41}=2$,表示从城市④出发到城市①经过三次中转的路线有②条,分别为

④→③→②→①　和　④→①→②→①.

【结论】 通过邻接矩阵的乘幂运算,可以得到城市 i 到城市 j 之间航班安排情况,尤其当航运涉及城市较多且航线复杂时,该方法可以有效分析城市之间航运路线情况和数目.

第3章

线性方程组与向量

求解线性方程组是线性代数最主要的任务，此类问题在科学技术与经济管理领域有着相当广泛的应用，因而有必要系统地讨论线性方程组的一般理论.本章将讨论线性方程组的基本解法和解的理论，并在 n 维向量组线性相关性的基础上，讨论线性方程组解的结构.

3.1 线性方程组有解的判别法

设线性方程组

$$\begin{cases}a_{11}x_1+a_{12}x_2+\cdots+a_{1n}x_n=b_1,\\ a_{21}x_1+a_{22}x_2+\cdots+a_{2n}x_n=b_2,\\ \qquad\vdots\\ a_{m1}x_1+a_{m2}x_2+\cdots+a_{mn}x_n=b_m,\end{cases}\tag{3.1}$$

其中，$x_1,x_2,\cdots,x_n$ 是 n 元未知量，$a_{ij}(i=1,2,\cdots,m;j=1,2,\cdots,n)$为方程组的系数，$b_i(i=1,2,\cdots,m)$为常数项.根据矩阵的乘法，方程组(3.1)可写成矩阵的形式

$$\boldsymbol{Ax}=\boldsymbol{b},\tag{3.2}$$

其中，$\boldsymbol{A}=\begin{pmatrix}a_{11}&a_{12}&\cdots&a_{1n}\\a_{21}&a_{22}&\cdots&a_{2n}\\\vdots&\vdots&&\vdots\\a_{m1}&a_{m2}&\cdots&a_{mn}\end{pmatrix}$称为方程组(3.1)的系数矩阵，$\boldsymbol{b}=\begin{pmatrix}b_1\\b_2\\\vdots\\b_m\end{pmatrix}$称为方程组(3.1)的常数项矩阵，$\boldsymbol{x}=\begin{pmatrix}x_1\\x_2\\\vdots\\x_n\end{pmatrix}$为 n 元未知量矩阵.

当 $\boldsymbol{b}=\boldsymbol{0}$ 时，方程组(3.1)变为

$$\begin{cases}a_{11}x_1+a_{12}x_2+\cdots+a_{1n}x_n=0,\\ a_{21}x_1+a_{22}x_2+\cdots+a_{2n}x_n=0,\\ \qquad\vdots\\ a_{m1}x_1+a_{m2}x_2+\cdots+a_{mn}x_n=0.\end{cases}\tag{3.3}$$

称方程组(3.3)为齐次线性方程组,其矩阵形式为 $\boldsymbol{Ax}=\boldsymbol{0}$.当 $\boldsymbol{b}\neq\boldsymbol{0}$ 时,称方程组(3.1)为非齐次线性方程组.

将方程组(3.1)的系数矩阵 $\boldsymbol{A}$ 与常数项矩阵 $\boldsymbol{b}$ 放在一起构成的矩阵记为 $\boldsymbol{B}=(\boldsymbol{A},\boldsymbol{b})$,并称其为方程组(3.1)的增广矩阵.

我们在中学时解线性方程组经常采用加减消元法,易知,如果对非齐次方程组(3.1)用加减消元法求解,实际上也相当于对(3.1)的增广矩阵 $\boldsymbol{B}=(\boldsymbol{A},\boldsymbol{b})$ 进行初等行变换,设 $\mathrm{R}(\boldsymbol{A})=r$,则 $\boldsymbol{B}$ 可化为

$$\boldsymbol{B}=(\boldsymbol{A},\boldsymbol{b})\rightarrow\begin{pmatrix}1&0&\cdots&0&c_{1,r+1}&\cdots&c_{1n}&d_1\\0&1&\cdots&0&c_{2,r+1}&\cdots&c_{2n}&d_2\\\vdots&\vdots&&\vdots&\vdots&&\vdots&\vdots\\0&0&\cdots&1&c_{r,r+1}&\cdots&c_{rn}&d_r\\0&0&\cdots&0&0&\cdots&0&d_{r+1}\\\vdots&\vdots&&\vdots&\vdots&&\vdots&\vdots\\0&0&\cdots&0&0&\cdots&0&0\end{pmatrix}.$$

对线性方程组的系数矩阵 $\boldsymbol{A}$ 施行交换两列的初等变换,相当于交换线性方程组的两个未知量的位置,不会改变方程组的同解性.

假设与 $\boldsymbol{B}$ 对应的方程组为

$$\begin{cases}y_1=d_1-c_{1,r+1}y_{r+1}-\cdots-c_{1n}y_n,\\y_2=d_2-c_{2,r+1}y_{r+1}-\cdots-c_{2n}y_n,\\\quad\vdots\\y_r=d_r-c_{r,r+1}y_{r+1}-\cdots-c_{rn}y_n,\\0=d_{r+1},\\0=0,\\\quad\vdots\\0=0.\end{cases}\tag{3.4}$$

上式中,$y_1,y_2,\cdots,y_n$ 是 $x_1,x_2,\cdots,x_n$ 的某种排列,且方程组(3.4)与方程组(3.1)同解,因此只需讨论阶梯形方程组(3.4)的解的各种情形,便可知方程组(3.1)的解的情形.

(1) 当 $d_{r+1}\neq0$ 时,由方程组(3.4)知前 r 个方程的解不能满足 $0=d_{r+1}$,即方程组(3.1)的系数矩阵与增广矩阵的秩不相等,此时方程组(3.4)无解,即方程组(3.1)无解.

(2) 当 $d_{r+1}=0$ 时,方程组(3.1)的系数矩阵与增广矩阵的秩相等,此时方程组(3.4)有解,即方程组(3.1)有解.方程组可写成

$$\begin{cases}y_1=d_1-c_{1,r+1}y_{r+1}-\cdots-c_{1n}y_n,\\y_2=d_2-c_{2,r+1}y_{r+1}-\cdots-c_{2n}y_n,\\\quad\vdots\\y_r=d_r-c_{r,r+1}y_{r+1}-\cdots-c_{rn}y_n.\end{cases}\tag{3.5}$$

① 当 $R(\boldsymbol{A})=r=n$ 时,方程组(3.5)中独立方程的个数与未知量的个数相等,因此方程组(3.5)有唯一解.

② 当 $R(\boldsymbol{A})=r<n$ 时,方程组(3.5)右边有 $n-r$ 个未知量 $y_{r+1},y_{r+2},\cdots,y_n$ 可以自由取值(称 $y_{r+1},y_{r+2},\cdots,y_n$ 为自由未知量),因此方程组(3.5)有无穷多解.

综合以上的讨论可知:

定理 3.1 n 元非齐次线性方程组 $\boldsymbol{A}_{m\times n}\boldsymbol{x}=\boldsymbol{b}$ 有解的充分必要条件是系数矩阵 $\boldsymbol{A}$ 的秩等于增广矩阵 $(\boldsymbol{A},\boldsymbol{b})$ 的秩,且当 $R(\boldsymbol{A})=R(\boldsymbol{A},\boldsymbol{b})=n$ 时有唯一解,当 $R(\boldsymbol{A})=R(\boldsymbol{A},\boldsymbol{b})=r<n$ 时有无穷多解. 无解的充分必要条件是 $R(\boldsymbol{A})<R(\boldsymbol{A},\boldsymbol{b})$.

推论 n 个方程 n 个未知量的非齐次线性方程组有唯一解的充分必要条件是方程组的系数行列式不等于零.

例 3.1 解非齐次线性方程组

$$\begin{cases}2x_1-x_2+3x_3=1,\\4x_1-2x_2+5x_3=4,\\2x_1-x_2+4x_3=0.\end{cases}$$

解 对方程组的增广矩阵 $(\boldsymbol{A},\boldsymbol{b})$ 作初等行变换,即

$$(\boldsymbol{A},\boldsymbol{b})=\begin{pmatrix}2&-1&3&1\\4&-2&5&4\\2&-1&4&0\end{pmatrix}\xrightarrow[r_2-2r_1]{r_3-r_1}\begin{pmatrix}2&-1&3&1\\0&0&-1&2\\0&0&1&-1\end{pmatrix}$$

$$\xrightarrow{r_3+r_2}\begin{pmatrix}2&-1&3&1\\0&0&-1&2\\0&0&0&1\end{pmatrix}.$$

从行阶梯矩阵的最后一行可以看出,它所对应的阶梯形方程组存在矛盾方程 $0=1$,即 $R(\boldsymbol{A})=2$,$R(\boldsymbol{A},\boldsymbol{b})=3$,故方程组无解.

例 3.2 解非齐次线性方程组

$$\begin{cases}2x_1-x_2-x_3+x_4=2,\\x_1+x_2-2x_3+x_4=4,\\4x_1-6x_2+2x_3-2x_4=4,\\3x_1+6x_2-9x_3+7x_4=9.\end{cases}$$

解 对方程组的增广矩阵 $(\boldsymbol{A},\boldsymbol{b})$ 作初等行变换,即

$$(\boldsymbol{A},\boldsymbol{b})=\begin{pmatrix}2&-1&-1&1&2\\1&1&-2&1&4\\4&-6&2&-2&4\\3&6&-9&7&9\end{pmatrix}\xrightarrow[r_1\leftrightarrow r_2]{r_3\times\frac{1}{2}}\begin{pmatrix}1&1&-2&1&4\\2&-1&-1&1&2\\2&-3&1&-1&2\\3&6&-9&7&9\end{pmatrix}$$

$$\xrightarrow[r_4-3r_1]{\substack{r_2-2r_1\\ r_3-2r_1}} \begin{pmatrix} 1 & 1 & -2 & 1 & 4 \\ 0 & -3 & 3 & -1 & -6 \\ 0 & -5 & 5 & -3 & -6 \\ 0 & 3 & -3 & 4 & -3 \end{pmatrix} \xrightarrow{r_2-r_3} \begin{pmatrix} 1 & 1 & -2 & 1 & 4 \\ 0 & 2 & -2 & 2 & 0 \\ 0 & -5 & 5 & -3 & -6 \\ 0 & 3 & -3 & 4 & -3 \end{pmatrix}$$

$$\xrightarrow[r_3+5r_2]{\substack{r_2\times\frac{1}{2}\\ r_4-3r_2}} \begin{pmatrix} 1 & 1 & -2 & 1 & 4 \\ 0 & 1 & -1 & 1 & 0 \\ 0 & 0 & 0 & 2 & -6 \\ 0 & 0 & 0 & 1 & -3 \end{pmatrix} \xrightarrow[r_3\leftrightarrow r_4]{r_3-2r_4} \begin{pmatrix} 1 & 1 & -2 & 1 & 4 \\ 0 & 1 & -1 & 1 & 0 \\ 0 & 0 & 0 & 1 & -3 \\ 0 & 0 & 0 & 0 & 0 \end{pmatrix}$$

$$\xrightarrow[r_2-r_3]{r_1-r_2} \begin{pmatrix} 1 & 0 & -1 & 0 & 4 \\ 0 & 1 & -1 & 0 & 3 \\ 0 & 0 & 0 & 1 & -3 \\ 0 & 0 & 0 & 0 & 0 \end{pmatrix}.$$

对应的同解方程组为

$$\begin{cases} x_1=x_3+4, \\ x_2=x_3+3, \\ x_4=-3. \end{cases}$$

取 x_3 为自由未知量,并令 $x_3=c$,即得

$$\begin{cases} x_1=c+4, \\ x_2=c+3, \\ x_3=c, \\ x_4=-3. \end{cases}$$

上述一般解用向量的形式表示为

$$\boldsymbol{x}=\begin{pmatrix} x_1 \\ x_2 \\ x_3 \\ x_4 \end{pmatrix}=\begin{pmatrix} 4+c \\ 3+c \\ c \\ -3 \end{pmatrix}=c\begin{pmatrix} 1 \\ 1 \\ 1 \\ 0 \end{pmatrix}+\begin{pmatrix} 4 \\ 3 \\ 0 \\ -3 \end{pmatrix},\quad c\in\mathbb{R}.$$

例 3.3 问 a 取何值时,方程组 $\begin{cases} x_1+x_2+x_3+x_4+x_5=1, \\ x_1+2x_2+4x_4+3x_5=a, \\ x_2-x_3+3x_4+2x_5=1 \end{cases}$

(1) 无解;

(2) 有解,并求出解.

解 $(\boldsymbol{A},\boldsymbol{b})=\begin{pmatrix}1&1&1&1&1&1\\1&2&0&4&3&a\\0&1&-1&3&2&1\end{pmatrix}\xrightarrow[r_3-r_2]{\substack{r_2-r_1\\r_3\leftrightarrow r_2}}\begin{pmatrix}1&1&1&1&1&1\\0&1&-1&3&2&1\\0&0&0&0&0&a-2\end{pmatrix}$

$$\xrightarrow{r_1-r_2}\begin{pmatrix}1&0&2&-2&-1&0\\0&1&-1&3&2&1\\0&0&0&0&0&a-2\end{pmatrix}.$$

(1) 当 $a\neq 2$ 时,$\mathrm{R}(\boldsymbol{A})=2$,$\mathrm{R}(\boldsymbol{A},\boldsymbol{b})=3$,方程组无解.

(2) 当 $a=2$ 时,$\mathrm{R}(\boldsymbol{A})=\mathrm{R}(\boldsymbol{A},\boldsymbol{b})=2<5$,方程组有无穷多解,此时同解方程组为

$$\begin{cases}x_1=-2x_3+2x_4+x_5,\\x_2=x_3-3x_4-2x_5+1.\end{cases}$$

令 $x_3=c_1,x_4=c_2,x_5=c_3$,即得方程组的解为

$$\boldsymbol{x}=\begin{pmatrix}x_1\\x_2\\x_3\\x_4\\x_5\end{pmatrix}=\begin{pmatrix}-2c_1+2c_2+c_3\\c_1-3c_2-2c_3+1\\c_1\\c_2\\c_3\end{pmatrix}=c_1\begin{pmatrix}-2\\1\\1\\0\\0\end{pmatrix}+c_2\begin{pmatrix}2\\-3\\0\\1\\0\end{pmatrix}+c_3\begin{pmatrix}1\\-2\\0\\0\\1\end{pmatrix}+\begin{pmatrix}0\\1\\0\\0\\0\end{pmatrix},\quad c_1,c_2,c_3\in\mathbb{R}.$$

下面讨论齐次线性方程组

$$\begin{cases}a_{11}x_1+a_{12}x_2+\cdots+a_{1n}x_n=0,\\a_{21}x_1+a_{22}x_2+\cdots+a_{2n}x_n=0,\\\qquad\vdots\\a_{m1}x_1+a_{m2}x_2+\cdots+a_{mn}x_n=0.\end{cases}\tag{3.6}$$

其增广矩阵为

$$\boldsymbol{B}=(\boldsymbol{A},\boldsymbol{0}).$$

显然,在用行变换化增广矩阵$(\boldsymbol{A},\boldsymbol{0})$为行阶梯形矩阵的过程中,常数项一列始终为零,因而$\mathrm{R}(\boldsymbol{B})=\mathrm{R}(\boldsymbol{A})$,即齐次线性方程组(3.6)总有解.很明显,$x_1=x_2=\cdots=x_n=0$ 就是一组解,称其为齐次线性方程组(3.6)的零解,如果方程组(3.6)还有其他的解,则这些解就称为非零解.

根据定理 3.1 及其推论,可得以下的结论.

定理 3.2 n 元齐次线性方程组 $\boldsymbol{A}_{m\times n}\boldsymbol{x}=\boldsymbol{0}$ 有非零解的充分必要条件是系数矩阵 $\boldsymbol{A}$ 的秩 $\mathrm{R}(\boldsymbol{A})<n$;只有零解的充分必要条件是系数矩阵 $\boldsymbol{A}$ 的秩 $\mathrm{R}(\boldsymbol{A})=n$.

推论 n 个方程 n 个未知量的齐次线性方程组有非零解的充分必要条件是方程组的系数行列式等于零.

例 3.4 解齐次线性方程组

$$\begin{cases} x_1-x_2+5x_3-x_4=0, \\ x_1+x_2-2x_3+3x_4=0, \\ 3x_1-x_2+8x_3+x_4=0, \\ x_1+3x_2-9x_3+7x_4=0. \end{cases}$$

解 对方程组的系数矩阵 $\boldsymbol{A}$ 作初等行变换,即

$$\boldsymbol{A}=\begin{pmatrix} 1 & -1 & 5 & -1 \\ 1 & 1 & -2 & 3 \\ 3 & -1 & 8 & 1 \\ 1 & 3 & -9 & 7 \end{pmatrix} \xrightarrow[r_4-r_1]{\substack{r_2-r_1 \\ r_3-3r_1}} \begin{pmatrix} 1 & -1 & 5 & -1 \\ 0 & 2 & -7 & 4 \\ 0 & 2 & -7 & 4 \\ 0 & 4 & -14 & 8 \end{pmatrix}$$

$$\xrightarrow[r_3-r_2]{r_4-2r_2} \begin{pmatrix} 1 & -1 & 5 & -1 \\ 0 & 2 & -7 & 4 \\ 0 & 0 & 0 & 0 \\ 0 & 0 & 0 & 0 \end{pmatrix} \xrightarrow[r_1+r_2]{r_2\times\frac{1}{2}} \begin{pmatrix} 1 & 0 & \frac{3}{2} & 1 \\ 0 & 1 & -\frac{7}{2} & 2 \\ 0 & 0 & 0 & 0 \\ 0 & 0 & 0 & 0 \end{pmatrix},$$

对应的同解方程组为

$$\begin{cases} x_1=-\dfrac{3}{2}x_3-x_4, \\ x_2=\dfrac{7}{2}x_3-2x_4. \end{cases}$$

取 x_3,x_4 为自由未知量,并令 $x_3=c_1,x_4=c_2$,即得

$$\begin{cases} x_1=-\dfrac{3}{2}c_1-c_2, \\ x_2=\dfrac{7}{2}c_1-2c_2, \\ x_3=c_1, \\ x_4=c_2, \end{cases}$$

即

$$\boldsymbol{x}=\begin{pmatrix} x_1 \\ x_2 \\ x_3 \\ x_4 \end{pmatrix}=\begin{pmatrix} -\frac{3}{2}c_1-c_2 \\ \frac{7}{2}c_1-2c_2 \\ c_1 \\ c_2 \end{pmatrix}=c_1\begin{pmatrix} -\frac{3}{2} \\ \frac{7}{2} \\ 1 \\ 0 \end{pmatrix}+c_2\begin{pmatrix} -1 \\ -2 \\ 0 \\ 1 \end{pmatrix}, \quad c_1,c_2\in\mathbb{R}.$$

例 3.5 已知齐次线性方程组$\begin{cases}\lambda x_1+x_2+x_3=0,\\ x_1+\lambda x_2+x_3=0,\\ x_1+x_2+\lambda x_3=0\end{cases}$有非零解,求 λ.

解法一 由定理 3.2 的推论知,该方程组有非零解需满足

$$|\boldsymbol{A}|=\begin{vmatrix}\lambda & 1 & 1\\ 1 & \lambda & 1\\ 1 & 1 & \lambda\end{vmatrix}=0.$$

而

$$\begin{vmatrix}\lambda & 1 & 1\\ 1 & \lambda & 1\\ 1 & 1 & \lambda\end{vmatrix}=(\lambda+2)\begin{vmatrix}1 & 1 & 1\\ 1 & \lambda & 1\\ 1 & 1 & \lambda\end{vmatrix}=(\lambda+2)\begin{vmatrix}1 & 1 & 1\\ 0 & \lambda-1 & 0\\ 0 & 0 & \lambda-1\end{vmatrix},$$

令

$$(\lambda+2)(\lambda-1)^2=0,$$

得

$$\lambda=1,\quad 或\quad \lambda=-2.$$

解法二 对方程组的系数矩阵 $\boldsymbol{A}$ 作初等行变换,即

$$\boldsymbol{A}=\begin{pmatrix}\lambda & 1 & 1\\ 1 & \lambda & 1\\ 1 & 1 & \lambda\end{pmatrix}\xrightarrow{r_3\leftrightarrow r_1}\begin{pmatrix}1 & 1 & \lambda\\ 1 & \lambda & 1\\ \lambda & 1 & 1\end{pmatrix}\xrightarrow[r_3-\lambda r_1]{r_2-r_1}\begin{pmatrix}1 & 1 & \lambda\\ 0 & \lambda-1 & 1-\lambda\\ 0 & 1-\lambda & 1-\lambda^2\end{pmatrix}$$

$$\xrightarrow{r_3+r_2}\begin{pmatrix}1 & 1 & \lambda\\ 0 & \lambda-1 & 1-\lambda\\ 0 & 0 & -(\lambda+2)(\lambda-1)\end{pmatrix}.$$

当 $\lambda=1$ 或 $\lambda=-2$ 时,$\mathrm{R}(\boldsymbol{A})<3$,方程组有非零解.

3.2 向量组的线性相关性

3.2.1 *n* 维向量及其线性运算

1. *n* 维向量的概念

定义 3.1 n 个有次序的数 $a_1,a_2,\cdots,a_n$ 所组成的数组称为 n 维向量,这 n 个数称为该向量的 n 个分量,第 i 个数 a_i 称为第 i 个分量.

n 维向量写成行矩阵的形式,称为行向量,记为

$$\boldsymbol{a}=(a_1,a_2,\cdots,a_n);$$

n 维向量写成列矩阵的形式,称为列向量,记为

$$\boldsymbol{a}=\begin{pmatrix} a_1 \\ a_2 \\ \vdots \\ a_n \end{pmatrix}, \quad \text{或} \quad \boldsymbol{a}=(a_1,a_2,\cdots,a_n)^{\mathrm{T}}.$$

所有分量都为零的向量称为零向量，记作 $\mathbf{0}$.

分量全为实数的向量称为实向量，分量为复数的向量称为复向量.本书中除特别指明外，一般只讨论实向量.

当 n 为 2 或 3 时就是平面及空间中坐标构成的向量，分别称 (x,y) 为二维向量，(x,y,z) 为三维向量.但当 $n>3$ 时就没有严格的几何意义，只是沿用一些几何术语罢了.

因为 n 维行向量是 $1\times n$ 矩阵，n 维列向量是 $n\times 1$ 矩阵，所以可利用矩阵的运算及运算律来定义向量的运算.

2. n 维向量的线性运算

定义 3.2　设 $\boldsymbol{\alpha}=(a_1,a_2,\cdots,a_n)$，$\boldsymbol{\beta}=(b_1,b_2,\cdots,b_n)$，则

(1) 若 $a_i=b_i(i=1,2,\cdots,n)$，称 $\boldsymbol{\alpha}=\boldsymbol{\beta}$；

(2) $\boldsymbol{\alpha}+\boldsymbol{\beta}=(a_1+b_1,a_2+b_2,\cdots,a_n+b_n)$；

(3) $k\boldsymbol{\alpha}=(ka_1,ka_2,\cdots,ka_n)(k\in\mathbb{R})$.

在上述定义中，若令 $k=-1$，则

$$(-1)\boldsymbol{\alpha}=(-a_1,-a_2,\cdots,-a_n),$$

称此向量为 $\boldsymbol{\alpha}$ 的负向量，记为 $-\boldsymbol{\alpha}$，即

$$-\boldsymbol{\alpha}=(-a_1,-a_2,\cdots,-a_n).$$

因此

$$\boldsymbol{\alpha}-\boldsymbol{\beta}=(a_1-b_1,a_2-b_2,\cdots,a_n-b_n).$$

向量的加法和数乘运算，称为向量的线性运算.向量的线性运算满足的运算律如下（设 $\boldsymbol{\alpha},\boldsymbol{\beta},\boldsymbol{\gamma}$ 均为 n 维向量，λ,μ 为实数）：

(1) $\boldsymbol{\alpha}+\boldsymbol{\beta}=\boldsymbol{\beta}+\boldsymbol{\alpha}$；

(2) $(\boldsymbol{\alpha}+\boldsymbol{\beta})+\boldsymbol{\gamma}=\boldsymbol{\alpha}+(\boldsymbol{\beta}+\boldsymbol{\gamma})$；

(3) $\boldsymbol{\alpha}+\mathbf{0}=\boldsymbol{\alpha}$；

(4) $\boldsymbol{\alpha}+(-\boldsymbol{\alpha})=\mathbf{0}$；

(5) $1\cdot\boldsymbol{\alpha}=\boldsymbol{\alpha}$；

(6) $\lambda(\mu\boldsymbol{\alpha})=(\lambda\mu)\boldsymbol{\alpha}$；

(7) $\lambda(\boldsymbol{\alpha}+\boldsymbol{\beta})=\lambda\boldsymbol{\alpha}+\lambda\boldsymbol{\beta}$；

(8) $(\lambda+\mu)\boldsymbol{\alpha}=\lambda\boldsymbol{\alpha}+\mu\boldsymbol{\alpha}$.

例 3.6 设 $3(\boldsymbol{\alpha}_1-\boldsymbol{\alpha})+2(\boldsymbol{\alpha}_2+\boldsymbol{\alpha})=5(\boldsymbol{\alpha}_3+\boldsymbol{\alpha})$,其中 $\boldsymbol{\alpha}_1=\begin{pmatrix}2\\5\\1\\3\end{pmatrix}$,$\boldsymbol{\alpha}_2=\begin{pmatrix}10\\1\\5\\10\end{pmatrix}$,$\boldsymbol{\alpha}_3=\begin{pmatrix}4\\1\\-1\\1\end{pmatrix}$,求 $\boldsymbol{\alpha}$.

解 由已知可得 $3\boldsymbol{\alpha}_1-3\boldsymbol{\alpha}+2\boldsymbol{\alpha}_2+2\boldsymbol{\alpha}=5\boldsymbol{\alpha}_3+5\boldsymbol{\alpha}$,则

$$\boldsymbol{\alpha}=\frac{1}{6}(3\boldsymbol{\alpha}_1+2\boldsymbol{\alpha}_2-5\boldsymbol{\alpha}_3)=\begin{pmatrix}1\\2\\3\\4\end{pmatrix}.$$

3.2.2 向量组的线性组合

定义 3.3 由若干个同维数的列向量(或同维数的行向量)所组成的集合称为向量组.

如一个 $m\times n$ 矩阵的全体列向量是一个含 n 个 m 维列向量的向量组,它的全体行向量是一个含 m 个 n 维行向量的向量组.

m 个 n 维列向量所组成的向量组 $\boldsymbol{\alpha}_1,\boldsymbol{\alpha}_2,\cdots,\boldsymbol{\alpha}_m$ 构成一个 $n\times m$ 矩阵

$$\boldsymbol{A}=(\boldsymbol{\alpha}_1,\boldsymbol{\alpha}_2,\cdots,\boldsymbol{\alpha}_m);$$

m 个 n 维行向量所组成的向量组 $\boldsymbol{\beta}_1,\boldsymbol{\beta}_2,\cdots,\boldsymbol{\beta}_m$ 构成一个 $m\times n$ 矩阵

$$\boldsymbol{B}=\begin{pmatrix}\boldsymbol{\beta}_1\\\boldsymbol{\beta}_2\\\vdots\\\boldsymbol{\beta}_m\end{pmatrix}.$$

总之,含有有限个向量的有序向量组可以与矩阵之间一一对应.

例如设向量组

$$\boldsymbol{\alpha}_1=\begin{pmatrix}1\\0\\1\end{pmatrix},\quad \boldsymbol{\alpha}_2=\begin{pmatrix}0\\1\\-1\end{pmatrix},\quad \boldsymbol{\alpha}_3=\begin{pmatrix}2\\1\\1\end{pmatrix},$$

则由向量组的线性运算可知,$\boldsymbol{\alpha}_3=2\boldsymbol{\alpha}_1+\boldsymbol{\alpha}_2$,这时称 $\boldsymbol{\alpha}_3$ 是 $\boldsymbol{\alpha}_1,\boldsymbol{\alpha}_2$ 的线性组合.一般地,我们有下面的定义.

定义 3.4 给定 n 维向量组 $\boldsymbol{\alpha}_1,\boldsymbol{\alpha}_2,\cdots,\boldsymbol{\alpha}_m$ 和向量 $\boldsymbol{\beta}$,如果存在一组实数 $k_1,k_2,\cdots,k_m$,使得

$$\boldsymbol{\beta}=k_1\boldsymbol{\alpha}_1+k_2\boldsymbol{\alpha}_2+\cdots+k_m\boldsymbol{\alpha}_m,$$

则称向量 $\boldsymbol{\beta}$ 是向量组 $\boldsymbol{\alpha}_1,\boldsymbol{\alpha}_2,\cdots,\boldsymbol{\alpha}_m$ 的线性组合,或称向量 $\boldsymbol{\beta}$ 可由向量组 $\boldsymbol{\alpha}_1,\boldsymbol{\alpha}_2,\cdots,\boldsymbol{\alpha}_m$ 线性表示.

一般地,对于任意一个 n 维向量 $\boldsymbol{\alpha}=\begin{pmatrix}a_1\\a_2\\\vdots\\a_n\end{pmatrix}$ 及单位向量组 $\boldsymbol{e}_1=\begin{pmatrix}1\\0\\\vdots\\0\end{pmatrix}$,$\boldsymbol{e}_2=\begin{pmatrix}0\\1\\\vdots\\0\end{pmatrix}$,$\cdots$,$\boldsymbol{e}_n=$

$\begin{pmatrix}0\\0\\\vdots\\1\end{pmatrix}$,有

$$\boldsymbol{\alpha}=a_1\boldsymbol{e}_1+a_2\boldsymbol{e}_2+\cdots+a_n\boldsymbol{e}_n,$$

则称 n 维向量 $\boldsymbol{\alpha}$ 是 n 维单位向量组的线性组合.

由定义3.4可知向量 $\boldsymbol{\beta}$ 可由向量组 $\boldsymbol{\alpha}_1,\boldsymbol{\alpha}_2,\cdots,\boldsymbol{\alpha}_m$ 线性表示,就是向量方程

$$x_1\boldsymbol{\alpha}_1+x_2\boldsymbol{\alpha}_2+\cdots+x_m\boldsymbol{\alpha}_m=\boldsymbol{\beta}$$

有解,也即非齐次线性方程组

$$(\boldsymbol{\alpha}_1,\boldsymbol{\alpha}_2,\cdots,\boldsymbol{\alpha}_m)\begin{pmatrix}x_1\\x_2\\\vdots\\x_m\end{pmatrix}=\boldsymbol{\beta}$$

有解,因而有下面的定理.

定理3.3　给定 n 维向量组 A:$\boldsymbol{\alpha}_1,\boldsymbol{\alpha}_2,\cdots,\boldsymbol{\alpha}_m$,向量 $\boldsymbol{\beta}$ 可由向量组 $\boldsymbol{\alpha}_1,\boldsymbol{\alpha}_2,\cdots,\boldsymbol{\alpha}_m$ 线性表示的充分必要条件是线性方程组 $\boldsymbol{AX}=\boldsymbol{\beta}$ 有解.特别地,若该方程组有唯一解,则线性表示式是唯一的.

例3.7　设 $\boldsymbol{\beta}_1=\begin{pmatrix}1\\0\\1\end{pmatrix}$,$\boldsymbol{\beta}_2=\begin{pmatrix}1\\1\\1\end{pmatrix}$,$\boldsymbol{\beta}_3=\begin{pmatrix}3\\1\\1\end{pmatrix}$,$\boldsymbol{\beta}_4=\begin{pmatrix}5\\3\\1\end{pmatrix}$,判断 $\boldsymbol{\beta}_4$ 可否由 $\boldsymbol{\beta}_1,\boldsymbol{\beta}_2,\boldsymbol{\beta}_3$ 线性表示?

解　设 $\boldsymbol{\beta}_4=k_1\boldsymbol{\beta}_1+k_2\boldsymbol{\beta}_2+k_3\boldsymbol{\beta}_3$,比较两端的对应分量可得

$$\begin{pmatrix}1&1&3\\0&1&1\\1&1&1\end{pmatrix}\begin{pmatrix}k_1\\k_2\\k_3\end{pmatrix}=\begin{pmatrix}5\\3\\1\end{pmatrix},$$

对增广矩阵施行初等行变换变成行阶梯矩阵,

$$\begin{pmatrix}1&1&3&5\\0&1&1&3\\1&1&1&1\end{pmatrix}\xrightarrow[r_3\div(-2)]{r_3-r_1}\begin{pmatrix}1&1&3&5\\0&1&1&3\\0&0&1&2\end{pmatrix}\xrightarrow[r_1-2r_3]{r_1-r_2}\begin{pmatrix}1&0&0&-2\\0&1&0&1\\0&0&1&2\end{pmatrix}.$$

由于该线性方程组系数矩阵的秩与增广矩阵的秩相等且等于未知量的个数,故方程组有唯一解,解为

$$\begin{pmatrix}k_1\\k_2\\k_3\end{pmatrix}=\begin{pmatrix}-2\\1\\2\end{pmatrix},$$

于是有 $\boldsymbol{\beta}_4=-2\boldsymbol{\beta}_1+\boldsymbol{\beta}_2+2\boldsymbol{\beta}_3$,即 $\boldsymbol{\beta}_4$ 可由 $\boldsymbol{\beta}_1,\boldsymbol{\beta}_2,\boldsymbol{\beta}_3$ 线性表示且表达式唯一.

根据非齐次线性方程组有解的判别法,可得下面定理.

定理 3.4 向量$\boldsymbol{\beta}$可由向量组$\boldsymbol{\alpha}_1,\boldsymbol{\alpha}_2,\cdots,\boldsymbol{\alpha}_m$线性表示的充分必要条件是矩阵$\boldsymbol{A}=(\boldsymbol{\alpha}_1,\boldsymbol{\alpha}_2,\cdots,\boldsymbol{\alpha}_m)$的秩等于矩阵$\boldsymbol{B}=(\boldsymbol{\alpha}_1,\boldsymbol{\alpha}_2,\cdots,\boldsymbol{\alpha}_m,\boldsymbol{\beta})$的秩.

例 3.8 设$\boldsymbol{\alpha}_1=\begin{pmatrix}1\\1\\2\\2\end{pmatrix},\boldsymbol{\alpha}_2=\begin{pmatrix}1\\2\\1\\3\end{pmatrix},\boldsymbol{\alpha}_3=\begin{pmatrix}1\\-1\\4\\0\end{pmatrix},\boldsymbol{\beta}=\begin{pmatrix}1\\0\\3\\1\end{pmatrix}$,证明向量$\boldsymbol{\beta}$能由向量组$\boldsymbol{\alpha}_1,\boldsymbol{\alpha}_2,\boldsymbol{\alpha}_3$线性表示,并求出表达式.

解 根据定理3.4,要证矩阵$\boldsymbol{A}=(\boldsymbol{\alpha}_1,\boldsymbol{\alpha}_2,\boldsymbol{\alpha}_3)$与$\boldsymbol{B}=(\boldsymbol{\alpha}_1,\boldsymbol{\alpha}_2,\boldsymbol{\alpha}_3,\boldsymbol{\beta})$的秩相等.为此,把$\boldsymbol{B}$化为行最简形矩阵:

$$\boldsymbol{B}=\begin{pmatrix}1&1&1&1\\1&2&-1&0\\2&1&4&3\\2&3&0&1\end{pmatrix}\xrightarrow[r_4-2r_1]{\substack{r_2-r_1\\r_3-2r_1}}\begin{pmatrix}1&1&1&1\\0&1&-2&-1\\0&-1&2&1\\0&1&-2&-1\end{pmatrix}\xrightarrow[r_1-r_2]{\substack{r_3+r_2\\r_4-r_2}}\begin{pmatrix}1&0&3&2\\0&1&-2&-1\\0&0&0&0\\0&0&0&0\end{pmatrix},$$

可见,$\mathrm{R}(\boldsymbol{A})=\mathrm{R}(\boldsymbol{B})$,因此向量$\boldsymbol{\beta}$能由向量组$\boldsymbol{\alpha}_1,\boldsymbol{\alpha}_2,\boldsymbol{\alpha}_3$线性表示.

由上述行最简矩阵,可得方程$(\boldsymbol{\alpha}_1,\boldsymbol{\alpha}_2,\boldsymbol{\alpha}_3)\boldsymbol{x}=\boldsymbol{\beta}$的通解为

$$\boldsymbol{x}=k\begin{pmatrix}-3\\2\\1\end{pmatrix}+\begin{pmatrix}2\\-1\\0\end{pmatrix}=\begin{pmatrix}-3k+2\\2k-1\\k\end{pmatrix},$$

从而得表示式$\boldsymbol{\beta}=(\boldsymbol{\alpha}_1,\boldsymbol{\alpha}_2,\boldsymbol{\alpha}_3)\boldsymbol{x}=(-3k+2)\boldsymbol{\alpha}_1+(2k-1)\boldsymbol{\alpha}_2+k\boldsymbol{\alpha}_3\ (k\in\mathbb{R})$.

例 3.9 设有三维列向量组$\boldsymbol{\alpha}_1=\begin{pmatrix}1+\lambda\\1\\1\end{pmatrix},\boldsymbol{\alpha}_2=\begin{pmatrix}1\\1+\lambda\\1\end{pmatrix},\boldsymbol{\alpha}_3=\begin{pmatrix}1\\1\\1+\lambda\end{pmatrix},\boldsymbol{\beta}=\begin{pmatrix}0\\\lambda\\\lambda^2\end{pmatrix}$,问$\lambda$为何值时,

(1) $\boldsymbol{\beta}$可由$\boldsymbol{\alpha}_1,\boldsymbol{\alpha}_2,\boldsymbol{\alpha}_3$线性表示,且表达式唯一;

(2) $\boldsymbol{\beta}$可由$\boldsymbol{\alpha}_1,\boldsymbol{\alpha}_2,\boldsymbol{\alpha}_3$线性表示,且表达式不唯一;

(3) $\boldsymbol{\beta}$不能由$\boldsymbol{\alpha}_1,\boldsymbol{\alpha}_2,\boldsymbol{\alpha}_3$线性表示.

分析 向量$\boldsymbol{\beta}$是否可由$\boldsymbol{\alpha}_1,\boldsymbol{\alpha}_2,\boldsymbol{\alpha}_3$线性表示,相当于方程组$\boldsymbol{Ax}=\boldsymbol{\beta}$是否有解,其中$\boldsymbol{A}=(\boldsymbol{\alpha}_1,\boldsymbol{\alpha}_2,\boldsymbol{\alpha}_3)$,因此本题实际上是线性方程组解的判定问题.

解法一 设$\boldsymbol{\beta}=x_1\boldsymbol{\alpha}_1+x_2\boldsymbol{\alpha}_2+x_3\boldsymbol{\alpha}_3$,则

$$\begin{cases}(1+\lambda)x_1+x_2+x_3=0,\\x_1+(1+\lambda)x_2+x_3=\lambda,\\x_1+x_2+(1+\lambda)x_3=\lambda^2.\end{cases}$$

其增广矩阵

$$(\boldsymbol{A},\boldsymbol{b})=\begin{pmatrix}1+\lambda&1&1&0\\1&1+\lambda&1&\lambda\\1&1&1+\lambda&\lambda^2\end{pmatrix}\xrightarrow{r_1\leftrightarrow r_3}\begin{pmatrix}1&1&1+\lambda&\lambda^2\\1&1+\lambda&1&\lambda\\1+\lambda&1&1&0\end{pmatrix}$$

$$\xrightarrow[r_3-(1+\lambda)r_1]{r_2-r_1}\begin{pmatrix}1 & 1 & 1+\lambda & \lambda^2\\0 & \lambda & -\lambda & \lambda-\lambda^2\\0 & -\lambda & -\lambda^2-2\lambda & -\lambda^2(1+\lambda)\end{pmatrix}$$

$$\xrightarrow{r_3+r_2}\begin{pmatrix}1 & 1 & 1+\lambda & \lambda^2\\0 & \lambda & -\lambda & \lambda-\lambda^2\\0 & 0 & -\lambda(\lambda+3) & \lambda(1-2\lambda-\lambda^2)\end{pmatrix}.$$

可见：(1) 当$\lambda\neq 0$且$\lambda\neq -3$时，$R(\boldsymbol{A})=R(\boldsymbol{A},\boldsymbol{b})=3$，方程组有唯一解，即$\boldsymbol{\beta}$可由$\boldsymbol{\alpha}_1,\boldsymbol{\alpha}_2,\boldsymbol{\alpha}_3$线性表示，且表达式唯一；

(2) 当$\lambda=0$时，$(\boldsymbol{A},\boldsymbol{b})=\begin{pmatrix}1 & 1 & 1 & 1\\0 & 0 & 0 & 0\\0 & 0 & 0 & 0\end{pmatrix}$.

由于$R(\boldsymbol{A})=R(\boldsymbol{A},\boldsymbol{b})=1$，方程组有无穷多解，即$\boldsymbol{\beta}$可由$\boldsymbol{\alpha}_1,\boldsymbol{\alpha}_2,\boldsymbol{\alpha}_3$线性表示，但表达式不唯一；

(3) 当$\lambda=-3$时，

$$(\boldsymbol{A},\boldsymbol{b})=\begin{pmatrix}1 & 1 & -2 & 9\\0 & -3 & 3 & -12\\0 & 0 & 0 & 6\end{pmatrix},$$

由于$R(\boldsymbol{A})=2,R(\boldsymbol{A},\boldsymbol{b})=3$，方程组无解，即$\boldsymbol{\beta}$不能由$\boldsymbol{\alpha}_1,\boldsymbol{\alpha}_2,\boldsymbol{\alpha}_3$线性表示.

解法二 因为系数矩阵为方阵，且含有参数，若用行列式计算会简便一些.

$$|\boldsymbol{A}|=\begin{vmatrix}1+\lambda & 1 & 1\\1 & 1+\lambda & 1\\1 & 1 & 1+\lambda\end{vmatrix}=(3+\lambda)\begin{vmatrix}1 & 1 & 1\\1 & 1+\lambda & 1\\1 & 1 & 1+\lambda\end{vmatrix}$$

$$=(3+\lambda)\begin{vmatrix}1 & 1 & 1\\0 & \lambda & 0\\0 & 0 & \lambda\end{vmatrix}=(3+\lambda)\lambda^2.$$

可见：(1) 当$|\boldsymbol{A}|\neq 0$，即$\lambda\neq 0$且$\lambda\neq -3$时，方程组有唯一解，即$\boldsymbol{\beta}$可由$\boldsymbol{\alpha}_1,\boldsymbol{\alpha}_2,\boldsymbol{\alpha}_3$线性表示，且表达式唯一；

(2) 当$|\boldsymbol{A}|=0$，即$\lambda=0$或$\lambda=-3$时，方程组解的情况讨论同解法一.

3.2.3 向量组的线性相关性

定义 3.5 对于向量组$A:\boldsymbol{\alpha}_1,\boldsymbol{\alpha}_2,\cdots,\boldsymbol{\alpha}_m$，如果存在一组不全为0的数$k_1,k_2,\cdots,k_m$，使得

$$k_1\boldsymbol{\alpha}_1+k_2\boldsymbol{\alpha}_2+\cdots+k_m\boldsymbol{\alpha}_m=\boldsymbol{0},$$

则称向量组A是线性相关的，否则称它是线性无关的.即只有当$k_1,k_2,\cdots,k_m$全为0时，上式才成立，则称向量组A是线性无关的.

向量组$\boldsymbol{\alpha}_1,\boldsymbol{\alpha}_2,\cdots,\boldsymbol{\alpha}_m$线性相关，通常指$m\geqslant 2$的情形，但定义3.5也适用于$m=1$的情形.

当 $m=1$ 时,向量组只含一个向量,对于只含一个向量$\boldsymbol{\alpha}$ 的向量组,当$\boldsymbol{\alpha}=\mathbf{0}$ 时是线性相关的,当$\boldsymbol{\alpha}\neq\mathbf{0}$ 时是线性无关的.对于含两个向量$\boldsymbol{\alpha}_1,\boldsymbol{\alpha}_2$的向量组,它线性相关的充分必要条件是$\boldsymbol{\alpha}_1$,$\boldsymbol{\alpha}_2$的分量对应成比例,其几何意义是两向量共线. 3 个向量线性相关的几何意义是三向量共面.

定理 3.5 向量组 $A:\boldsymbol{\alpha}_1,\boldsymbol{\alpha}_2,\cdots,\boldsymbol{\alpha}_m(m\geqslant 2)$线性相关的充分必要条件是向量组 A 中至少有一个向量能由其余 $m-1$ 个向量线性表示.

证 必要性 设向量组 $A:\boldsymbol{\alpha}_1,\boldsymbol{\alpha}_2,\cdots,\boldsymbol{\alpha}_m$线性相关,则存在一组不全为 0 的数 $k_1,k_2,\cdots,k_m$,使得

$$k_1\boldsymbol{\alpha}_1+k_2\boldsymbol{\alpha}_2+\cdots+k_m\boldsymbol{\alpha}_m=\mathbf{0}.$$

因为 $k_1,k_2,\cdots,k_m$ 不全为 0,不妨设 $k_1\neq 0$,于是便有

$$\boldsymbol{\alpha}_1=\frac{-1}{k_1}(k_2\boldsymbol{\alpha}_2+\cdots+k_m\boldsymbol{\alpha}_m),$$

即$\boldsymbol{\alpha}_1$能由$\boldsymbol{\alpha}_2,\cdots,\boldsymbol{\alpha}_m$线性表示.

充分性 如果向量组 A 中有某个向量能由其余 $m-1$ 个向量线性表示,不妨设$\boldsymbol{\alpha}_m$能由$\boldsymbol{\alpha}_1,\cdots,\boldsymbol{\alpha}_{m-1}$线性表示,即有 $c_1,\cdots,c_{m-1}$使得$\boldsymbol{\alpha}_m=c_1\boldsymbol{\alpha}_1+\cdots+c_{m-1}\boldsymbol{\alpha}_{m-1}$,于是

$$c_1\boldsymbol{\alpha}_1+\cdots+c_{m-1}\boldsymbol{\alpha}_{m-1}+(-1)\boldsymbol{\alpha}_m=\mathbf{0},$$

因为 $c_1,\cdots,c_{m-1},-1$ 这 m 个数不全为 0,所以向量组 A 线性相关.

例 3.10 讨论向量组$\boldsymbol{\alpha}_1=\begin{pmatrix}3\\2\\-5\\4\end{pmatrix},\boldsymbol{\alpha}_2=\begin{pmatrix}3\\-1\\3\\-3\end{pmatrix},\boldsymbol{\alpha}_3=\begin{pmatrix}3\\5\\-13\\11\end{pmatrix}$的线性相关性.

解 对于向量组$\boldsymbol{\alpha}_1,\boldsymbol{\alpha}_2,\boldsymbol{\alpha}_3$,设存在一组数 k_1,k_2,k_3,使得

$$k_1\boldsymbol{\alpha}_1+k_2\boldsymbol{\alpha}_2+k_3\boldsymbol{\alpha}_3=\mathbf{0},$$

即有齐次线性方程组

$$\begin{pmatrix}3&3&3\\2&-1&5\\-5&3&-13\\4&-3&11\end{pmatrix}\begin{pmatrix}k_1\\k_2\\k_3\end{pmatrix}=\begin{pmatrix}0\\0\\0\\0\end{pmatrix}.$$

对该线性方程组的系数矩阵作初等行变换,得

$$\mathbf{A}=\begin{pmatrix}3&3&3\\2&-1&5\\-5&3&-13\\4&-3&11\end{pmatrix}\xrightarrow[r_4-2r_2]{\substack{r_1-r_2\\r_3+2r_2}}\begin{pmatrix}1&4&-2\\2&-1&5\\-1&1&-3\\0&-1&1\end{pmatrix}$$

$$\xrightarrow[r_3+r_1]{r_2-2r_1}\begin{pmatrix}1&4&-2\\0&-9&9\\0&5&-5\\0&-1&1\end{pmatrix}\xrightarrow[r_4-\frac{1}{9}r_2]{r_3+\frac{5}{9}r_2}\begin{pmatrix}1&4&-2\\0&-9&9\\0&0&0\\0&0&0\end{pmatrix}.$$

由于 $R(\boldsymbol{A})=2<3$,所以齐次线性方程组有非零解,即$\boldsymbol{\alpha}_1,\boldsymbol{\alpha}_2,\boldsymbol{\alpha}_3$线性相关.

向量组线性相关与线性无关的概念也可以用于线性方程组.当方程组中有某个方程是其余方程的线性组合时,这个方程是多余的,这时称方程组(各个方程)是线性相关的;当方程组中没有多余方程,这时称方程组(各个方程)是线性无关(或线性独立)的.

由定义3.5可知向量组$\boldsymbol{\alpha}_1,\boldsymbol{\alpha}_2,\cdots,\boldsymbol{\alpha}_m$线性相关,就是向量方程

$$x_1\boldsymbol{\alpha}_1+x_2\boldsymbol{\alpha}_2+\cdots+x_m\boldsymbol{\alpha}_m=\boldsymbol{0}$$

有非零解,也即齐次线性方程组

$$(\boldsymbol{\alpha}_1,\boldsymbol{\alpha}_2,\cdots,\boldsymbol{\alpha}_m)\begin{pmatrix}x_1\\x_2\\\vdots\\x_m\end{pmatrix}=\boldsymbol{0}$$

有非零解.因而有下面的定理.

定理3.6 向量组$\boldsymbol{\alpha}_1,\boldsymbol{\alpha}_2,\cdots,\boldsymbol{\alpha}_m$线性相关的充分必要条件是它所构成的矩阵$\boldsymbol{A}=(\boldsymbol{\alpha}_1,\boldsymbol{\alpha}_2,\cdots,\boldsymbol{\alpha}_m)$的秩小于向量的个数$m$;向量组线性无关的充分必要条件是$R(\boldsymbol{A})=m$.

推论 m个m维向量$\boldsymbol{\alpha}_1,\boldsymbol{\alpha}_2,\cdots,\boldsymbol{\alpha}_m$线性相关的充分必要条件是行列式

$$|\boldsymbol{\alpha}_1\quad\boldsymbol{\alpha}_2\quad\cdots\quad\boldsymbol{\alpha}_m|=0,$$

m个m维向量$\boldsymbol{\alpha}_1,\boldsymbol{\alpha}_2,\cdots,\boldsymbol{\alpha}_m$线性无关的充分必要条件是行列式

$$|\boldsymbol{\alpha}_1\quad\boldsymbol{\alpha}_2\quad\cdots\quad\boldsymbol{\alpha}_m|\neq0.$$

例3.11 讨论n维单位向量组

$$\boldsymbol{e}_1=\begin{pmatrix}1\\0\\\vdots\\0\end{pmatrix},\quad\boldsymbol{e}_2=\begin{pmatrix}0\\1\\\vdots\\0\end{pmatrix},\quad\cdots,\quad\boldsymbol{e}_n=\begin{pmatrix}0\\0\\\vdots\\1\end{pmatrix}$$

的线性相关性.

解 n维单位向量组构成的矩阵

$$\boldsymbol{E}=(\boldsymbol{e}_1,\boldsymbol{e}_2,\cdots,\boldsymbol{e}_n)$$

是n阶单位矩阵.由$|\boldsymbol{E}|=1\neq0$,知$R(\boldsymbol{E})=n$,即$R(\boldsymbol{E})$等于向量组中向量的个数,故由定理3.6知此向量组是线性无关的.

例3.12 设$\boldsymbol{\beta}_1=\begin{pmatrix}1\\-1\\2\\4\end{pmatrix},\boldsymbol{\beta}_2=\begin{pmatrix}0\\3\\1\\2\end{pmatrix},\boldsymbol{\beta}_3=\begin{pmatrix}3\\0\\7\\14\end{pmatrix}$,讨论向量组$\boldsymbol{\beta}_1,\boldsymbol{\beta}_2,\boldsymbol{\beta}_3$及向量组$\boldsymbol{\beta}_1,\boldsymbol{\beta}_2$的线性

相关性.

解 对矩阵$(\boldsymbol{\beta}_1,\boldsymbol{\beta}_2,\boldsymbol{\beta}_3)$施行初等行变换化成行阶梯形矩阵，即可同时看出矩阵$(\boldsymbol{\beta}_1,\boldsymbol{\beta}_2,\boldsymbol{\beta}_3)$及矩阵$(\boldsymbol{\beta}_1,\boldsymbol{\beta}_2)$的秩，利用定理3.6可得结论.

$$(\boldsymbol{\beta}_1,\boldsymbol{\beta}_2,\boldsymbol{\beta}_3)=\begin{pmatrix}1&0&3\\-1&3&0\\2&1&7\\4&2&14\end{pmatrix}\xrightarrow[\substack{r_3-2r_1\\r_4-4r_1}]{r_2+r_1}\begin{pmatrix}1&0&3\\0&3&3\\0&1&1\\0&2&2\end{pmatrix}\xrightarrow[\substack{r_3-r_2\\r_4-2r_2}]{r_2\times\frac{1}{3}}\begin{pmatrix}1&0&3\\0&1&1\\0&0&0\\0&0&0\end{pmatrix},$$

因为$R(\boldsymbol{\beta}_1,\boldsymbol{\beta}_2,\boldsymbol{\beta}_3)=2<3$，所以向量组$\boldsymbol{\beta}_1,\boldsymbol{\beta}_2,\boldsymbol{\beta}_3$线性相关；同时可见$R(\boldsymbol{\beta}_1,\boldsymbol{\beta}_2)=2$，故向量组$\boldsymbol{\beta}_1,\boldsymbol{\beta}_2$线性无关.

例 3.13 设向量组

$$\boldsymbol{\alpha}_1=\begin{pmatrix}3\\2\\0\end{pmatrix},\quad \boldsymbol{\alpha}_2=\begin{pmatrix}5\\4\\-1\end{pmatrix},\quad \boldsymbol{\alpha}_3=\begin{pmatrix}3\\1\\t\end{pmatrix},$$

问t取何值时，向量组$\boldsymbol{\alpha}_1,\boldsymbol{\alpha}_2,\boldsymbol{\alpha}_3$线性无关？又$t$取何值时，向量组线性相关？

解 由推论，有

$$|\boldsymbol{\alpha}_1\quad\boldsymbol{\alpha}_2\quad\boldsymbol{\alpha}_3|=\begin{vmatrix}3&5&3\\2&4&1\\0&-1&t\end{vmatrix}=2t-3,$$

所以当$2t-3\neq0$，即$t\neq\dfrac{3}{2}$时，向量组$\boldsymbol{\alpha}_1,\boldsymbol{\alpha}_2,\boldsymbol{\alpha}_3$线性无关；当$t=\dfrac{3}{2}$时，向量组$\boldsymbol{\alpha}_1,\boldsymbol{\alpha}_2,\boldsymbol{\alpha}_3$线性相关.

例 3.14 已知向量组$\boldsymbol{\alpha}_1,\boldsymbol{\alpha}_2,\boldsymbol{\alpha}_3$线性无关，试证明向量组$\boldsymbol{\beta}_1=\boldsymbol{\alpha}_1+\boldsymbol{\alpha}_2$, $\boldsymbol{\beta}_2=\boldsymbol{\alpha}_2+\boldsymbol{\alpha}_3$, $\boldsymbol{\beta}_3=\boldsymbol{\alpha}_3+\boldsymbol{\alpha}_1$线性无关.

证法一 设有k_1,k_2,k_3，使得$k_1\boldsymbol{\beta}_1+k_2\boldsymbol{\beta}_2+k_3\boldsymbol{\beta}_3=\mathbf{0}$，即

$$k_1(\boldsymbol{\alpha}_1+\boldsymbol{\alpha}_2)+k_2(\boldsymbol{\alpha}_2+\boldsymbol{\alpha}_3)+k_3(\boldsymbol{\alpha}_3+\boldsymbol{\alpha}_1)=\mathbf{0},$$

亦即

$$(k_1+k_3)\boldsymbol{\alpha}_1+(k_1+k_2)\boldsymbol{\alpha}_2+(k_2+k_3)\boldsymbol{\alpha}_3=\mathbf{0}.$$

因为$\boldsymbol{\alpha}_1,\boldsymbol{\alpha}_2,\boldsymbol{\alpha}_3$线性无关，所以有齐次线性方程组

$$\begin{cases}k_1+k_3=0,\\k_1+k_2=0,\\k_2+k_3=0.\end{cases}$$

由于此方程组的系数行列式

$$\begin{vmatrix}1&0&1\\1&1&0\\0&1&1\end{vmatrix}=2\neq0,$$

所以方程组只有零解，即 $k_1=k_2=k_3=0$，故向量组 $\boldsymbol{\beta}_1,\boldsymbol{\beta}_2,\boldsymbol{\beta}_3$ 线性无关.

证法二 把已知条件合写成

$$(\boldsymbol{\beta}_1,\boldsymbol{\beta}_2,\boldsymbol{\beta}_3)=(\boldsymbol{\alpha}_1,\boldsymbol{\alpha}_2,\boldsymbol{\alpha}_3)\begin{pmatrix}1&0&1\\1&1&0\\0&1&1\end{pmatrix},$$

记作 $\boldsymbol{B}=\boldsymbol{AK}$，因 $|\boldsymbol{K}|=2\neq0$，知 $\boldsymbol{K}$ 可逆，由第2章中矩阵秩的性质知 $\mathrm{R}(\boldsymbol{B})=\mathrm{R}(\boldsymbol{A})$.

因为 $\boldsymbol{A}$ 的列向量组线性无关，由定理3.6知 $\mathrm{R}(\boldsymbol{A})=3$，从而 $\mathrm{R}(\boldsymbol{B})=3$，再由定理3.6知 $\boldsymbol{B}$ 的3个列向量线性无关，即向量组 $\boldsymbol{\beta}_1,\boldsymbol{\beta}_2,\boldsymbol{\beta}_3$ 线性无关.

线性相关性是向量组的一个重要性质，下面介绍一些与之有关的有用的性质.

定理3.7 (1) 若向量组 $A:\boldsymbol{\alpha}_1,\boldsymbol{\alpha}_2,\cdots,\boldsymbol{\alpha}_m$ 线性相关，则向量组 $B:\boldsymbol{\alpha}_1,\boldsymbol{\alpha}_2,\cdots,\boldsymbol{\alpha}_m,\boldsymbol{\alpha}_{m+1}$ 也线性相关；反之，若向量组 $B:\boldsymbol{\alpha}_1,\boldsymbol{\alpha}_2,\cdots,\boldsymbol{\alpha}_m,\boldsymbol{\alpha}_{m+1}$ 线性无关，则向量组 $A:\boldsymbol{\alpha}_1,\boldsymbol{\alpha}_2,\cdots,\boldsymbol{\alpha}_m$ 也线性无关.

(2) 设 $\boldsymbol{a}_j=\begin{pmatrix}a_{1j}\\\vdots\\a_{rj}\end{pmatrix},\boldsymbol{b}_j=\begin{pmatrix}a_{1j}\\\vdots\\a_{rj}\\a_{r+1,j}\end{pmatrix}$，$j=1,2,\cdots,m$，即向量 $\boldsymbol{a}_j$ 添上一个分量得向量 $\boldsymbol{b}_j$. 若向量组 $A:\boldsymbol{a}_1,\boldsymbol{a}_2,\cdots,\boldsymbol{a}_m$ 线性无关，则向量组 $B:\boldsymbol{b}_1,\boldsymbol{b}_2,\cdots,\boldsymbol{b}_m$ 也线性无关. 反言之，若向量组 B 线性相关，则向量组 A 也线性相关.

(3) m 个 n 维向量构成的向量组，当维数 n 小于向量的个数 m 时一定线性相关. 特别地，$n+1$ 个 n 维向量构成的向量组一定线性相关.

(4) 任何含有零向量的向量组必线性相关.

(5) 如果向量组 $A:\boldsymbol{\alpha}_1,\boldsymbol{\alpha}_2,\cdots,\boldsymbol{\alpha}_m$ 线性无关，而向量组 $B:\boldsymbol{\alpha}_1,\boldsymbol{\alpha}_2,\cdots,\boldsymbol{\alpha}_m,\boldsymbol{\beta}$ 线性相关，则向量 $\boldsymbol{\beta}$ 必可由向量组 A 线性表示，且表示式唯一.

证 只证(5)的情形.

首先，证 $\boldsymbol{\beta}$ 必可由向量组 A 线性表示.

因为 $\boldsymbol{\alpha}_1,\boldsymbol{\alpha}_2,\cdots,\boldsymbol{\alpha}_m,\boldsymbol{\beta}$ 线性相关，因而存在一组不全为0的常数 $k_1,k_2,\cdots,k_m,k$，使得

$$k_1\boldsymbol{\alpha}_1+k_2\boldsymbol{\alpha}_2+\cdots+k_m\boldsymbol{\alpha}_m+k\boldsymbol{\beta}=\boldsymbol{0},$$

而 $k\neq0$. 因为若 $k=0$，则上式可化为

$$k_1\boldsymbol{\alpha}_1+k_2\boldsymbol{\alpha}_2+\cdots+k_m\boldsymbol{\alpha}_m=\boldsymbol{0},$$

因为向量组 $\boldsymbol{\alpha}_1,\boldsymbol{\alpha}_2,\cdots,\boldsymbol{\alpha}_m$ 线性无关，所以 $k_1=k_2=\cdots=k_m=0$，则向量组 $\boldsymbol{\alpha}_1,\boldsymbol{\alpha}_2,\cdots,\boldsymbol{\alpha}_m,\boldsymbol{\beta}$ 线性无关，与已知矛盾.

因 $k\neq0$，所以 $\boldsymbol{\beta}=-\dfrac{k_1}{k}\boldsymbol{\alpha}_1-\dfrac{k_2}{k}\boldsymbol{\alpha}_2-\cdots-\dfrac{k_m}{k}\boldsymbol{\alpha}_m$，即 $\boldsymbol{\beta}$ 可由向量组 A 线性表示.

再证表示式是唯一的.

如果存在数 $k_1,k_2,\cdots,k_m,l_1,l_2,\cdots,l_m$，使

$$\boldsymbol{\beta}=k_1\boldsymbol{\alpha}_1+k_2\boldsymbol{\alpha}_2+\cdots+k_m\boldsymbol{\alpha}_m,\quad \boldsymbol{\beta}=l_1\boldsymbol{\alpha}_1+l_2\boldsymbol{\alpha}_2+\cdots+l_m\boldsymbol{\alpha}_m$$

同时成立,两式相减得$(k_1-l_1)\boldsymbol{\alpha}_1+(k_2-l_2)\boldsymbol{\alpha}_2+\cdots+(k_m-l_m)\boldsymbol{\alpha}_m=\mathbf{0}$.

由于$\boldsymbol{\alpha}_1,\boldsymbol{\alpha}_2,\cdots,\boldsymbol{\alpha}_m$线性无关,所以$k_1-l_1=k_2-l_2=\cdots=k_m-l_m=0$,即$k_1=l_1,k_2=l_2,\cdots,k_m=l_m$,因此表示式唯一.

例 3.15 设向量组$\boldsymbol{\alpha}_1,\boldsymbol{\alpha}_2,\boldsymbol{\alpha}_3$线性相关,向量组$\boldsymbol{\alpha}_2,\boldsymbol{\alpha}_3,\boldsymbol{\alpha}_4$线性无关,证明:

(1) $\boldsymbol{\alpha}_1$能由$\boldsymbol{\alpha}_2,\boldsymbol{\alpha}_3$线性表示;

(2) $\boldsymbol{\alpha}_4$不能由$\boldsymbol{\alpha}_1,\boldsymbol{\alpha}_2,\boldsymbol{\alpha}_3$线性表示.

证 (1) 因为$\boldsymbol{\alpha}_2,\boldsymbol{\alpha}_3,\boldsymbol{\alpha}_4$线性无关,由定理3.7(1)知$\boldsymbol{\alpha}_2,\boldsymbol{\alpha}_3$线性无关,而$\boldsymbol{\alpha}_1,\boldsymbol{\alpha}_2,\boldsymbol{\alpha}_3$线性相关,由定理3.7(5)知$\boldsymbol{\alpha}_1$能由$\boldsymbol{\alpha}_2,\boldsymbol{\alpha}_3$线性表示.

(2) 用反证法.假设$\boldsymbol{\alpha}_4$能由$\boldsymbol{\alpha}_1,\boldsymbol{\alpha}_2,\boldsymbol{\alpha}_3$线性表示,而由(1)知$\boldsymbol{\alpha}_1$能由$\boldsymbol{\alpha}_2,\boldsymbol{\alpha}_3$线性表示,因此$\boldsymbol{\alpha}_4$能由$\boldsymbol{\alpha}_2,\boldsymbol{\alpha}_3$线性表示,这与$\boldsymbol{\alpha}_2,\boldsymbol{\alpha}_3,\boldsymbol{\alpha}_4$线性无关相矛盾,故$\boldsymbol{\alpha}_4$不能由$\boldsymbol{\alpha}_1,\boldsymbol{\alpha}_2,\boldsymbol{\alpha}_3$线性表示.

3.3 向量组的秩

3.2节在讨论向量组的线性组合和线性相关性时,矩阵的秩起了十分重要的作用,为使讨论进一步深入,下面引入向量组的秩的概念.

3.3.1 向量组的等价

定义 3.6 设有两个向量组$A:\boldsymbol{\alpha}_1,\boldsymbol{\alpha}_2,\cdots,\boldsymbol{\alpha}_m$及$B:\boldsymbol{\beta}_1,\boldsymbol{\beta}_2,\cdots,\boldsymbol{\beta}_l$,若$B$中每个向量都能由向量组$A$线性表示,则称向量组$B$能由向量组$A$线性表示.若向量组$A$与向量组$B$能相互线性表示,则称这两个向量组等价.

由定义容易推出等价向量组有以下性质.

(1) **自反性**:每一向量组都与自身等价;

(2) **对称性**:若向量组A与向量组B等价,则向量组B也与向量组A等价;

(3) **传递性**:若向量组A与向量组B等价,向量组B与向量组C等价,则向量组A与向量组C等价.

把向量组$A:\boldsymbol{\alpha}_1,\boldsymbol{\alpha}_2,\cdots,\boldsymbol{\alpha}_m$及$B:\boldsymbol{\beta}_1,\boldsymbol{\beta}_2,\cdots,\boldsymbol{\beta}_l$所构成的矩阵分别记为$\boldsymbol{A}=(\boldsymbol{\alpha}_1,\boldsymbol{\alpha}_2,\cdots,\boldsymbol{\alpha}_m)$和$\boldsymbol{B}=(\boldsymbol{\beta}_1,\boldsymbol{\beta}_2,\cdots,\boldsymbol{\beta}_l)$.向量组$B$能由向量组$A$线性表示,即对每个向量$\boldsymbol{\beta}_j\,(j=1,2,\cdots,l)$,存在数$k_{1j},k_{2j},\cdots,k_{mj}$,使

$$\boldsymbol{\beta}_j=k_{1j}\boldsymbol{\alpha}_1+k_{2j}\boldsymbol{\alpha}_2+\cdots+k_{mj}\boldsymbol{\alpha}_m=(\boldsymbol{\alpha}_1,\boldsymbol{\alpha}_2,\cdots,\boldsymbol{\alpha}_m)\begin{pmatrix}k_{1j}\\k_{2j}\\\vdots\\k_{mj}\end{pmatrix}.$$

从而

$$(\boldsymbol{\beta}_1,\boldsymbol{\beta}_2,\cdots,\boldsymbol{\beta}_l)=(\boldsymbol{\alpha}_1,\boldsymbol{\alpha}_2,\cdots,\boldsymbol{\alpha}_m)\begin{pmatrix}k_{11}&k_{12}&\cdots&k_{1l}\\k_{21}&k_{22}&\cdots&k_{2l}\\\vdots&\vdots&&\vdots\\k_{m1}&k_{m2}&\cdots&k_{ml}\end{pmatrix}.$$

这里,矩阵 $\boldsymbol{K}_{m\times l}=(k_{ij})_{m\times l}$ 称为这一线性表示的系数矩阵.

由定义3.6可知,向量组 $B:\boldsymbol{\beta}_1,\boldsymbol{\beta}_2,\cdots,\boldsymbol{\beta}_l$ 能由向量组 $A:\boldsymbol{\alpha}_1,\boldsymbol{\alpha}_2,\cdots,\boldsymbol{\alpha}_m$ 线性表示,就是存在矩阵 $\boldsymbol{K}_{m\times l}=(k_{ij})_{m\times l}$,使 $(\boldsymbol{\beta}_1,\boldsymbol{\beta}_2,\cdots,\boldsymbol{\beta}_l)=(\boldsymbol{\alpha}_1,\boldsymbol{\alpha}_2,\cdots,\boldsymbol{\alpha}_m)\boldsymbol{K}$,也就是矩阵方程

$$(\boldsymbol{\alpha}_1,\boldsymbol{\alpha}_2,\cdots,\boldsymbol{\alpha}_m)\boldsymbol{K}=(\boldsymbol{\beta}_1,\boldsymbol{\beta}_2,\cdots,\boldsymbol{\beta}_l)$$

有解.由此可得

定理3.8 向量组 $B:\boldsymbol{\beta}_1,\boldsymbol{\beta}_2,\cdots,\boldsymbol{\beta}_l$ 能由向量组 $A:\boldsymbol{\alpha}_1,\boldsymbol{\alpha}_2,\cdots,\boldsymbol{\alpha}_m$ 线性表示的充分必要条件是矩阵 $\boldsymbol{A}=(\boldsymbol{\alpha}_1,\boldsymbol{\alpha}_2,\cdots,\boldsymbol{\alpha}_m)$ 的秩等于矩阵 $(\boldsymbol{A},\boldsymbol{B})=(\boldsymbol{\alpha}_1,\boldsymbol{\alpha}_2,\cdots,\boldsymbol{\alpha}_m,\boldsymbol{\beta}_1,\boldsymbol{\beta}_2,\cdots,\boldsymbol{\beta}_l)$ 的秩,即 $\mathrm{R}(\boldsymbol{A})=\mathrm{R}(\boldsymbol{A},\boldsymbol{B})$.

推论 向量组 $A:\boldsymbol{\alpha}_1,\boldsymbol{\alpha}_2,\cdots,\boldsymbol{\alpha}_m$ 与向量组 $B:\boldsymbol{\beta}_1,\boldsymbol{\beta}_2,\cdots,\boldsymbol{\beta}_l$ 等价的充分必要条件是

$$\mathrm{R}(\boldsymbol{A})=\mathrm{R}(\boldsymbol{B})=\mathrm{R}(\boldsymbol{A},\boldsymbol{B}),$$

其中,$\boldsymbol{A}$ 和 $\boldsymbol{B}$ 是向量组 A 和 B 所构成的矩阵.

证 因为向量组 A 和向量组 B 能相互线性表示,根据定理3.8,知它们等价的充分必要条件是

$$\mathrm{R}(\boldsymbol{A})=\mathrm{R}(\boldsymbol{A},\boldsymbol{B}) \quad 且 \quad \mathrm{R}(\boldsymbol{B})=\mathrm{R}(\boldsymbol{B},\boldsymbol{A}),$$

而 $\mathrm{R}(\boldsymbol{A},\boldsymbol{B})=\mathrm{R}(\boldsymbol{B},\boldsymbol{A})$,合起来即得充分必要条件为

$$\mathrm{R}(\boldsymbol{A})=\mathrm{R}(\boldsymbol{B})=\mathrm{R}(\boldsymbol{A},\boldsymbol{B}).$$

例3.16 设 $A:\boldsymbol{\alpha}_1=\begin{pmatrix}1\\1\\0\end{pmatrix},\boldsymbol{\alpha}_2=\begin{pmatrix}0\\1\\1\end{pmatrix};B:\boldsymbol{\beta}_1=\begin{pmatrix}-1\\0\\1\end{pmatrix},\boldsymbol{\beta}_2=\begin{pmatrix}1\\2\\1\end{pmatrix},\boldsymbol{\beta}_3=\begin{pmatrix}3\\2\\-1\end{pmatrix}$.

证明向量组 A 和 B 等价.

证 记 $\boldsymbol{A}=(\boldsymbol{\alpha}_1,\boldsymbol{\alpha}_2)$,$\boldsymbol{B}=(\boldsymbol{\beta}_1,\boldsymbol{\beta}_2,\boldsymbol{\beta}_3)$,根据定理3.8的推论,只要证 $\mathrm{R}(\boldsymbol{A})=\mathrm{R}(\boldsymbol{B})=\mathrm{R}(\boldsymbol{A},\boldsymbol{B})$.为此把矩阵 $(\boldsymbol{A},\boldsymbol{B})$ 化成行阶梯形矩阵:

$$(\boldsymbol{A},\boldsymbol{B})=\begin{pmatrix}1&0&-1&1&3\\1&1&0&2&2\\0&1&1&1&-1\end{pmatrix}\xrightarrow{r_2-r_1}\begin{pmatrix}1&0&-1&1&3\\0&1&1&1&-1\\0&1&1&1&-1\end{pmatrix}$$

$$\xrightarrow{r_3-r_2}\begin{pmatrix}1&0&-1&1&3\\0&1&1&1&-1\\0&0&0&0&0\end{pmatrix},$$

可见 $\mathrm{R}(\boldsymbol{A})=2$,$\mathrm{R}(\boldsymbol{A},\boldsymbol{B})=2$.容易看出矩阵 $\boldsymbol{B}$ 中有不等于0的二阶子式,故 $\mathrm{R}(\boldsymbol{B})\geqslant 2$.又

$$\mathrm{R}(\boldsymbol{B})\leqslant\mathrm{R}(\boldsymbol{A},\boldsymbol{B})=2,$$

于是 $\mathrm{R}(\boldsymbol{B})=2$.因此,

$$\mathrm{R}(\boldsymbol{A})=\mathrm{R}(\boldsymbol{B})=\mathrm{R}(\boldsymbol{A},\boldsymbol{B}).$$

定理 3.9 设向量组 $B:\boldsymbol{\beta}_1,\boldsymbol{\beta}_2,\cdots,\boldsymbol{\beta}_l$ 能由向量组 $A:\boldsymbol{\alpha}_1,\boldsymbol{\alpha}_2,\cdots,\boldsymbol{\alpha}_m$ 线性表示,则 $\mathrm{R}(\boldsymbol{\beta}_1,\boldsymbol{\beta}_2,\cdots,\boldsymbol{\beta}_l)\leqslant\mathrm{R}(\boldsymbol{\alpha}_1,\boldsymbol{\alpha}_2,\cdots,\boldsymbol{\alpha}_m)$.

证 记 $\boldsymbol{A}=(\boldsymbol{\alpha}_1,\boldsymbol{\alpha}_2,\cdots,\boldsymbol{\alpha}_m)$,$\boldsymbol{B}=(\boldsymbol{\beta}_1,\boldsymbol{\beta}_2,\cdots,\boldsymbol{\beta}_l)$.根据定理 3.8 有 $\mathrm{R}(\boldsymbol{A})=\mathrm{R}(\boldsymbol{A},\boldsymbol{B})$,而$\mathrm{R}(\boldsymbol{B})\leqslant\mathrm{R}(\boldsymbol{A},\boldsymbol{B})$,因此

$$\mathrm{R}(\boldsymbol{B})\leqslant\mathrm{R}(\boldsymbol{A}),\quad 即\quad \mathrm{R}(\boldsymbol{\beta}_1,\boldsymbol{\beta}_2,\cdots,\boldsymbol{\beta}_l)\leqslant\mathrm{R}(\boldsymbol{\alpha}_1,\boldsymbol{\alpha}_2,\cdots,\boldsymbol{\alpha}_m).$$

3.3.2 向量组的极大无关组与秩

定义 3.7 设有向量组 A,如果在 A 中能选出 r 个向量$\boldsymbol{\alpha}_1,\boldsymbol{\alpha}_2,\cdots,\boldsymbol{\alpha}_r$,满足

(1) 向量组 $A_0:\boldsymbol{\alpha}_1,\boldsymbol{\alpha}_2,\cdots,\boldsymbol{\alpha}_r$ 线性无关;

(2) 向量组 A 中任意 $r+1$ 个向量(如果 A 中有 $r+1$ 个向量的话)都线性相关. 则称向量组 A_0 是向量组 A 的一个极大线性无关组,简称极大无关组;极大无关组所含向量个数 r 称为向量组 A 的秩,记作 $\mathrm{R}(A)$.

只含零向量的向量组没有极大无关组,规定它的秩为 0.

向量组的极大无关组一般不唯一,但它们所含向量的个数相同.如

$$(\boldsymbol{\alpha}_1,\boldsymbol{\alpha}_2,\boldsymbol{\alpha}_3)=\begin{pmatrix}1&0&2\\1&2&4\\1&5&7\end{pmatrix}\longrightarrow\begin{pmatrix}1&0&2\\0&1&1\\0&0&0\end{pmatrix},$$

由 $\mathrm{R}(\boldsymbol{\alpha}_1,\boldsymbol{\alpha}_2)=2$,知$\boldsymbol{\alpha}_1,\boldsymbol{\alpha}_2$ 线性无关;由 $\mathrm{R}(\boldsymbol{\alpha}_1,\boldsymbol{\alpha}_2,\boldsymbol{\alpha}_3)=2$,知$\boldsymbol{\alpha}_1,\boldsymbol{\alpha}_2,\boldsymbol{\alpha}_3$ 线性相关,因此$\boldsymbol{\alpha}_1,\boldsymbol{\alpha}_2$ 是向量组$\boldsymbol{\alpha}_1,\boldsymbol{\alpha}_2,\boldsymbol{\alpha}_3$ 的一个极大无关组.

此外,由 $\mathrm{R}(\boldsymbol{\alpha}_1,\boldsymbol{\alpha}_3)=2$ 及 $\mathrm{R}(\boldsymbol{\alpha}_2,\boldsymbol{\alpha}_3)=2$ 可知$\boldsymbol{\alpha}_1,\boldsymbol{\alpha}_3$ 和$\boldsymbol{\alpha}_2,\boldsymbol{\alpha}_3$ 都是向量组$\boldsymbol{\alpha}_1,\boldsymbol{\alpha}_2,\boldsymbol{\alpha}_3$ 的极大无关组.

向量组 A 和它自己的极大线性无关组 A_0 是等价的.这是因为向量组 A_0 是向量组 A 的一个部分组,故 A_0 能由 A 线性表示;又由定义 3.7 的条件知,对于 A 中任一向量$\boldsymbol{\alpha}$,$r+1$ 个向量$\boldsymbol{\alpha}_1,\boldsymbol{\alpha}_2,\cdots,\boldsymbol{\alpha}_r,\boldsymbol{\alpha}$ 线性相关,而$\boldsymbol{\alpha}_1,\boldsymbol{\alpha}_2,\cdots,\boldsymbol{\alpha}_r$ 线性无关,根据定理 3.7(5)知$\boldsymbol{\alpha}$ 能由$\boldsymbol{\alpha}_1,\boldsymbol{\alpha}_2,\cdots,\boldsymbol{\alpha}_r$ 线性表示,即 A 能由 A_0 线性表示.因此向量组 A 和向量组 A_0 等价.

例 3.17 全体 n 维向量构成的向量组记作$\mathbb{R}^n$,求$\mathbb{R}^n$ 的一个极大无关组及$\mathbb{R}^n$ 的秩.

解 前面我们证明了 n 维单位向量构成的向量组

$$E:\boldsymbol{e}_1,\boldsymbol{e}_2,\cdots,\boldsymbol{e}_n$$

是线性无关的,又根据定理 3.7 的结论(3),知$\mathbb{R}^n$ 中任意 $n+1$ 个向量都线性相关,因此向量组 E 是$\mathbb{R}^n$ 的一个极大无关组,且$\mathbb{R}^n$ 的秩等于 n.

显然,$\mathbb{R}^n$ 的极大无关组很多,任何 n 个线性无关的 n 维向量都是$\mathbb{R}^n$ 的极大无关组.

3.3.3 矩阵的秩与向量组的秩的关系

对于只含有限个向量的向量组 $A:\boldsymbol{\alpha}_1,\boldsymbol{\alpha}_2,\cdots,\boldsymbol{\alpha}_m$,它可以构成矩阵 $\boldsymbol{A}=(\boldsymbol{\alpha}_1,\boldsymbol{\alpha}_2,\cdots,\boldsymbol{\alpha}_m)$.把

定义3.7与矩阵秩的定义比较，容易想到向量组 A 的秩就是矩阵 $\boldsymbol{A}$ 的秩.

定理3.10　矩阵的秩等于它的列向量组的秩，也等于它的行向量组的秩.

证　设 $\boldsymbol{A}=(\boldsymbol{\alpha}_1,\boldsymbol{\alpha}_2,\cdots,\boldsymbol{\alpha}_m)$，$\mathrm{R}(\boldsymbol{A})=r$，则 $\boldsymbol{A}$ 中的某个 r 阶子式 $D_r\neq0$.根据定理3.6，由 $D_r\neq0$ 知 D_r 所在的 r 列线性无关；又由 $\boldsymbol{A}$ 中所有 $r+1$ 阶子式均为零，知 $\boldsymbol{A}$ 中任意 $r+1$ 个列向量都线性相关. 因此 D_r 所在的 r 列是 $\boldsymbol{A}$ 的列向量组的一个极大无关组，所以列向量组的秩等于 r.

类似可证矩阵 $\boldsymbol{A}$ 的行向量组的秩也等于 $\mathrm{R}(\boldsymbol{A})$.

今后向量组 $\boldsymbol{\alpha}_1,\boldsymbol{\alpha}_2,\cdots,\boldsymbol{\alpha}_m$ 的秩也记作 $\mathrm{R}(\boldsymbol{\alpha}_1,\boldsymbol{\alpha}_2,\cdots,\boldsymbol{\alpha}_m)$.

从上述证明中可见，若 D_r 是矩阵 $\boldsymbol{A}$ 的一个最高阶非零子式，则 D_r 所在的 r 列即是列向量组的一个极大线性无关组，D_r 所在的 r 行即是行向量组的一个极大线性无关组.

例3.18　求下列向量组的秩及向量组的一个极大无关组，并将向量组的其余向量用其极大无关组线性表示.

$$\boldsymbol{\alpha}_1=\begin{pmatrix}1\\-2\\-1\\0\\2\end{pmatrix},\quad \boldsymbol{\alpha}_2=\begin{pmatrix}1\\-2\\-1\\-3\\3\end{pmatrix},\quad \boldsymbol{\alpha}_3=\begin{pmatrix}2\\-1\\0\\2\\3\end{pmatrix},\quad \boldsymbol{\alpha}_4=\begin{pmatrix}3\\3\\3\\3\\4\end{pmatrix}.$$

解　对向量组所构成的矩阵施行初等行变换变为行阶梯形矩阵，

$$\boldsymbol{A}=(\boldsymbol{\alpha}_1,\boldsymbol{\alpha}_2,\boldsymbol{\alpha}_3,\boldsymbol{\alpha}_4)=\begin{pmatrix}1&1&2&3\\-2&-2&-1&3\\-1&-1&0&3\\0&-3&2&3\\2&3&3&4\end{pmatrix}$$

$$\xrightarrow[\substack{r_3+r_1\\r_5-2r_1}]{r_2+2r_1}\begin{pmatrix}1&1&2&3\\0&0&3&9\\0&0&2&6\\0&-3&2&3\\0&1&-1&-2\end{pmatrix}\xrightarrow[\substack{r_3\times\frac{1}{2}\\r_4+r_3+3r_2\\r_5-3r_3}]{\substack{r_4+3r_5\\r_2\leftrightarrow r_5}}\begin{pmatrix}1&1&2&3\\0&1&-1&-2\\0&0&1&3\\0&0&0&0\\0&0&0&0\end{pmatrix}.$$

由此可见：向量组 $\boldsymbol{\alpha}_1,\boldsymbol{\alpha}_2,\boldsymbol{\alpha}_3,\boldsymbol{\alpha}_4$ 的秩为3，极大线性无关组为 $\boldsymbol{\alpha}_1,\boldsymbol{\alpha}_2,\boldsymbol{\alpha}_3$.

为把 $\boldsymbol{\alpha}_4$ 用 $\boldsymbol{\alpha}_1,\boldsymbol{\alpha}_2,\boldsymbol{\alpha}_3$ 线性表示，把所构成的矩阵继续施行初等行变换变为行最简矩阵，

$$(\boldsymbol{\alpha}_1,\boldsymbol{\alpha}_2,\boldsymbol{\alpha}_3,\boldsymbol{\alpha}_4)\xrightarrow[\substack{r_1-r_2\\r_1-2r_3}]{r_2+r_3}\begin{pmatrix}1&0&0&-4\\0&1&0&1\\0&0&1&3\\0&0&0&0\\0&0&0&0\end{pmatrix}=\boldsymbol{B}.$$

由此可知

$$\boldsymbol{\alpha}_4=-4\boldsymbol{\alpha}_1+\boldsymbol{\alpha}_2+3\boldsymbol{\alpha}_3.$$

本例表明，由向量组所构成的矩阵 $\boldsymbol{A}$ 经过初等行变换变为矩阵 $\boldsymbol{B}$，则 $\boldsymbol{A}$ 和 $\boldsymbol{B}$ 中任何对应的列向量组都有相同的线性相关性.即 $\boldsymbol{A}$ 中任何列向量组之间的线性表示式与 $\boldsymbol{B}$ 中对应的列向量组之间具有相同的线性表示式.

例 3.19 确定向量 $\boldsymbol{\beta}_3=\begin{pmatrix}2\\a\\b\end{pmatrix}$，使向量组 $\boldsymbol{\beta}_1=\begin{pmatrix}1\\1\\0\end{pmatrix}$，$\boldsymbol{\beta}_2=\begin{pmatrix}1\\1\\1\end{pmatrix}$，$\boldsymbol{\beta}_3$ 与向量组 $\boldsymbol{\alpha}_1=\begin{pmatrix}0\\1\\1\end{pmatrix}$，$\boldsymbol{\alpha}_2=\begin{pmatrix}1\\2\\1\end{pmatrix}$，$\boldsymbol{\alpha}_3=\begin{pmatrix}1\\0\\-1\end{pmatrix}$ 的秩相同，且 $\boldsymbol{\beta}_3$ 可由 $\boldsymbol{\alpha}_1,\boldsymbol{\alpha}_2,\boldsymbol{\alpha}_3$ 线性表示.

解 对矩阵 $\boldsymbol{A}=(\boldsymbol{\alpha}_1,\boldsymbol{\alpha}_2,\boldsymbol{\alpha}_3)$ 作初等行变换得

$$\boldsymbol{A}=\begin{pmatrix}0&1&1\\1&2&0\\1&1&-1\end{pmatrix}\xrightarrow[r_2\to r_3]{r_1\to r_3}\begin{pmatrix}1&1&-1\\0&1&1\\1&2&0\end{pmatrix}\xrightarrow[r_3-r_2]{r_3-r_1}\begin{pmatrix}1&1&-1\\0&1&1\\0&0&0\end{pmatrix},$$

知 $\mathrm{R}(\boldsymbol{A})=2$. 对矩阵 $\boldsymbol{B}=(\boldsymbol{\beta}_1,\boldsymbol{\beta}_2,\boldsymbol{\beta}_3)$ 作初等行变换得

$$\boldsymbol{B}=\begin{pmatrix}1&1&2\\1&1&a\\0&1&b\end{pmatrix}\xrightarrow{r_2-r_1}\begin{pmatrix}1&1&2\\0&0&a-2\\0&1&b\end{pmatrix}\xrightarrow{r_2\leftrightarrow r_3}\begin{pmatrix}1&1&2\\0&1&b\\0&0&a-2\end{pmatrix},$$

由 $\mathrm{R}(\boldsymbol{B})=\mathrm{R}(\boldsymbol{A})=2$，可知 $a=2$.

又因为 $\boldsymbol{\beta}_3$ 可由 $\boldsymbol{\alpha}_1,\boldsymbol{\alpha}_2,\boldsymbol{\alpha}_3$ 线性表示，即有 $\mathrm{R}(\boldsymbol{\alpha}_1,\boldsymbol{\alpha}_2,\boldsymbol{\alpha}_3,\boldsymbol{\beta}_3)=\mathrm{R}(\boldsymbol{\alpha}_1,\boldsymbol{\alpha}_2,\boldsymbol{\alpha}_3)=2$，对矩阵 $(\boldsymbol{\alpha}_1,\boldsymbol{\alpha}_2,\boldsymbol{\alpha}_3,\boldsymbol{\beta}_3)$ 作初等行变换，有

$$\begin{pmatrix}0&1&1&2\\1&2&0&2\\1&1&-1&b\end{pmatrix}\xrightarrow{r_3-r_2}\begin{pmatrix}0&1&1&2\\1&2&0&2\\0&-1&-1&b-2\end{pmatrix}\xrightarrow{r_3+r_1}\begin{pmatrix}0&1&1&2\\1&2&0&2\\0&0&0&b\end{pmatrix}$$

$$\xrightarrow{r_1\leftrightarrow r_2}\begin{pmatrix}1&2&0&2\\0&1&1&2\\0&0&0&b\end{pmatrix}.$$

故只有当 $b=0$ 时，才满足要求.

下面研究向量组秩之间的关系.

定理 3.11 若向量组 $A:\boldsymbol{\alpha}_1,\boldsymbol{\alpha}_2,\cdots,\boldsymbol{\alpha}_r$ 可由向量组 $B:\boldsymbol{\beta}_1,\boldsymbol{\beta}_2,\cdots,\boldsymbol{\beta}_s$ 线性表示，且 $\boldsymbol{\alpha}_1,\boldsymbol{\alpha}_2,\cdots,\boldsymbol{\alpha}_r$ 线性无关，则 $r\leqslant s$.

证 设 $\boldsymbol{A}=(\boldsymbol{\alpha}_1,\boldsymbol{\alpha}_2,\cdots,\boldsymbol{\alpha}_r)$，$\boldsymbol{B}=(\boldsymbol{\beta}_1,\boldsymbol{\beta}_2,\cdots,\boldsymbol{\beta}_s)$.因为 $\boldsymbol{A}$ 能由 $\boldsymbol{B}$ 线性表示，由定理 3.9知

$$\mathrm{R}(\boldsymbol{A})\leqslant\mathrm{R}(\boldsymbol{B}).$$

又因为向量组 A 线性无关，故 $\mathrm{R}(\boldsymbol{A})=r$；而 $\mathrm{R}(\boldsymbol{B})\leqslant s$，因此

$$r=\mathrm{R}(\boldsymbol{A})\leqslant\mathrm{R}(\boldsymbol{B})\leqslant s,$$

即 $r\leqslant s$.

推论1 若向量组 $A:\boldsymbol{\alpha}_1,\boldsymbol{\alpha}_2,\cdots,\boldsymbol{\alpha}_r$ 可由向量组 $B:\boldsymbol{\beta}_1,\boldsymbol{\beta}_2,\cdots,\boldsymbol{\beta}_s$ 线性表示，且 $r>s$，则 $\boldsymbol{\alpha}_1,\boldsymbol{\alpha}_2,\cdots,\boldsymbol{\alpha}_r$ 线性相关.

推论2 若 n 维向量组 $A:\boldsymbol{\alpha}_1,\boldsymbol{\alpha}_2,\cdots,\boldsymbol{\alpha}_r$ 与 n 维向量组 $B:\boldsymbol{\beta}_1,\boldsymbol{\beta}_2,\cdots,\boldsymbol{\beta}_s$ 等价，且两个向量组都线性无关，则 $r=s$.

证 因为 A 线性无关且可由 B 线性表示，则 $r\leqslant s$；又 B 线性无关且可由 A 线性表示，则 $s\leqslant r$，于是 $r=s$.

推论3 设 $\boldsymbol{C}_{m\times n}=\boldsymbol{A}_{m\times s}\boldsymbol{B}_{s\times n}$，则 $\mathrm{R}(\boldsymbol{C})\leqslant\mathrm{R}(\boldsymbol{A})$，$\mathrm{R}(\boldsymbol{C})\leqslant\mathrm{R}(\boldsymbol{B})$.

证 设矩阵 $\boldsymbol{C}$ 和 $\boldsymbol{A}$ 用其列向量表示为

$$\boldsymbol{C}=(\boldsymbol{c}_1,\boldsymbol{c}_2,\cdots,\boldsymbol{c}_n),\quad \boldsymbol{A}=(\boldsymbol{a}_1,\boldsymbol{a}_2,\cdots,\boldsymbol{a}_s),\quad 而\quad \boldsymbol{B}=(b_{ij}),$$

由

$$(\boldsymbol{c}_1,\boldsymbol{c}_2,\cdots,\boldsymbol{c}_n)=(\boldsymbol{a}_1,\boldsymbol{a}_2,\cdots,\boldsymbol{a}_s)\begin{pmatrix} b_{11} & \cdots & b_{1n} \\ \vdots & & \vdots \\ b_{s1} & \cdots & b_{sn} \end{pmatrix}$$

知矩阵 $\boldsymbol{C}$ 的列向量组能由 $\boldsymbol{A}$ 的列向量组线性表示，因此 $\mathrm{R}(\boldsymbol{C})\leqslant\mathrm{R}(\boldsymbol{A})$.

因 $\boldsymbol{C}^{\mathrm{T}}=\boldsymbol{B}^{\mathrm{T}}\boldsymbol{A}^{\mathrm{T}}$，由上段证明知 $\mathrm{R}(\boldsymbol{C}^{\mathrm{T}})\leqslant\mathrm{R}(\boldsymbol{B}^{\mathrm{T}})$，即 $\mathrm{R}(\boldsymbol{C})\leqslant\mathrm{R}(\boldsymbol{B})$.

3.4 线性方程组解的结构

在3.1节中，我们已经介绍了利用矩阵的行初等变换求解线性方程组的方法，并建立了两个重要定理，即

(1) n 元齐次线性方程组 $\boldsymbol{Ax}=\boldsymbol{0}$ 有无穷多个解的充分必要条件是其系数矩阵的秩 $\mathrm{R}(\boldsymbol{A})<n$.

(2) n 元非齐次线性方程组 $\boldsymbol{Ax}=\boldsymbol{b}$ 有解的充分必要条件是其系数矩阵的秩等于增广矩阵的秩，且当 $\mathrm{R}(\boldsymbol{A})=\mathrm{R}(\boldsymbol{A},\boldsymbol{b})=n$ 时方程组有唯一解，当 $\mathrm{R}(\boldsymbol{A})=\mathrm{R}(\boldsymbol{A},\boldsymbol{b})=r<n$ 时方程组有无穷多个解.

下面应用向量组线性相关性的理论来讨论齐次和非齐次线性方程组有无穷多解时解的结构及性质，先讨论齐次线性方程组.

3.4.1 齐次线性方程组解的结构

设有齐次线性方程组

$$\begin{cases} a_{11}x_1+a_{12}x_2+\cdots+a_{1n}x_n=0, \\ a_{21}x_1+a_{22}x_2+\cdots+a_{2n}x_n=0, \\ \qquad\qquad\vdots \\ a_{m1}x_1+a_{m2}x_2+\cdots+a_{mn}x_n=0. \end{cases} \tag{3.7}$$

记

$$
\boldsymbol{A}=\begin{pmatrix} a_{11} & a_{12} & \cdots & a_{1n} \\ a_{21} & a_{22} & \cdots & a_{2n} \\ \vdots & \vdots & & \vdots \\ a_{m1} & a_{m2} & \cdots & a_{mn} \end{pmatrix}, \quad \boldsymbol{x}=\begin{pmatrix} x_1 \\ x_2 \\ \vdots \\ x_n \end{pmatrix},
$$

则式(3.7)可写成向量方程

$$
\boldsymbol{A}\boldsymbol{x}=\boldsymbol{0}. \tag{3.8}
$$

若 $x_1=\xi_{11}, x_2=\xi_{21}, \cdots, x_n=\xi_{n1}$ 为式(3.7)的解,则

$$
\boldsymbol{x}=\boldsymbol{\xi}_1=\begin{pmatrix} \xi_{11} \\ \xi_{21} \\ \vdots \\ \xi_{n1} \end{pmatrix}
$$

称为方程组(3.7)的解向量,它也是向量方程(3.8)的解.

根据向量方程(3.8),我们来讨论解向量的性质.

性质 1 若 $\boldsymbol{x}=\boldsymbol{\xi}_1, \boldsymbol{x}=\boldsymbol{\xi}_2$ 是方程(3.8)的解,则 $\boldsymbol{x}=\boldsymbol{\xi}_1+\boldsymbol{\xi}_2$ 也是方程(3.8)的解.

证 只要验证 $\boldsymbol{x}=\boldsymbol{\xi}_1+\boldsymbol{\xi}_2$ 满足方程(3.8)即可.

$$
\boldsymbol{A}(\boldsymbol{\xi}_1+\boldsymbol{\xi}_2)=\boldsymbol{A}\boldsymbol{\xi}_1+\boldsymbol{A}\boldsymbol{\xi}_2=\boldsymbol{0}+\boldsymbol{0}=\boldsymbol{0}.
$$

性质 2 若 $\boldsymbol{x}=\boldsymbol{\xi}_1$ 是方程(3.8)的解,k 为实数,则 $\boldsymbol{x}=k\boldsymbol{\xi}_1$ 也是方程(3.8)的解.

证

$$
\boldsymbol{A}(k\boldsymbol{\xi}_1)=k\boldsymbol{A}\boldsymbol{\xi}_1=k\boldsymbol{0}=\boldsymbol{0}.
$$

推论 如果 $\boldsymbol{x}=\boldsymbol{\xi}_1, \boldsymbol{x}=\boldsymbol{\xi}_2, \cdots, \boldsymbol{x}=\boldsymbol{\xi}_t$ 是方程(3.8)的解,则其线性组合

$$
\boldsymbol{x}=k_1\boldsymbol{\xi}_1+k_2\boldsymbol{\xi}_2+\cdots+k_t\boldsymbol{\xi}_t, \quad k_1, k_2, \cdots, k_t \in \mathbb{R}
$$

也是方程(3.8)的解.

定义 3.8 设 $\boldsymbol{\xi}_1, \boldsymbol{\xi}_2, \cdots, \boldsymbol{\xi}_t$ 是 n 元齐次线性方程组 $\boldsymbol{A}\boldsymbol{x}=\boldsymbol{0}$ 的一组解,若

(1) $\boldsymbol{\xi}_1, \boldsymbol{\xi}_2, \cdots, \boldsymbol{\xi}_t$ 线性无关;

(2) 对齐次线性方程组 $\boldsymbol{A}\boldsymbol{x}=\boldsymbol{0}$ 的任意一个解 $\boldsymbol{\xi}$,都有 $\boldsymbol{\xi}=k_1\boldsymbol{\xi}_1+k_2\boldsymbol{\xi}_2+\cdots+k_t\boldsymbol{\xi}_t$ $(k_1, k_2, \cdots, k_t \in \mathbb{R})$,即齐次线性方程组 $\boldsymbol{A}\boldsymbol{x}=\boldsymbol{0}$ 的任意一个解都能表示成 $\boldsymbol{\xi}_1, \boldsymbol{\xi}_2, \cdots, \boldsymbol{\xi}_t$ 的线性组合,则称 $\boldsymbol{\xi}_1, \boldsymbol{\xi}_2, \cdots, \boldsymbol{\xi}_t$ 为 n 元齐次线性方程组 $\boldsymbol{A}\boldsymbol{x}=\boldsymbol{0}$ 的一个基础解系. 称 $\boldsymbol{\xi}_1, \boldsymbol{\xi}_2, \cdots, \boldsymbol{\xi}_t$ 的线性组合 $\boldsymbol{\xi}=k_1\boldsymbol{\xi}_1+k_2\boldsymbol{\xi}_2+\cdots+k_t\boldsymbol{\xi}_t$ 为 n 元齐次线性方程组 $\boldsymbol{A}\boldsymbol{x}=\boldsymbol{0}$ 的通解.

由此可见,要求 n 元齐次线性方程组 $\boldsymbol{A}\boldsymbol{x}=\boldsymbol{0}$ 的通解,只需求出它的一个基础解系.下面我们介绍求基础解系的方法.

定理 3.12 设齐次线性方程组 $\boldsymbol{A}\boldsymbol{x}=\boldsymbol{0}$ 有 n 个未知量,$\mathrm{R}(\boldsymbol{A})=r<n$,则 $\boldsymbol{A}\boldsymbol{x}=\boldsymbol{0}$ 的基础解系存在,且基础解系中含有 $n-r$ 个解向量.其通解是这 $n-r$ 个解向量的线性组合.

证 不妨设 $\boldsymbol{A}$ 的前 r 个列向量线性无关(或设左上角的 r 阶子式不等于零),于是,$\boldsymbol{A}$ 的行最简形矩阵为

$$
\boldsymbol{B}=\begin{pmatrix}
1 & \cdots & 0 & b_{11} & \cdots & b_{1,n-r} \\
\vdots & & \vdots & \vdots & & \vdots \\
0 & \cdots & 1 & b_{r1} & \cdots & b_{r,n-r} \\
0 & \cdots & \vdots & \vdots & \cdots & 0 \\
\vdots & & \vdots & \vdots & & \vdots \\
0 & \cdots & \vdots & \vdots & \cdots & 0
\end{pmatrix},
$$

与 $\boldsymbol{B}$ 对应的方程组为

$$
\begin{cases}
x_1=-b_{11}x_{r+1}-\cdots-b_{1,n-r}x_n, \\
x_2=-b_{21}x_{r+1}-\cdots-b_{2,n-r}x_n, \\
\quad\vdots \\
x_r=-b_{r1}x_{r+1}-\cdots-b_{r,n-r}x_n.
\end{cases}
\tag{3.9}
$$

其中,$x_{r+1},x_{r+2},\cdots,x_n$ 为自由未知量,令它们依次等于 $c_1,c_2,\cdots,c_{n-r}$,可得方程组(3.7)的通解为

$$
\begin{pmatrix} x_1 \\ \vdots \\ x_r \\ x_{r+1} \\ x_{r+2} \\ \vdots \\ x_n \end{pmatrix}
=c_1\begin{pmatrix} -b_{11} \\ \vdots \\ -b_{r1} \\ 1 \\ 0 \\ \vdots \\ 0 \end{pmatrix}
+c_2\begin{pmatrix} -b_{12} \\ \vdots \\ -b_{r2} \\ 0 \\ 1 \\ \vdots \\ 0 \end{pmatrix}
+\cdots+c_{n-r}\begin{pmatrix} -b_{1,n-r} \\ \vdots \\ -b_{r,n-r} \\ 0 \\ 0 \\ \vdots \\ 1 \end{pmatrix}.
$$

把上式记作

$$
\boldsymbol{x}=c_1\boldsymbol{\xi}_1+c_2\boldsymbol{\xi}_2+\cdots+c_{n-r}\boldsymbol{\xi}_{n-r},
$$

可知解集 S($\boldsymbol{Ax}=\boldsymbol{0}$ 的全体解所组成的集合)中的任一向量 $\boldsymbol{x}$ 能由$\boldsymbol{\xi}_1,\boldsymbol{\xi}_2,\cdots,\boldsymbol{\xi}_{n-r}$线性表示.又因为单位向量组

$$
\begin{pmatrix} 1 \\ 0 \\ \vdots \\ 0 \end{pmatrix},\quad
\begin{pmatrix} 0 \\ 1 \\ \vdots \\ 0 \end{pmatrix},\quad \cdots,\quad
\begin{pmatrix} 0 \\ 0 \\ \vdots \\ 1 \end{pmatrix}
$$

是线性无关的,所以,其增加分量的向量组$\boldsymbol{\xi}_1,\boldsymbol{\xi}_2,\cdots,\boldsymbol{\xi}_{n-r}$也是线性无关的,即$\boldsymbol{\xi}_1,\boldsymbol{\xi}_2,\cdots,\boldsymbol{\xi}_{n-r}$是 $\boldsymbol{Ax}=\boldsymbol{0}$ 的基础解系.

在上面的讨论中,我们是先求出齐次线性方程组的通解,再从通解求得基础解系.当然我们也可先求基础解系,再求通解.这只需在方程组(3.9)中令自由未知量 $x_{r+1},x_{r+2},\cdots,x_n$ 取下列 $n-r$ 组数

$$\begin{pmatrix} x_{r+1} \\ x_{r+2} \\ \vdots \\ x_n \end{pmatrix} = \begin{pmatrix} 1 \\ 0 \\ \vdots \\ 0 \end{pmatrix}, \begin{pmatrix} 0 \\ 1 \\ \vdots \\ 0 \end{pmatrix}, \cdots, \begin{pmatrix} 0 \\ 0 \\ \vdots \\ 1 \end{pmatrix},$$

由方程组(3.9)可得

$$\begin{pmatrix} x_1 \\ \vdots \\ x_r \end{pmatrix} = \begin{pmatrix} -b_{11} \\ \vdots \\ -b_{r1} \end{pmatrix}, \begin{pmatrix} -b_{12} \\ \vdots \\ -b_{r2} \end{pmatrix}, \cdots, \begin{pmatrix} -b_{1,n-r} \\ \vdots \\ -b_{r,n-r} \end{pmatrix},$$

合起来便得基础解系

$$\boldsymbol{\xi}_1 = \begin{pmatrix} -b_{11} \\ \vdots \\ -b_{r1} \\ 1 \\ 0 \\ \vdots \\ 0 \end{pmatrix}, \quad \boldsymbol{\xi}_2 = \begin{pmatrix} -b_{12} \\ \vdots \\ -b_{r2} \\ 0 \\ 1 \\ \vdots \\ 0 \end{pmatrix}, \quad \cdots, \quad \boldsymbol{\xi}_{n-r} = \begin{pmatrix} -b_{1,n-r} \\ \vdots \\ -b_{r,n-r} \\ 0 \\ 0 \\ \vdots \\ 1 \end{pmatrix}.$$

由定理3.12可知,当 $R(\boldsymbol{A})<n$ 时,方程组(3.7)的基础解系含 $n-r$ 个向量.因此,由极大线性无关组的性质可知,方程组(3.7)的任何 $n-r$ 个线性无关的解都可构成它的基础解系,因此齐次线性方程组的基础解系不唯一,它的通解的形式也不唯一.

特别地,当 $R(\boldsymbol{A})=n$ 时,方程组(3.7)只有零解,没有基础解系(此时解集 S 只含一个零向量).

例 3.20 求齐次线性方程组

$$\begin{cases} x_1 - x_2 + 5x_3 - x_4 = 0, \\ x_1 + x_2 - 2x_3 + 3x_4 = 0, \\ 3x_1 - x_2 + 8x_3 + x_4 = 0, \\ x_1 + 3x_2 - 9x_3 + 7x_4 = 0 \end{cases}$$

的基础解系与通解.

解 对系数矩阵 $\boldsymbol{A}$ 进行初等行变换,化为行最简形矩阵,有

$$\boldsymbol{A} = \begin{pmatrix} 1 & -1 & 5 & -1 \\ 1 & 1 & -2 & 3 \\ 3 & -1 & 8 & 1 \\ 1 & 3 & -9 & 7 \end{pmatrix} \xrightarrow[\substack{r_3 - 3r_1 \\ r_4 - r_1}]{r_2 - r_1} \begin{pmatrix} 1 & -1 & 5 & -1 \\ 0 & 2 & -7 & 4 \\ 0 & 2 & -7 & 4 \\ 0 & 4 & -14 & 8 \end{pmatrix}$$

$$\xrightarrow[r_4-2r_2]{r_3-r_2}\begin{pmatrix}1 & -1 & 5 & -1\\ 0 & 2 & -7 & 4\\ 0 & 0 & 0 & 0\\ 0 & 0 & 0 & 0\end{pmatrix}\xrightarrow[r_1+r_2]{r_2\times\frac{1}{2}}\begin{pmatrix}1 & 0 & \frac{3}{2} & 1\\ 0 & 1 & -\frac{7}{2} & 2\\ 0 & 0 & 0 & 0\\ 0 & 0 & 0 & 0\end{pmatrix}.$$

对应方程组为

$$\begin{cases}x_1=-\dfrac{3}{2}x_3-x_4,\\ x_2=\dfrac{7}{2}x_3-2x_4.\end{cases}$$

令$\begin{pmatrix}x_3\\x_4\end{pmatrix}=\begin{pmatrix}1\\0\end{pmatrix},\begin{pmatrix}0\\1\end{pmatrix}$，则$\begin{pmatrix}x_1\\x_2\end{pmatrix}=\begin{pmatrix}-\frac{3}{2}\\ \frac{7}{2}\end{pmatrix},\begin{pmatrix}-1\\-2\end{pmatrix}$，即得基础解系为

$$\boldsymbol{\xi}_1=\begin{pmatrix}-\frac{3}{2}\\ \frac{7}{2}\\ 1\\ 0\end{pmatrix},\quad \boldsymbol{\xi}_2=\begin{pmatrix}-1\\-2\\0\\1\end{pmatrix},$$

通解为

$$\boldsymbol{x}=c_1\begin{pmatrix}-\frac{3}{2}\\ \frac{7}{2}\\ 1\\ 0\end{pmatrix}+c_2\begin{pmatrix}-1\\-2\\0\\1\end{pmatrix},\quad c_1,c_2\in\mathbb{R}.$$

根据方程组$\begin{cases}x_1=-\dfrac{3}{2}x_3-x_4,\\ x_2=\dfrac{7}{2}x_3-2x_4,\end{cases}$如果取$\begin{pmatrix}x_3\\x_4\end{pmatrix}=\begin{pmatrix}2\\0\end{pmatrix},\begin{pmatrix}0\\2\end{pmatrix}$，对应得$\begin{pmatrix}x_1\\x_2\end{pmatrix}=\begin{pmatrix}-3\\7\end{pmatrix},\begin{pmatrix}-2\\-4\end{pmatrix}$，

即得不同的基础解系

$$\boldsymbol{\eta}_1=\begin{pmatrix}-3\\7\\2\\0\end{pmatrix},\quad \boldsymbol{\eta}_2=\begin{pmatrix}-2\\-4\\0\\2\end{pmatrix},$$

从而得通解为

$$\boldsymbol{x}=k_1\begin{pmatrix}-3\\7\\2\\0\end{pmatrix}+k_2\begin{pmatrix}-2\\-4\\0\\2\end{pmatrix},\quad k_1,k_2\in\mathbb{R}.$$

上述两个通解虽然形式不一样,但都含两个任意常数,且都可表示方程组的任一解.

例 3.21 设 $\boldsymbol{A}=\begin{pmatrix}1&2&-3\\4&t&-1\\2&-3&1\end{pmatrix}$,$\boldsymbol{B}$ 为三阶非零矩阵,且 $\boldsymbol{AB}=\boldsymbol{O}$,求 t 的值.

解 由 $\boldsymbol{AB}=\boldsymbol{O}$ 且 $\boldsymbol{B}\neq\boldsymbol{O}$ 可知,齐次线性方程组 $\boldsymbol{Ax}=\boldsymbol{0}$ 有非零解,故 $\mathrm{R}(\boldsymbol{A})<3$,即 $|\boldsymbol{A}|=0$.而

$$|\boldsymbol{A}|=\begin{vmatrix}1&2&-3\\4&t&-1\\2&-3&1\end{vmatrix}=7t+21,$$

由此可得

$$t=-3.$$

例 3.22 设齐次线性方程组 $\boldsymbol{Ax}=\boldsymbol{0}$,其中 $\boldsymbol{A}=\begin{pmatrix}-1&0&1\\k&0&l\\1&0&-1\end{pmatrix}$,问 k 和 l 满足什么关系时,齐次线性方程组的基础解系含有两个解向量.

解 要使齐次线性方程组的基础解系含有两个解向量,则对应的系数矩阵的秩必须为1,因此先对系数矩阵 $\boldsymbol{A}$ 进行初等行变换.

$$\boldsymbol{A}=\begin{pmatrix}-1&0&1\\k&0&l\\1&0&-1\end{pmatrix}\xrightarrow[r_3+r_1]{r_2+r_1\times k}\begin{pmatrix}-1&0&1\\0&0&l+k\\0&0&0\end{pmatrix}.$$

当 $l+k=0$ 时,$\mathrm{R}(\boldsymbol{A})=1$,符合要求.

例 3.23 若 $\boldsymbol{A},\boldsymbol{B}$ 均为 n 阶方阵,$\boldsymbol{AB}=\boldsymbol{O}$,则 $\mathrm{R}(\boldsymbol{A})+\mathrm{R}(\boldsymbol{B})\leqslant n$.

证 设矩阵 $\boldsymbol{B}$ 的列向量为 $\boldsymbol{\beta}_1,\boldsymbol{\beta}_2,\cdots,\boldsymbol{\beta}_n$,则

$$\boldsymbol{AB}=(\boldsymbol{A}\boldsymbol{\beta}_1,\boldsymbol{A}\boldsymbol{\beta}_2,\cdots,\boldsymbol{A}\boldsymbol{\beta}_n)=(\boldsymbol{0},\boldsymbol{0},\cdots,\boldsymbol{0}),$$

于是 $\boldsymbol{A}\boldsymbol{\beta}_j=\boldsymbol{0}(j=1,2,\cdots,n)$,即 $\boldsymbol{B}$ 的列向量 $\boldsymbol{\beta}_1,\boldsymbol{\beta}_2,\cdots,\boldsymbol{\beta}_n$ 是齐次线性方程组 $\boldsymbol{AX}=\boldsymbol{0}$ 的解向量.

设 $\mathrm{R}(\boldsymbol{A})=r$,则齐次线性方程组 $\boldsymbol{AX}=\boldsymbol{0}$ 的基础解系含有 $n-r$ 个解向量,于是 $\mathrm{R}(\boldsymbol{\beta}_1,\boldsymbol{\beta}_2,\cdots,\boldsymbol{\beta}_n)\leqslant n-r$,即 $\mathrm{R}(\boldsymbol{B})\leqslant n-r$,于是 $\mathrm{R}(\boldsymbol{A})+\mathrm{R}(\boldsymbol{B})\leqslant n$.

3.4.2 非齐次线性方程组解的结构

设非齐次线性方程组

$$\begin{cases} a_{11}x_1 + a_{12}x_2 + \cdots + a_{1n}x_n = b_1, \\ a_{21}x_1 + a_{22}x_2 + \cdots + a_{2n}x_n = b_2, \\ \qquad \vdots \\ a_{m1}x_1 + a_{m2}x_2 + \cdots + a_{mn}x_n = b_m. \end{cases} \tag{3.10}$$

它也可写作向量方程

$$\boldsymbol{A}\boldsymbol{x} = \boldsymbol{b}, \tag{3.11}$$

称与之具有相同系数矩阵的方程组 $\boldsymbol{A}\boldsymbol{x}=\boldsymbol{0}$ 为其对应(导出)的齐次线性方程组.

向量方程(3.11)的解也就是方程组(3.10)的解向量,它具有如下性质:

性质3 设 $\boldsymbol{x}=\boldsymbol{\eta}_1$,$\boldsymbol{x}=\boldsymbol{\eta}_2$ 都是方程组(3.11)的解,则 $\boldsymbol{x}=\boldsymbol{\eta}_1-\boldsymbol{\eta}_2$ 为其对应的齐次线性方程组

$$\boldsymbol{A}\boldsymbol{x} = \boldsymbol{0} \tag{3.12}$$

的解.

证 $\boldsymbol{A}(\boldsymbol{\eta}_1-\boldsymbol{\eta}_2)=\boldsymbol{A}\boldsymbol{\eta}_1-\boldsymbol{A}\boldsymbol{\eta}_2=\boldsymbol{b}-\boldsymbol{b}=\boldsymbol{0}$,

即 $\boldsymbol{x}=\boldsymbol{\eta}_1-\boldsymbol{\eta}_2$ 满足方程(3.12).

性质4 设 $\boldsymbol{x}=\boldsymbol{\eta}$ 是方程组(3.11)的解,$\boldsymbol{x}=\boldsymbol{\xi}$ 是方程组(3.12)的解,则 $\boldsymbol{x}=\boldsymbol{\xi}+\boldsymbol{\eta}$ 仍是方程(3.11)的解.

证 $\boldsymbol{A}(\boldsymbol{\xi}+\boldsymbol{\eta})=\boldsymbol{A}\boldsymbol{\xi}+\boldsymbol{A}\boldsymbol{\eta}=\boldsymbol{0}+\boldsymbol{b}=\boldsymbol{b}$,

即 $\boldsymbol{x}=\boldsymbol{\xi}+\boldsymbol{\eta}$ 满足方程(3.11).

下面介绍求非齐次线性方程组 $\boldsymbol{A}\boldsymbol{x}=\boldsymbol{b}$ 的通解的方法.

由性质4可知,若求得 $\boldsymbol{A}\boldsymbol{x}=\boldsymbol{b}$ 的一个解 $\boldsymbol{x}=\boldsymbol{\eta}^*$,则其任一解总可表示为

$$\boldsymbol{x}=\boldsymbol{\xi}+\boldsymbol{\eta}^*,$$

其中 $\boldsymbol{x}=\boldsymbol{\xi}$ 为对应的齐次线性方程 $\boldsymbol{A}\boldsymbol{x}=\boldsymbol{0}$ 的解.又若 $\boldsymbol{A}\boldsymbol{x}=\boldsymbol{0}$ 的通解为

$$\boldsymbol{\xi}=c_1\boldsymbol{\xi}_1+c_2\boldsymbol{\xi}_2+\cdots+c_{n-r}\boldsymbol{\xi}_{n-r},$$

则 $\boldsymbol{A}\boldsymbol{x}=\boldsymbol{b}$ 的任一解总可表示为

$$\boldsymbol{x}=c_1\boldsymbol{\xi}_1+c_2\boldsymbol{\xi}_2+\cdots+c_{n-r}\boldsymbol{\xi}_{n-r}+\boldsymbol{\eta}^*.$$

由性质4可知,对任何实数 $c_1,c_2,\cdots,c_{n-r}$,上式总是 $\boldsymbol{A}\boldsymbol{x}=\boldsymbol{b}$ 的解,于是方程 $\boldsymbol{A}\boldsymbol{x}=\boldsymbol{b}$ 的通解为

$$\boldsymbol{x}=c_1\boldsymbol{\xi}_1+c_2\boldsymbol{\xi}_2+\cdots+c_{n-r}\boldsymbol{\xi}_{n-r}+\boldsymbol{\eta}^*,\quad c_1,c_2,\cdots,c_{n-r}\in\mathbb{R},$$

其中,$\boldsymbol{\xi}_1,\boldsymbol{\xi}_2,\cdots,\boldsymbol{\xi}_{n-r}$ 为方程组 $\boldsymbol{A}\boldsymbol{x}=\boldsymbol{0}$ 的基础解系.

例3.24 求解非齐次线性方程组

$$\begin{cases} x_1+2x_2+2x_3=2, \\ x_1+3x_2+4x_3-2x_4=3, \\ x_1+x_2+2x_4=1. \end{cases}$$

解 对增广矩阵 $\boldsymbol{B}$ 施行初等行变换,化为行最简形矩阵,有

$$\boldsymbol{B}=\begin{pmatrix}1&2&2&0&2\\1&3&4&-2&3\\1&1&0&2&1\end{pmatrix}\xrightarrow[r_3-r_1]{r_2-r_1}\begin{pmatrix}1&2&2&0&2\\0&1&2&-2&1\\0&-1&-2&2&-1\end{pmatrix}$$

$$\xrightarrow[r_1-2r_2]{r_3+r_2}\begin{pmatrix}1&0&-2&4&0\\0&1&2&-2&1\\0&0&0&0&0\end{pmatrix},$$

可见 $\mathrm{R}(\boldsymbol{A})=\mathrm{R}(\boldsymbol{B})=2$,故方程组有解,并有

$$\begin{cases}x_1=2x_3-4x_4,\\x_2=-2x_3+2x_4+1.\end{cases}$$

取 $x_3=x_4=0$,则 $x_1=0,x_2=1$,即得方程组的一个特解为

$$\boldsymbol{\eta}^*=\begin{pmatrix}0\\1\\0\\0\end{pmatrix}.$$

在对应的齐次线性方程组 $\begin{cases}x_1=2x_3-4x_4,\\x_2=-2x_3+2x_4\end{cases}$ 中,取

$$\begin{pmatrix}x_3\\x_4\end{pmatrix}=\begin{pmatrix}1\\0\end{pmatrix},\begin{pmatrix}0\\1\end{pmatrix},\quad 则\quad \begin{pmatrix}x_1\\x_2\end{pmatrix}=\begin{pmatrix}2\\-2\end{pmatrix},\begin{pmatrix}-4\\2\end{pmatrix},$$

即得对应的齐次线性方程组的基础解系为

$$\boldsymbol{\xi}_1=\begin{pmatrix}2\\-2\\1\\0\end{pmatrix},\quad \boldsymbol{\xi}_2=\begin{pmatrix}-4\\2\\0\\1\end{pmatrix},$$

于是所求通解为

$$\begin{pmatrix}x_1\\x_2\\x_3\\x_4\end{pmatrix}=c_1\begin{pmatrix}2\\-2\\1\\0\end{pmatrix}+c_2\begin{pmatrix}-4\\2\\0\\1\end{pmatrix}+\begin{pmatrix}0\\1\\0\\0\end{pmatrix},\quad c_1,c_2\in\mathbb{R}.$$

例 3.25 设 4 元非齐次线性方程组的系数矩阵的秩为 3,$\boldsymbol{\eta}_1,\boldsymbol{\eta}_2,\boldsymbol{\eta}_3$ 是它的 3 个解向量,且

$$\boldsymbol{\eta}_1=\begin{pmatrix}3\\-4\\1\\2\end{pmatrix},\quad \boldsymbol{\eta}_2+\boldsymbol{\eta}_3=\begin{pmatrix}4\\6\\8\\0\end{pmatrix}$$

求该方程组的通解.

解 设4元非齐次线性方程组为 $\boldsymbol{Ax}=\boldsymbol{b}$，由于未知量个数为4，而 $\mathrm{R}(\boldsymbol{A})=3$，故对应的齐次线性方程组 $\boldsymbol{Ax}=\boldsymbol{0}$ 的基础解系中只含 $4-3=1$ 个解向量.

由于 $\boldsymbol{\eta}_1-\boldsymbol{\eta}_2,\boldsymbol{\eta}_1-\boldsymbol{\eta}_3$ 都是 $\boldsymbol{Ax}=\boldsymbol{0}$ 的解，所以

$$(\boldsymbol{\eta}_1-\boldsymbol{\eta}_2)+(\boldsymbol{\eta}_1-\boldsymbol{\eta}_3)=2\boldsymbol{\eta}_1-(\boldsymbol{\eta}_2+\boldsymbol{\eta}_3)=\begin{pmatrix}2\\-14\\-6\\4\end{pmatrix}$$

是导出组 $\boldsymbol{Ax}=\boldsymbol{0}$ 的非零解，可作为它的基础解系，故 $\boldsymbol{Ax}=\boldsymbol{b}$ 的通解为

$$x=\begin{pmatrix}3\\-4\\1\\2\end{pmatrix}+k\begin{pmatrix}2\\-14\\-6\\4\end{pmatrix},\quad k\in\mathbb{R}.$$

习 题 3

1. 填空题

(1) 已知 $\boldsymbol{\alpha}=\begin{pmatrix}3\\5\\7\\9\end{pmatrix},\boldsymbol{\beta}=\begin{pmatrix}-1\\5\\2\\0\end{pmatrix}$. $\boldsymbol{x}$ 满足 $2\boldsymbol{\alpha}+3\boldsymbol{x}=\boldsymbol{\beta}$ 时，则 $\boldsymbol{x}=$________.

(2) 若 $\boldsymbol{\beta}=\begin{pmatrix}5\\4\\-4\end{pmatrix}$ 可由 $\boldsymbol{\alpha}_1=\begin{pmatrix}-1\\0\\1\end{pmatrix},\boldsymbol{\alpha}_2=\begin{pmatrix}3\\4\\-2\end{pmatrix},\boldsymbol{\alpha}_3=\begin{pmatrix}1\\4\\1\end{pmatrix}$ 线性表示，则 $\boldsymbol{\beta}=$________.

(3) 设 $\boldsymbol{\alpha}_1,\boldsymbol{\alpha}_2,\boldsymbol{\alpha}_3$ 均为三维列向量，记矩阵 $\boldsymbol{A}=(\boldsymbol{\alpha}_1,\boldsymbol{\alpha}_2,\boldsymbol{\alpha}_3)$，$\boldsymbol{B}=(\boldsymbol{\alpha}_1+\boldsymbol{\alpha}_2+\boldsymbol{\alpha}_3,\boldsymbol{\alpha}_1+2\boldsymbol{\alpha}_2+4\boldsymbol{\alpha}_3,\boldsymbol{\alpha}_1+3\boldsymbol{\alpha}_2+9\boldsymbol{\alpha}_3)$，如果 $|\boldsymbol{A}|=1$，则 $|\boldsymbol{B}|=$________.

(4) 若向量组 $\boldsymbol{\alpha}_1,\boldsymbol{\alpha}_2,\boldsymbol{\alpha}_3,\boldsymbol{\alpha}_4$ 线性无关，则向量组 $\boldsymbol{\alpha}_1+\boldsymbol{\alpha}_2,\boldsymbol{\alpha}_2+\boldsymbol{\alpha}_3,\boldsymbol{\alpha}_3+\boldsymbol{\alpha}_4,\boldsymbol{\alpha}_4+\boldsymbol{\alpha}_1$ 线性________.

(5) 向量组 $\boldsymbol{\alpha}_1=\begin{pmatrix}1\\1\\0\end{pmatrix},\boldsymbol{\alpha}_2=\begin{pmatrix}2\\0\\1\end{pmatrix},\boldsymbol{\alpha}_3=\begin{pmatrix}2\\5\\t\end{pmatrix}$，当 $t=$________时，$\boldsymbol{\alpha}_3$ 可由 $\boldsymbol{\alpha}_1,\boldsymbol{\alpha}_2$ 线性表示.

(6) 设向量组 $\boldsymbol{\alpha}_1,\boldsymbol{\alpha}_2,\boldsymbol{\alpha}_3$ 线性无关，则常数 l,m 满足________时，向量组 $l\boldsymbol{\alpha}_2-\boldsymbol{\alpha}_1,m\boldsymbol{\alpha}_3-\boldsymbol{\alpha}_2,\boldsymbol{\alpha}_1-\boldsymbol{\alpha}_3$ 线性无关.

(7) 4元方程组 $\boldsymbol{A}\boldsymbol{x}=\boldsymbol{b}$ 中 $\mathrm{R}(\boldsymbol{A})=3$，$\boldsymbol{\alpha}_1,\boldsymbol{\alpha}_2,\boldsymbol{\alpha}_3$ 是它的3个解.其中 $\boldsymbol{\alpha}_1=\begin{pmatrix}2\\0\\3\\2\end{pmatrix}$，$2\boldsymbol{\alpha}_2+3\boldsymbol{\alpha}_3=\begin{pmatrix}5\\8\\8\\4\end{pmatrix}$，则方程组 $\boldsymbol{A}\boldsymbol{x}=\boldsymbol{b}$ 的通解为________.

(8) 线性方程组 $\begin{cases}2x_1-4x_3+6x_4=0,\\3x_2+6x_3-9x_4=0\end{cases}$ 的基础解系为________.

(9) 已知 $\boldsymbol{\alpha}_1,\boldsymbol{\alpha}_2,\cdots,\boldsymbol{\alpha}_t$ 是方程组 $\boldsymbol{A}\boldsymbol{x}=\boldsymbol{b}$ 的解，如果 $c_1\boldsymbol{\alpha}_1+c_2\boldsymbol{\alpha}_2+\cdots+c_t\boldsymbol{\alpha}_t$ 仍是 $\boldsymbol{A}\boldsymbol{x}=\boldsymbol{b}$ 的解，则 $c_1+c_2+\cdots+c_t=$________.

(10) 设 $\boldsymbol{A}$ 是 n 阶方阵，若对任意 n 维向量 $\boldsymbol{x}=\begin{pmatrix}x_1\\x_2\\\vdots\\x_n\end{pmatrix}$，都有 $\boldsymbol{A}\boldsymbol{x}=\boldsymbol{0}$，则矩阵 $\boldsymbol{A}=$________.

(11) 已知矩阵，$\boldsymbol{A}=\begin{pmatrix}1&0&-1\\1&1&-1\\0&1&a^2-1\end{pmatrix}$，$\boldsymbol{b}=\begin{pmatrix}0\\1\\a\end{pmatrix}$，若线性方程组 $\boldsymbol{A}\boldsymbol{x}=\boldsymbol{b}$ 有无穷多解，则 $a=$________.

2. 选择题

(1) 齐次线性方程组 $\boldsymbol{A}\boldsymbol{x}=\boldsymbol{0}$($\boldsymbol{A}$ 为 $m\times n$ 矩阵)仅有零解的充分必要条件是(　　).

A. $\boldsymbol{A}$ 的列向量组线性相关　　B. $\boldsymbol{A}$ 的列向量组线性无关

C. $\boldsymbol{A}$ 的行向量组线性相关　　D. $\boldsymbol{A}$ 的行向量组线性无关

(2) 已知 n 元线性方程组 $\boldsymbol{A}\boldsymbol{x}=\boldsymbol{b}$，系数阵的秩 $\mathrm{R}(\boldsymbol{A})=n-2$，$\boldsymbol{\alpha}_1,\boldsymbol{\alpha}_2,\boldsymbol{\alpha}_3$ 是方程组线性无关的解，则方程组的通解为(　　).(c_1,c_2 为任意常数)

A. $c_1(\boldsymbol{\alpha}_1-\boldsymbol{\alpha}_2)+c_2(\boldsymbol{\alpha}_2+\boldsymbol{\alpha}_1)+\boldsymbol{\alpha}_1$　　B. $c_1(\boldsymbol{\alpha}_1-\boldsymbol{\alpha}_3)+c_2(\boldsymbol{\alpha}_2+\boldsymbol{\alpha}_3)+\boldsymbol{\alpha}_3$

C. $c_1(\boldsymbol{\alpha}_2-\boldsymbol{\alpha}_3)+c_2(\boldsymbol{\alpha}_3+\boldsymbol{\alpha}_2)+\boldsymbol{\alpha}_2$　　D. $c_1(\boldsymbol{\alpha}_2-\boldsymbol{\alpha}_3)+c_2(\boldsymbol{\alpha}_2-\boldsymbol{\alpha}_1)+\boldsymbol{\alpha}_3$

(3) 设向量组 $\boldsymbol{\alpha}_1,\boldsymbol{\alpha}_2,\boldsymbol{\alpha}_3$ 线性相关，$\boldsymbol{\alpha}_2,\boldsymbol{\alpha}_3,\boldsymbol{\alpha}_4$ 线性无关，则(　　).

A. 向量组 $\boldsymbol{\alpha}_1,\boldsymbol{\alpha}_2,\boldsymbol{\alpha}_3,\boldsymbol{\alpha}_4$ 中，$\boldsymbol{\alpha}_1$ 一定可以由其余向量线性表示

B. 向量组 $\boldsymbol{\alpha}_1,\boldsymbol{\alpha}_2,\boldsymbol{\alpha}_3,\boldsymbol{\alpha}_4$ 中，$\boldsymbol{\alpha}_2$ 一定可以由其余向量线性表示

C. 向量组 $\boldsymbol{\alpha}_1,\boldsymbol{\alpha}_2,\boldsymbol{\alpha}_3,\boldsymbol{\alpha}_4$ 中，$\boldsymbol{\alpha}_3$ 一定可以由其余向量线性表示

D. 向量组 $\boldsymbol{\alpha}_1,\boldsymbol{\alpha}_2,\boldsymbol{\alpha}_3,\boldsymbol{\alpha}_4$ 中，$\boldsymbol{\alpha}_4$ 一定可以由其余向量线性表示

(4) 下列叙述正确的是(　　).

A. 若两个向量组的秩相等,则此向量组等价

B. 若向量组$\boldsymbol{\alpha}_1,\boldsymbol{\alpha}_2,\cdots,\boldsymbol{\alpha}_s$可由$\boldsymbol{\beta}_1,\boldsymbol{\beta}_2,\cdots,\boldsymbol{\beta}_t$线性表示,则必有$s<t$

C. 若齐次方程组$\boldsymbol{Ax}=\boldsymbol{0},\boldsymbol{Bx}=\boldsymbol{0}$同解,则矩阵$\boldsymbol{A}$与$\boldsymbol{B}$的行向量组等价

D. 若向量组$\boldsymbol{\alpha}_1,\boldsymbol{\alpha}_2,\cdots,\boldsymbol{\alpha}_s$与$\boldsymbol{\alpha}_2,\cdots,\boldsymbol{\alpha}_s$均线性相关,则$\boldsymbol{\alpha}_1$必不可由$\boldsymbol{\alpha}_2,\cdots,\boldsymbol{\alpha}_s$线性表示

(5) 设矩阵$\boldsymbol{A}=\begin{pmatrix}1&2&1&2\\0&1&t&t\\1&t&0&1\end{pmatrix}$,齐次线性方程组$\boldsymbol{Ax}=\boldsymbol{0}$的基础解系含有两个线性无关的解向量,则参数$t$为(　　).

A. -1　　B. 0　　C. $t\in\mathbb{R}$　　D. 1

(6) 设矩阵$\boldsymbol{A},\boldsymbol{B},\boldsymbol{C}$均为$n$阶矩阵,若$\boldsymbol{AB}=\boldsymbol{C}$,且$\boldsymbol{B}$可逆,则(　　).

A. 矩阵$\boldsymbol{C}$的行向量组与矩阵$\boldsymbol{A}$的行向量组等价

B. 矩阵$\boldsymbol{C}$的列向量组与矩阵$\boldsymbol{A}$的列向量组等价

C. 矩阵$\boldsymbol{C}$的行向量组与矩阵$\boldsymbol{B}$的行向量组等价

D. 矩阵$\boldsymbol{C}$的列向量组与矩阵$\boldsymbol{B}$的列向量组等价

(7) 已知方程组$\begin{pmatrix}1&2&1\\2&3&a+2\\1&a&-2\end{pmatrix}\begin{pmatrix}x_1\\x_2\\x_3\end{pmatrix}=\begin{pmatrix}1\\3\\0\end{pmatrix}$无解,则$a=$(　　).

A. -1　　B. 0　　C. 2　　D. 1

(8) 设向量组$\boldsymbol{\alpha}_1,\boldsymbol{\alpha}_2,\cdots,\boldsymbol{\alpha}_s$的秩为$r_1$,向量组$\boldsymbol{\beta}_1,\boldsymbol{\beta}_2,\cdots,\boldsymbol{\beta}_t$的秩为$r_2$,且向量组$\boldsymbol{\alpha}_1,\boldsymbol{\alpha}_2,\cdots,\boldsymbol{\alpha}_s$可由向量组$\boldsymbol{\beta}_1,\boldsymbol{\beta}_2,\cdots,\boldsymbol{\beta}_t$线性表示,则(　　).

A. $r_1\geqslant r_2$　　B. $r_1=r_2$　　C. $r_1\leqslant r_2$　　D. $r_1<r_2$

(9) 设$\boldsymbol{A},\boldsymbol{B}$为满足$\boldsymbol{AB}=\boldsymbol{O}$的任意两个非零矩阵,则必有(　　).

A. $\boldsymbol{A}$的列向量组线性相关,$\boldsymbol{B}$的行向量组线性相关

B. $\boldsymbol{A}$的列向量组线性相关,$\boldsymbol{B}$的列向量组线性相关

C. $\boldsymbol{A}$的行向量组线性相关,$\boldsymbol{B}$的行向量组线性相关

D. $\boldsymbol{A}$的行向量组线性相关,$\boldsymbol{B}$的列向量组线性相关

(10) 已知向量组$\boldsymbol{\alpha}_1=(1,2,3,4),\boldsymbol{\alpha}_2=(2,3,4,5),\boldsymbol{\alpha}_3=(3,4,5,6),\boldsymbol{\alpha}_4=(4,5,6,t)$,且$\mathrm{R}(\boldsymbol{\alpha}_1,\boldsymbol{\alpha}_2,\boldsymbol{\alpha}_3,\boldsymbol{\alpha}_4)=2$,则$t=$(　　).

A. -1　　B. 1　　C. -7　　D. 7

(11) 设三阶矩阵$\boldsymbol{A}=(\boldsymbol{\alpha}_1,\boldsymbol{\alpha}_2,\boldsymbol{\alpha}_3),\boldsymbol{B}=(\boldsymbol{\beta}_1,\boldsymbol{\beta}_2,\boldsymbol{\beta}_3)$,若向量组$\boldsymbol{\alpha}_1,\boldsymbol{\alpha}_2,\boldsymbol{\alpha}_3$可以由向量组$\boldsymbol{\beta}_1,\boldsymbol{\beta}_2,\boldsymbol{\beta}_3$线性表示,则(　　).

A. $\boldsymbol{Ax}=\boldsymbol{0}$的解均为$\boldsymbol{Bx}=\boldsymbol{0}$的解　　B. $\boldsymbol{A}^{\mathrm{T}}\boldsymbol{x}=\boldsymbol{0}$的解均为$\boldsymbol{B}^{\mathrm{T}}\boldsymbol{x}=\boldsymbol{0}$的解

C. $\boldsymbol{Bx}=\boldsymbol{0}$的解均为$\boldsymbol{Ax}=\boldsymbol{0}$的解　　D. $\boldsymbol{B}^{\mathrm{T}}\boldsymbol{x}=\boldsymbol{0}$的解均为$\boldsymbol{A}^{\mathrm{T}}\boldsymbol{x}=\boldsymbol{0}$的解

3. 用高斯消元法解下列线性方程组:

(1) $\begin{cases} x_1+2x_2-x_3+2x_4=1, \\ 2x_1+4x_2+x_3+x_4=5, \\ -x_1-2x_2-2x_3+x_4=-4; \end{cases}$
(2) $\begin{cases} x_1-2x_2+x_3+x_4=1, \\ x_1-2x_2+x_3-x_4=-1, \\ 2x_1-4x_2+2x_3+3x_4=2; \end{cases}$

(3) $\begin{cases} x_1+2x_2-x_4=-1, \\ -x_1-4x_2+x_3+2x_4=3, \\ x_1-4x_2+3x_3+x_4=1, \\ 2x_1-10x_2+7x_3+3x_4=4; \end{cases}$
(4) $\begin{cases} x_1-2x_2+3x_3-4x_4=0, \\ x_2-x_3+x_4=0, \\ 2x_1+x_2+3x_3-7x_4=0, \\ x_1-4x_2+3x_3-3x_4=0. \end{cases}$

4. 讨论 a,b 取何值时,下述非齐次线性方程组无解,有唯一解,有无穷多解?

$$\begin{cases} x_1+x_3=2, \\ x_1+2x_2-x_3=0, \\ 2x_1+x_2-ax_3=b. \end{cases}$$

5. 当 a,b 取何值时,下述非齐次线性方程组有解,并在有解时求出它的全部解.

$$\begin{cases} x_1+2x_2+x_3+x_4+x_5=1, \\ 3x_1+4x_2+x_3+x_4+3x_5=a, \\ x_1-x_3-x_4+x_5=-2, \\ 5x_1+4x_2-x_3-x_4+5x_5=b. \end{cases}$$

6. 设$(\boldsymbol{\alpha}_1-\boldsymbol{\alpha})+2(\boldsymbol{\alpha}_2+\boldsymbol{\alpha})=5(\boldsymbol{\alpha}_3+\boldsymbol{\alpha})$,求$\boldsymbol{\alpha}$.其中$\boldsymbol{\alpha}_1=\begin{pmatrix}2\\5\\1\\3\end{pmatrix}$,$\boldsymbol{\alpha}_2=\begin{pmatrix}10\\1\\5\\10\end{pmatrix}$,$\boldsymbol{\alpha}_3=\begin{pmatrix}4\\1\\-1\\1\end{pmatrix}$.

7. 判断下列向量组的线性相关性:

(1) $\boldsymbol{\alpha}_1=\begin{pmatrix}3\\1\\5\end{pmatrix}$,$\boldsymbol{\alpha}_2=\begin{pmatrix}1\\0\\2\end{pmatrix}$,$\boldsymbol{\alpha}_3=\begin{pmatrix}1\\1\\7\end{pmatrix}$,$\boldsymbol{\alpha}_4=\begin{pmatrix}4\\1\\0\end{pmatrix}$;

(2) $\boldsymbol{\beta}_1=\begin{pmatrix}1\\2\\1\\3\\3\end{pmatrix}$,$\boldsymbol{\beta}_2=\begin{pmatrix}0\\1\\4\\3\\0\end{pmatrix}$,$\boldsymbol{\beta}_3=\begin{pmatrix}0\\0\\2\\1\\-1\end{pmatrix}$;

(3) $\boldsymbol{\gamma}_1=\begin{pmatrix}1\\2\\1\\1\end{pmatrix}$,$\boldsymbol{\gamma}_2=\begin{pmatrix}1\\0\\1\\1\end{pmatrix}$,$\boldsymbol{\gamma}_3=\begin{pmatrix}0\\1\\-1\\0\end{pmatrix}$,$\boldsymbol{\gamma}_4=\begin{pmatrix}1\\1\\1\\1\end{pmatrix}$.

8. 设$\boldsymbol{\alpha}_1=\begin{pmatrix}1\\1\\-1\end{pmatrix}$,$\boldsymbol{\alpha}_2=\begin{pmatrix}-1\\0\\1\end{pmatrix}$,$\boldsymbol{\alpha}_3=\begin{pmatrix}2\\2\\t\end{pmatrix}$.

(1) t 为何值时,$\boldsymbol{\alpha}_1,\boldsymbol{\alpha}_2,\boldsymbol{\alpha}_3$线性相关?

(2) t 为何值时,$\boldsymbol{\alpha}_1,\boldsymbol{\alpha}_2,\boldsymbol{\alpha}_3$线性无关?

(3) 当$\boldsymbol{\alpha}_1,\boldsymbol{\alpha}_2,\boldsymbol{\alpha}_3$线性相关时,将$\boldsymbol{\alpha}_3$表示为$\boldsymbol{\alpha}_1,\boldsymbol{\alpha}_2$的线性组合.

9. 求下列向量组的秩及向量组的一个极大线性无关组,并将向量组的其余向量用其极大线性无关组线性表示:

(1) $\boldsymbol{\alpha}_1=\begin{pmatrix}1\\-2\\5\\-3\end{pmatrix}$,$\boldsymbol{\alpha}_2=\begin{pmatrix}4\\-1\\-2\\3\end{pmatrix}$,$\boldsymbol{\alpha}_3=\begin{pmatrix}5\\4\\-19\\15\end{pmatrix}$,$\boldsymbol{\alpha}_4=\begin{pmatrix}-10\\-1\\16\\-15\end{pmatrix}$;

(2) $\boldsymbol{\alpha}_1=\begin{pmatrix}2\\1\\3\\-1\end{pmatrix}$,$\boldsymbol{\alpha}_2=\begin{pmatrix}3\\-1\\2\\0\end{pmatrix}$,$\boldsymbol{\alpha}_3=\begin{pmatrix}1\\3\\4\\-2\end{pmatrix}$,$\boldsymbol{\alpha}_4=\begin{pmatrix}4\\-3\\1\\1\end{pmatrix}$.

10. 设向量组

$$\begin{pmatrix}1\\2\\1\end{pmatrix},\begin{pmatrix}2\\3\\1\end{pmatrix},\begin{pmatrix}a\\3\\1\end{pmatrix},\begin{pmatrix}2\\b\\3\end{pmatrix}$$

的秩为 2,求 a,b.

11. 设 $\boldsymbol{\beta}_1=2\boldsymbol{\alpha}_1+\boldsymbol{\alpha}_2,\boldsymbol{\beta}_2=\boldsymbol{\alpha}_2+5\boldsymbol{\alpha}_3,\boldsymbol{\beta}_3=4\boldsymbol{\alpha}_3+3\boldsymbol{\alpha}_1$,且向量组 $\boldsymbol{\alpha}_1,\boldsymbol{\alpha}_2,\boldsymbol{\alpha}_3$线性无关,试证明向量组 $\boldsymbol{\beta}_1,\boldsymbol{\beta}_2,\boldsymbol{\beta}_3$线性无关.

12. 设$\boldsymbol{\alpha}_1,\boldsymbol{\alpha}_2,\cdots,\boldsymbol{\alpha}_n$是 n 维向量组,已知 n 维单位坐标向量组$\boldsymbol{e}_1,\boldsymbol{e}_2,\cdots,\boldsymbol{e}_n$ 可由它们线性表示,证明$\boldsymbol{\alpha}_1,\boldsymbol{\alpha}_2,\cdots,\boldsymbol{\alpha}_n$线性无关.

13. 设向量组$\boldsymbol{\alpha}_1,\boldsymbol{\alpha}_2,\cdots,\boldsymbol{\alpha}_r$线性无关,若向量组$\boldsymbol{\beta}_1,\boldsymbol{\beta}_2,\cdots,\boldsymbol{\beta}_s$中每个向量都可由向量组$\boldsymbol{\alpha}_1,\boldsymbol{\alpha}_2,\cdots,\boldsymbol{\alpha}_r$线性表示,且 $s>r$,则$\boldsymbol{\beta}_1,\boldsymbol{\beta}_2,\cdots,\boldsymbol{\beta}_s$线性相关.

14. 求下列齐次线性方程组的一个基础解系及通解:

(1) $\begin{cases}x_1+x_2+2x_3-x_4=0,\\2x_1+x_2+x_3-x_4=0,\\2x_1+2x_2+x_3+2x_4=0;\end{cases}$

(2) $\begin{cases}2x_1-3x_2-2x_3+x_4=0,\\3x_1+5x_2+4x_3-2x_4=0,\\8x_1+7x_2+6x_3-3x_4=0;\end{cases}$

(3) $\begin{cases}x_1+5x_2-x_3-x_4=0,\\x_1-2x_2+x_3+3x_4=0,\\3x_1+8x_2-x_3+x_4=0,\\x_1-9x_2+3x_3+7x_4=0;\end{cases}$

(4) $\begin{cases}x_1+x_2+x_3+x_4+x_5=0,\\3x_1+2x_2+x_3+x_4-3x_5=0,\\x_2+2x_3+2x_4+6x_5=0,\\5x_1+4x_2+3x_3+3x_4-x_5=0.\end{cases}$

15. 设线性方程组$\begin{cases}x_1+2x_2-2x_3=0,\\4x_1+tx_2+3x_3=0,\\3x_1-x_2+x_3=0\end{cases}$的系数矩阵为$\boldsymbol{A}$,三阶矩阵$\boldsymbol{B}\neq\boldsymbol{O}$,且$\boldsymbol{AB}=\boldsymbol{O}$,求$t$的值.

16. 设$\boldsymbol{A}=\begin{pmatrix}2&-2&1&3\\4&-5&2&8\end{pmatrix}$,求一个$4\times2$矩阵$\boldsymbol{B}$,使得$\boldsymbol{AB}=\boldsymbol{O}$,且$\mathrm{R}(\boldsymbol{B})=2$.

17. 求一个齐次线性方程组,使它的基础解系为

$$\boldsymbol{\xi}_1=\begin{pmatrix}0\\1\\2\\3\end{pmatrix},\quad \boldsymbol{\xi}_2=\begin{pmatrix}3\\2\\1\\0\end{pmatrix}.$$

18. 求下列非齐次线性方程组的解的结构:

(1) $\begin{cases}x_1+x_2-3x_3-x_4=1,\\3x_1-x_2-3x_3+4x_4=4,\\x_1+5x_2-9x_3-8x_4=0;\end{cases}$

(2) $\begin{cases}2x_1+x_2-x_3+x_4=1,\\3x_1+3x_2+x_4=3,\\x_1+x_2+2x_3+x_4=3;\end{cases}$

(3) $\begin{cases}x_1+x_2+x_3+x_4+x_5=7,\\x_1-x_3-x_4-5x_5=-16,\\x_1+2x_2+3x_3+3x_4+7x_5=30,\\4x_1+3x_2-4x_3+2x_4-2x_5=5;\end{cases}$

(4) $\begin{cases}x_1+5x_2-x_3-x_4=-1,\\x_1-2x_2+x_3+3x_4=3,\\3x_1+8x_2-x_3+x_4=1,\\x_1-9x_2+3x_3+7x_4=7.\end{cases}$

19. 设4元非齐次线性方程组的系数矩阵的秩为3,$\boldsymbol{\eta}_1,\boldsymbol{\eta}_2,\boldsymbol{\eta}_3$是它的3个解向量,且

$$\boldsymbol{\eta}_1=\begin{pmatrix}1\\2\\3\\4\end{pmatrix},\quad \boldsymbol{\eta}_2+\boldsymbol{\eta}_3=\begin{pmatrix}0\\1\\2\\3\end{pmatrix},$$

求该方程组的通解.

20. 设$\boldsymbol{\eta}^*$是非齐次线性方程组$\boldsymbol{Ax}=\boldsymbol{b}$的一个解,$\boldsymbol{\xi}_1,\boldsymbol{\xi}_2,\cdots,\boldsymbol{\xi}_{n-r}$是对应的齐次线性方程组的一个基础解系,证明:

(1) $\boldsymbol{\eta}^*,\boldsymbol{\xi}_1,\boldsymbol{\xi}_2,\cdots,\boldsymbol{\xi}_{n-r}$线性无关;

(2) $\boldsymbol{\eta}^*,\boldsymbol{\eta}^*+\boldsymbol{\xi}_1,\boldsymbol{\eta}^*+\boldsymbol{\xi}_2,\cdots,\boldsymbol{\eta}^*+\boldsymbol{\xi}_{n-r}$线性无关.

21. 设线性方程组

$$\begin{cases}x_1+a_1x_2+a_1^2x_3=a_1^3,\\x_1+a_2x_2+a_2^2x_3=a_2^3,\\x_1+a_3x_2+a_3^2x_3=a_3^3,\\x_1+a_4x_2+a_4^2x_3=a_4^3.\end{cases}$$

(1) 证明：若 a_1,a_2,a_3,a_4 两两不相等，则线性方程组无解；

(2) 设 $a_1=a_3=k,a_2=a_4=-k\ (k\neq 0)$，且已知 $\boldsymbol{\beta}_1,\boldsymbol{\beta}_2$ 是该方程组的两个解，其中 $\boldsymbol{\beta}_1=\begin{pmatrix}-1\\1\\1\end{pmatrix},\boldsymbol{\beta}_2=\begin{pmatrix}1\\1\\-1\end{pmatrix}$，写出该方程组的通解.

22. 已知4阶矩阵 $\boldsymbol{A}=(\boldsymbol{\alpha}_1,\boldsymbol{\alpha}_2,\boldsymbol{\alpha}_3,\boldsymbol{\alpha}_4)$，$\boldsymbol{\alpha}_1,\boldsymbol{\alpha}_2,\boldsymbol{\alpha}_3,\boldsymbol{\alpha}_4$ 是4维列向量，其中 $\boldsymbol{\alpha}_2,\boldsymbol{\alpha}_3,\boldsymbol{\alpha}_4$ 线性无关，$\boldsymbol{\alpha}_1=2\boldsymbol{\alpha}_2-\boldsymbol{\alpha}_3$，如果 $\boldsymbol{\beta}=\boldsymbol{\alpha}_1+\boldsymbol{\alpha}_2+\boldsymbol{\alpha}_3+\boldsymbol{\alpha}_4$，求线性方程组 $\boldsymbol{Ax}=\boldsymbol{\beta}$ 的通解.

23. 设 $\boldsymbol{A}=\begin{pmatrix}1&-2&3&-4\\0&1&-1&1\\1&2&0&-3\end{pmatrix}$，$\boldsymbol{E}$ 为三阶单位矩阵，求：

(1) 方程组 $\boldsymbol{Ax}=\boldsymbol{0}$ 的一个基础解系；

(2) 满足 $\boldsymbol{AB}=\boldsymbol{E}$ 的所有矩阵 $\boldsymbol{B}$.

数学家简介

戈特弗里德·威廉·莱布尼茨

戈特弗里德·威廉·莱布尼茨(Gottfried Wilhelm Leibniz，1646—1716)，德国哲学家、数学家，历史上少见的通才，被誉为17世纪的亚里士多德.他本人是一名律师，经常往返于各大城镇，他许多的公式都是在颠簸的马车上完成的.

莱布尼茨在数学史和哲学史上都占有重要地位.在数学上，他和牛顿先后独立发现了微积分，而且他所使用的微积分的数学符号被更广泛地使用，莱布尼茨所发明的符号被普遍认为更综合，适用范围更加广泛.欧洲第一个提出行列式原始概念的是莱布尼茨，1683年在研究具有两个未知数、三个方程的线性方程组的解法时，他首创用双下标表示线性方程组的各项系数，即现在的 a_{ij}.

查尔斯·勒特威奇·道奇森

查尔斯·勒特威奇·道奇森(Dodgson，Charles Lutwidge，1832—1898)，英国数学家、逻辑学家.生于柴郡(Cheshire)的达斯伯里(Daresbury)，卒于萨里郡(Surrey)的吉尔福德(Guildford).毕业于牛津大学.道奇森主要研究行列式、几何学、竞赛图和竞选数学，以及游戏逻辑.著作有《行列式的初等理论》(1887)，《平面代数几何学提纲》(1860)，《欧几里得和他的现代对手》等.他还擅长编著儿童幻想小说，如《爱丽斯漫游奇遇记》

等,颇为流行.

知识拓展　道路口的交通流量问题

对于一个有多个十字路口的交通流量问题,由于每一条道路都是单行道,因此在某一时段内,假设进入和离开每一个十字路口的车辆数相等,通过对建立的线性方程组求解,可对各路段上的交通状况进行分析,对现有的交通进行合理的配置.

例　某城市有如图3.1所示的交通图,每一条道路都是单行道,图中数字表示某一时刻的机动车流量.若对于每一个十字路口,进入和离开的车辆数相等,试计算两个相邻路口间路段上的交通流量 $x_i(i=1,2,3,4)$.

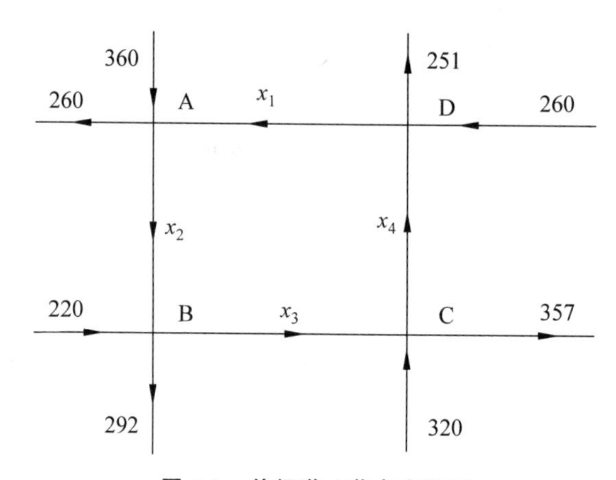

图3.1　单行道4节点交通图

【分析】　在每一个路口,进入和离开的车辆数相等,例如在路口A,进入车辆数为 $360+x_1$,离开车辆数为 $260+x_2$,因此有 $360+x_1=260+x_2$(路口A).依次分析其他路口,可得对应的模型.

【模型建立与求解】　按照每一路口进入和离开的车辆数相等可得

$$360+x_1=260+x_2\text{(路口 A)},\quad 320+x_3=357+x_4\text{(路口 C)},$$

$$220+x_2=292+x_3\text{(路口 B)},\quad 260+x_4=251+x_1\text{(路口 D)}.$$

整理得

$$\begin{cases}x_1-x_2=-100,\\x_2-x_3=72,\\x_3-x_4=37,\\x_1-x_4=9.\end{cases}$$

对该方程组的增广矩阵进行初等行变换,化成行最简形矩阵

$$(\boldsymbol{A},\boldsymbol{b})=\begin{pmatrix}1 & -1 & 0 & 0 & -100\\ 0 & 1 & -1 & 0 & 72\\ 0 & 0 & 1 & -1 & 37\\ 1 & 0 & 0 & -1 & 9\end{pmatrix}\to\begin{pmatrix}1 & 0 & 0 & -1 & 9\\ 0 & 1 & 0 & -1 & 109\\ 0 & 0 & 1 & -1 & 37\\ 0 & 0 & 0 & 0 & 0\end{pmatrix},$$

方程组的解为

$$\begin{cases}x_1=x_4+9,\\ x_2=x_4+109,\\ x_3=x_4+37,\\ x_4=x_4.\end{cases}$$

解中有一个自由未知量 x_4,因此有无穷多解.故交通图所给的信息不全面,如果知道在某一路口的具体车辆数,则其他路口的车辆数即可求得.如假设 $x_4=100$,则相应的 $x_1=109$,$x_2=209$,$x_3=137$.

【结论】 交通流量问题用方程组求解时,存在方程组无解、有唯一解和无穷多解的情况.当方程组无解时,说明在某一时段,该路口进入与离开车辆数不等,因而产生交通拥堵现象;当有无穷多解时,根据实际情况给出自由未知量的合适取值,可估算出各个方向上的车辆数,为出行提供行车参考.

第4章 特征值与特征向量

特征值与特征向量是线性代数理论中的基本概念，在工程技术、经济理论和数值计算中有广泛的应用.本章讨论实矩阵特征值与特征向量的概念、计算方法以及相似矩阵和实对称矩阵的对角化问题.

4.1 向量组的正交规范化

4.1.1 向量的内积

定义 4.1 设有 n 维向量 $\boldsymbol{\alpha}=(a_1,a_2,\cdots,a_n)^{\mathrm{T}}$，$\boldsymbol{\beta}=(b_1,b_2,\cdots,b_n)^{\mathrm{T}}$，令

$$(\boldsymbol{\alpha},\boldsymbol{\beta})=a_1b_1+a_2b_2+\cdots+a_nb_n,$$

则称 $(\boldsymbol{\alpha},\boldsymbol{\beta})$ 为向量 $\boldsymbol{\alpha}$ 与 $\boldsymbol{\beta}$ 的内积.

显然，当 $\boldsymbol{\alpha}$ 和 $\boldsymbol{\beta}$ 是行向量时，

$$(\boldsymbol{\alpha},\boldsymbol{\beta})=\boldsymbol{\alpha}\boldsymbol{\beta}^{\mathrm{T}}=\boldsymbol{\beta}\boldsymbol{\alpha}^{\mathrm{T}};$$

当 $\boldsymbol{\alpha}$ 和 $\boldsymbol{\beta}$ 是列向量时，

$$(\boldsymbol{\alpha},\boldsymbol{\beta})=\boldsymbol{\alpha}^{\mathrm{T}}\boldsymbol{\beta}=\boldsymbol{\beta}^{\mathrm{T}}\boldsymbol{\alpha}.$$

向量的内积具有下列性质(其中 $\boldsymbol{\alpha},\boldsymbol{\beta},\boldsymbol{\gamma}$ 为 n 维向量，k 为常数)：

(1) 交换性：$(\boldsymbol{\alpha},\boldsymbol{\beta})=(\boldsymbol{\beta},\boldsymbol{\alpha})$；

(2) 数乘性：$(k\boldsymbol{\alpha},\boldsymbol{\beta})=k(\boldsymbol{\alpha},\boldsymbol{\beta})$；

(3) 可加性：$(\boldsymbol{\alpha}+\boldsymbol{\beta},\boldsymbol{\gamma})=(\boldsymbol{\alpha},\boldsymbol{\gamma})+(\boldsymbol{\beta},\boldsymbol{\gamma})$；

(4) 非负性：$(\boldsymbol{\alpha},\boldsymbol{\alpha})\geqslant 0$，当且仅当 $\boldsymbol{\alpha}=\mathbf{0}$ 时等号成立.

定义 4.2 令 $|\boldsymbol{\alpha}|=\sqrt{(\boldsymbol{\alpha},\boldsymbol{\alpha})}=\sqrt{a_1^2+a_2^2+\cdots+a_n^2}$，称 $|\boldsymbol{\alpha}|$ 为 n 维向量 $\boldsymbol{\alpha}$ 的长度(或模).

向量的长度具有下列性质：

(1) 非负性：$|\boldsymbol{\alpha}|\geqslant 0$，当且仅当 $\boldsymbol{\alpha}=\mathbf{0}$ 时等号成立；

(2) 数乘性：$|k\boldsymbol{\alpha}|=|k|\cdot|\boldsymbol{\alpha}|$(其中 k 为实数)；

(3) 三角不等式：$|\boldsymbol{\alpha}+\boldsymbol{\beta}|\leqslant|\boldsymbol{\alpha}|+|\boldsymbol{\beta}|$；

(4) 柯西-施瓦兹(Cauchy-Shwarz)不等式：$|(\boldsymbol{\alpha},\boldsymbol{\beta})|\leqslant|\boldsymbol{\alpha}|\cdot|\boldsymbol{\beta}|$.

下面只证明性质(4).

证 当$\boldsymbol{\beta}=\mathbf{0}$时,$(\boldsymbol{\alpha},\boldsymbol{\beta})=0$,$|\boldsymbol{\beta}|=0$,显然成立;

当$\boldsymbol{\beta}\neq\mathbf{0}$时,构造向量$\boldsymbol{\alpha}+t\boldsymbol{\beta}\ (t\in\mathbb{R})$,由内积的运算性质得

$$(\boldsymbol{\alpha}+t\boldsymbol{\beta},\boldsymbol{\alpha}+t\boldsymbol{\beta})\geqslant 0,$$

从而有

$$(\boldsymbol{\alpha},\boldsymbol{\alpha})+2(\boldsymbol{\alpha},\boldsymbol{\beta})t+(\boldsymbol{\beta},\boldsymbol{\beta})t^2\geqslant 0.$$

上式左端是t的二次三项式,因为它对于t的任意实数值来说都是非负的,所以其判别式一定小于等于零,即

$$4(\boldsymbol{\alpha},\boldsymbol{\beta})^2-4(\boldsymbol{\alpha},\boldsymbol{\alpha})(\boldsymbol{\beta},\boldsymbol{\beta})\leqslant 0,$$

故

$$|(\boldsymbol{\alpha},\boldsymbol{\beta})|\leqslant|\boldsymbol{\alpha}|\cdot|\boldsymbol{\beta}|.$$

长度为1的向量为单位向量.若非零向量$\boldsymbol{\alpha}$的长度不等于1,令

$$\boldsymbol{\alpha}^0=\frac{\boldsymbol{\alpha}}{|\boldsymbol{\alpha}|},$$

则

$$|\boldsymbol{\alpha}^0|=\sqrt{\left(\frac{\boldsymbol{\alpha}}{|\boldsymbol{\alpha}|},\frac{\boldsymbol{\alpha}}{|\boldsymbol{\alpha}|}\right)}=\frac{1}{|\boldsymbol{\alpha}|}\sqrt{(\boldsymbol{\alpha},\boldsymbol{\alpha})}=\frac{1}{|\boldsymbol{\alpha}|}\cdot|\boldsymbol{\alpha}|=1,$$

即$\boldsymbol{\alpha}^0$为$\boldsymbol{\alpha}$的单位向量.从$\boldsymbol{\alpha}$得到$\boldsymbol{\alpha}^0$的运算称为向量$\boldsymbol{\alpha}$的**单位化**.

对于非零向量$\boldsymbol{\alpha},\boldsymbol{\beta}$,由柯西-施瓦兹不等式,有

$$\frac{|(\boldsymbol{\alpha},\boldsymbol{\beta})|}{|\boldsymbol{\alpha}||\boldsymbol{\beta}|}\leqslant 1.$$

于是有如下定义.

定义 4.3 $\boldsymbol{\alpha},\boldsymbol{\beta}$为非零向量,称

$$\theta=\arccos\frac{(\boldsymbol{\alpha},\boldsymbol{\beta})}{|\boldsymbol{\alpha}||\boldsymbol{\beta}|}$$

为n维向量$\boldsymbol{\alpha}$与$\boldsymbol{\beta}$的夹角.

定义 4.4 若$(\boldsymbol{\alpha},\boldsymbol{\beta})=0$,则称向量$\boldsymbol{\alpha}$与$\boldsymbol{\beta}$正交(垂直).记作$\boldsymbol{\alpha}\perp\boldsymbol{\beta}$.

特殊地,若$\boldsymbol{\alpha}=\mathbf{0}$,则$(\boldsymbol{\alpha},\boldsymbol{\beta})=0$,可见零向量与任意向量都正交.

定义 4.5 设有m个非零向量$\boldsymbol{\alpha}_1,\boldsymbol{\alpha}_2,\cdots,\boldsymbol{\alpha}_m$,若$(\boldsymbol{\alpha}_i,\boldsymbol{\alpha}_j)=0\ (i,j=1,2,\cdots,m;i\neq j)$,即向量之间两两正交,则称向量组$\boldsymbol{\alpha}_1,\boldsymbol{\alpha}_2,\cdots,\boldsymbol{\alpha}_m$为正交向量组.

定义 4.6 若向量组$\boldsymbol{\alpha}_1,\boldsymbol{\alpha}_2,\cdots,\boldsymbol{\alpha}_m$为正交向量组,且$|\boldsymbol{\alpha}_i|=1(i=1,2,\cdots,m)$,则称该向量组为标准正交向量组.

例如,n维单位向量组$\boldsymbol{e}_1=(1,0,\cdots,0)^{\mathrm{T}},\boldsymbol{e}_2=(0,1,\cdots,0)^{\mathrm{T}},\cdots,\boldsymbol{e}_n=(0,0,\cdots,1)^{\mathrm{T}}$是标准正交向量组.

事实上,对于n维向量$\boldsymbol{\alpha}$和$\boldsymbol{\beta}$,由于

$$|\boldsymbol{\alpha}+\boldsymbol{\beta}|^2=(\boldsymbol{\alpha}+\boldsymbol{\beta},\boldsymbol{\alpha}+\boldsymbol{\beta})=(\boldsymbol{\alpha},\boldsymbol{\alpha})+2(\boldsymbol{\alpha},\boldsymbol{\beta})+(\boldsymbol{\beta},\boldsymbol{\beta}),$$

当$\boldsymbol{\alpha}\perp\boldsymbol{\beta}$时,$(\boldsymbol{\alpha},\boldsymbol{\beta})=0$,于是

$$|\boldsymbol{\alpha}+\boldsymbol{\beta}|^2=(\boldsymbol{\alpha},\boldsymbol{\alpha})+(\boldsymbol{\beta},\boldsymbol{\beta})=|\boldsymbol{\alpha}|^2+|\boldsymbol{\beta}|^2.$$

定理 4.1 不含零向量的正交向量组$\boldsymbol{\alpha}_1,\boldsymbol{\alpha}_2,\cdots,\boldsymbol{\alpha}_m$是线性无关的向量组.

证 设有 $k_1,k_2,\cdots,k_m$,使

$$k_1\boldsymbol{\alpha}_1+k_2\boldsymbol{\alpha}_2+\cdots+k_i\boldsymbol{\alpha}_i+\cdots+k_m\boldsymbol{\alpha}_m=\mathbf{0}.$$

不妨设向量为列向量,则以$\boldsymbol{\alpha}_i^{\mathrm{T}}(i=1,2,\cdots,m)$左乘上式两端,得

$$k_i\boldsymbol{\alpha}_i^{\mathrm{T}}\boldsymbol{\alpha}_i=k_i(\boldsymbol{\alpha}_i,\boldsymbol{\alpha}_i)=0.$$

因为$\boldsymbol{\alpha}_i\neq\mathbf{0}$,故$(\boldsymbol{\alpha}_i,\boldsymbol{\alpha}_i)\neq0$,从而必有 $k_i=0(i=1,2,\cdots,m)$,于是$\boldsymbol{\alpha}_1,\boldsymbol{\alpha}_2,\cdots,\boldsymbol{\alpha}_m$线性无关.

定理的逆命题一般不成立.

例 4.1 已知向量

$$\boldsymbol{\alpha}_1=\begin{pmatrix}1\\-1\\-1\end{pmatrix},\quad\boldsymbol{\alpha}_2=\begin{pmatrix}0\\1\\-1\end{pmatrix},$$

验证 $\boldsymbol{\alpha}_1$与$\boldsymbol{\alpha}_2$正交,并求一个非零向量 $\boldsymbol{\alpha}_3$使 $\boldsymbol{\alpha}_1,\boldsymbol{\alpha}_2,\boldsymbol{\alpha}_3$为正交向量组.

解 因为$(\boldsymbol{\alpha}_1,\boldsymbol{\alpha}_2)=1\times0+(-1)\times1+(-1)\times(-1)=0$,所以$\boldsymbol{\alpha}_1$与$\boldsymbol{\alpha}_2$正交.

设$\boldsymbol{\alpha}_3=\begin{pmatrix}x_1\\x_2\\x_3\end{pmatrix}$,且同时满足$(\boldsymbol{\alpha}_1,\boldsymbol{\alpha}_3)=0,(\boldsymbol{\alpha}_2,\boldsymbol{\alpha}_3)=0$,从而有

$$\begin{cases}x_1-x_2-x_3=0,\\x_2-x_3=0.\end{cases}$$

令 $x_3=1$,得一个非零解

$$\boldsymbol{\alpha}_3=\begin{pmatrix}2\\1\\1\end{pmatrix},$$

这时$\boldsymbol{\alpha}_1,\boldsymbol{\alpha}_2,\boldsymbol{\alpha}_3$为正交向量组.

4.1.2 向量组的标准正交化

定理 4.2 设向量组$\boldsymbol{\alpha}_1,\boldsymbol{\alpha}_2,\cdots,\boldsymbol{\alpha}_m$线性无关,令

$$\boldsymbol{\beta}_1=\boldsymbol{\alpha}_1,$$

$$\boldsymbol{\beta}_2=\boldsymbol{\alpha}_2-\frac{(\boldsymbol{\alpha}_2,\boldsymbol{\beta}_1)}{(\boldsymbol{\beta}_1,\boldsymbol{\beta}_1)}\boldsymbol{\beta}_1,$$

$$\vdots$$

$$\boldsymbol{\beta}_m=\boldsymbol{\alpha}_m-\frac{(\boldsymbol{\alpha}_m,\boldsymbol{\beta}_1)}{(\boldsymbol{\beta}_1,\boldsymbol{\beta}_1)}\boldsymbol{\beta}_1-\frac{(\boldsymbol{\alpha}_m,\boldsymbol{\beta}_2)}{(\boldsymbol{\beta}_2,\boldsymbol{\beta}_2)}\boldsymbol{\beta}_2-\cdots-\frac{(\boldsymbol{\alpha}_m,\boldsymbol{\beta}_{m-1})}{(\boldsymbol{\beta}_{m-1},\boldsymbol{\beta}_{m-1})}\boldsymbol{\beta}_{m-1},$$

则$\boldsymbol{\beta}_1,\boldsymbol{\beta}_2,\cdots,\boldsymbol{\beta}_m$为正交向量组.

再令

$$\boldsymbol{\eta}_i=\frac{\boldsymbol{\beta}_i}{|\boldsymbol{\beta}_i|},\quad i=1,2,\cdots,m,$$

则$\boldsymbol{\eta}_1,\boldsymbol{\eta}_2,\cdots,\boldsymbol{\eta}_m$为标准正交向量组.

由线性无关的向量组$\boldsymbol{\alpha}_1,\boldsymbol{\alpha}_2,\cdots,\boldsymbol{\alpha}_m$构造正交向量组$\boldsymbol{\beta}_1,\boldsymbol{\beta}_2,\cdots,\boldsymbol{\beta}_m$的过程称为**施密特(Schmidt)正交化过程**.

例 4.2　把向量组$\boldsymbol{\alpha}_1=(1,-1,0),\boldsymbol{\alpha}_2=(1,0,1),\boldsymbol{\alpha}_3=(1,-1,1)$化为标准正交向量组.

解　容易验证$\boldsymbol{\alpha}_1,\boldsymbol{\alpha}_2,\boldsymbol{\alpha}_3$是线性无关的.

(1) 将$\boldsymbol{\alpha}_1,\boldsymbol{\alpha}_2,\boldsymbol{\alpha}_3$正交化,令

$$\boldsymbol{\beta}_1=\boldsymbol{\alpha}_1=(1,-1,0),$$

$$\boldsymbol{\beta}_2=\boldsymbol{\alpha}_2-\frac{(\boldsymbol{\alpha}_2,\boldsymbol{\beta}_1)}{(\boldsymbol{\beta}_1,\boldsymbol{\beta}_1)}\boldsymbol{\beta}_1=(1,0,1)-\frac{1}{2}(1,-1,0)=\left(\frac{1}{2},\frac{1}{2},1\right),$$

$$\begin{aligned}\boldsymbol{\beta}_3&=\boldsymbol{\alpha}_3-\frac{(\boldsymbol{\alpha}_3,\boldsymbol{\beta}_1)}{(\boldsymbol{\beta}_1,\boldsymbol{\beta}_1)}\boldsymbol{\beta}_1-\frac{(\boldsymbol{\alpha}_3,\boldsymbol{\beta}_2)}{(\boldsymbol{\beta}_2,\boldsymbol{\beta}_2)}\boldsymbol{\beta}_2\\&=(1,-1,1)-(1,-1,0)-\frac{2}{3}\left(\frac{1}{2},\frac{1}{2},1\right)\\&=\left(-\frac{1}{3},-\frac{1}{3},\frac{1}{3}\right).\end{aligned}$$

(2) 将$\boldsymbol{\beta}_1,\boldsymbol{\beta}_2,\boldsymbol{\beta}_3$单位化,令

$$\boldsymbol{\eta}_1=\frac{\boldsymbol{\beta}_1}{|\boldsymbol{\beta}_1|}=\frac{1}{\sqrt{2}}(1,-1,0)=\left(\frac{\sqrt{2}}{2},-\frac{\sqrt{2}}{2},0\right),$$

$$\boldsymbol{\eta}_2=\frac{\boldsymbol{\beta}_2}{|\boldsymbol{\beta}_2|}=\frac{2}{\sqrt{6}}\left(\frac{1}{2},\frac{1}{2},1\right)=\left(\frac{\sqrt{6}}{6},\frac{\sqrt{6}}{6},\frac{\sqrt{6}}{3}\right),$$

$$\boldsymbol{\eta}_3=\frac{\boldsymbol{\beta}_3}{|\boldsymbol{\beta}_3|}=\frac{3}{\sqrt{3}}\left(-\frac{1}{3},-\frac{1}{3},\frac{1}{3}\right)=\left(-\frac{\sqrt{3}}{3},-\frac{\sqrt{3}}{3},\frac{\sqrt{3}}{3}\right).$$

$\boldsymbol{\eta}_1,\boldsymbol{\eta}_2,\boldsymbol{\eta}_3$即为所求的标准正交向量组.

由定理4.1的逆否命题知,线性相关的向量组一定不是正交向量组,而对于n维向量组来说,$n+1$个n维向量必定线性相关,因此n维向量空间中的正交向量组至多含有n个向量.

下面我们将看到,n维向量空间中的任一向量个数小于n的正交向量组,必能扩充为含有n个向量的正交向量组.

定理 4.3　设$\boldsymbol{\alpha}_1,\boldsymbol{\alpha}_2,\cdots,\boldsymbol{\alpha}_r$是$n$维正交向量组,若$r<n$,则存在$n$维非零向量$\boldsymbol{x}$,使$\boldsymbol{\alpha}_1,\boldsymbol{\alpha}_2,\cdots,\boldsymbol{\alpha}_r,\boldsymbol{x}$为正交向量组.

证 设向量 $\boldsymbol{x}$ 与$\boldsymbol{\alpha}_1,\boldsymbol{\alpha}_2,\cdots,\boldsymbol{\alpha}_r$ 正交,不妨设上述向量为列向量,则

$$(\boldsymbol{\alpha}_i,\boldsymbol{x})=\boldsymbol{\alpha}_i^{\mathrm{T}}\boldsymbol{x}=0,\quad i=1,2,\cdots,r,$$

即

$$\begin{pmatrix}\boldsymbol{\alpha}_1^{\mathrm{T}}\\\boldsymbol{\alpha}_2^{\mathrm{T}}\\\vdots\\\boldsymbol{\alpha}_r^{\mathrm{T}}\end{pmatrix}\boldsymbol{x}=\begin{pmatrix}0\\0\\\vdots\\0\end{pmatrix},$$

记 $\boldsymbol{A}=(\boldsymbol{\alpha}_1^{\mathrm{T}},\boldsymbol{\alpha}_2^{\mathrm{T}},\cdots,\boldsymbol{\alpha}_r^{\mathrm{T}})^{\mathrm{T}}$,则 $\mathrm{R}(\boldsymbol{A})=r<n$,故齐次线性方程组 $\boldsymbol{A}\boldsymbol{x}=\boldsymbol{0}$ 有非零解,此非零解即为所求.

推论 含有 r 个($r<n$)向量的 n 维正交(或标准正交)向量组,总可以添加 $n-r$ 个 n 维非零向量,构成含有 n 个向量的 n 维正交向量组.

由此可见,n 维向量空间$\mathbb{R}^n$中一定存在 n 个非零向量组成的(标准)正交向量组.由于该向量组是线性无关的,因此可以作为$\mathbb{R}^n$的基,这种基称为(标准)正交基.

例 4.3 已知$\boldsymbol{\alpha}_1=\begin{pmatrix}1\\-1\\-1\end{pmatrix}$,求一组非零向量 $\boldsymbol{\alpha}_2,\boldsymbol{\alpha}_3$,使$\boldsymbol{\alpha}_1,\boldsymbol{\alpha}_2,\boldsymbol{\alpha}_3$成为正交向量组.

解 设所求向量为 $\boldsymbol{x}=(x_1,x_2,x_3)^{\mathrm{T}}$,则 $\boldsymbol{x}$ 应满足方程$(\boldsymbol{\alpha}_1,\boldsymbol{x})=\boldsymbol{0}$,即

$$x_1-x_2-x_3=0.$$

其基础解系为

$$\boldsymbol{\xi}_1=\begin{pmatrix}1\\1\\0\end{pmatrix},\quad\boldsymbol{\xi}_2=\begin{pmatrix}1\\0\\1\end{pmatrix}.$$

把基础解系正交化,令

$$\boldsymbol{\alpha}_2=\boldsymbol{\xi}_1,\quad\boldsymbol{\alpha}_3=\boldsymbol{\xi}_2-\frac{(\boldsymbol{\xi}_2,\boldsymbol{\xi}_1)}{(\boldsymbol{\xi}_1,\boldsymbol{\xi}_1)}\boldsymbol{\xi}_1,$$

得

$$\boldsymbol{\alpha}_2=\begin{pmatrix}1\\1\\0\end{pmatrix},\quad\boldsymbol{\alpha}_3=\begin{pmatrix}1\\0\\1\end{pmatrix}-\frac{1}{2}\begin{pmatrix}1\\1\\0\end{pmatrix}=\begin{pmatrix}\frac{1}{2}\\-\frac{1}{2}\\1\end{pmatrix}.$$

4.1.3 正交矩阵

定义 4.7 如果 n 阶矩阵 $\boldsymbol{A}$ 满足

$$\boldsymbol{A}^{\mathrm{T}}\boldsymbol{A}=\boldsymbol{E}\quad\text{或}\quad\boldsymbol{A}\boldsymbol{A}^{\mathrm{T}}=\boldsymbol{E},$$

则称 $\boldsymbol{A}$ 为正交矩阵.

例如，$\boldsymbol{A}=\begin{pmatrix}\cos\theta & \sin\theta \\ -\sin\theta & \cos\theta\end{pmatrix}$是一个二阶正交矩阵.

定理 4.4 正交矩阵具有如下性质：

(1) 矩阵 $\boldsymbol{A}$ 为正交矩阵的充要条件是 $\boldsymbol{A}^{-1}=\boldsymbol{A}^{\mathrm{T}}$；

(2) 正交矩阵的逆矩阵是正交矩阵；

(3) 两个正交矩阵的乘积是正交矩阵；

(4) 正交矩阵 $\boldsymbol{A}$ 是满秩的，且 $|\boldsymbol{A}|=1$ 或 -1；

(5) n 阶矩阵 $\boldsymbol{A}$ 为正交矩阵的充要条件是 $\boldsymbol{A}$ 的 n 个列(行)构成的向量组是标准正交向量组.

证 只证(5). 设 $\boldsymbol{A}$ 的列分块矩阵为$(\boldsymbol{A}_1,\boldsymbol{A}_2,\cdots,\boldsymbol{A}_n)$，则

$$\boldsymbol{A}^{\mathrm{T}}\boldsymbol{A}=\begin{pmatrix}\boldsymbol{A}_1^{\mathrm{T}} \\ \boldsymbol{A}_2^{\mathrm{T}} \\ \vdots \\ \boldsymbol{A}_n^{\mathrm{T}}\end{pmatrix}(\boldsymbol{A}_1,\boldsymbol{A}_2,\cdots,\boldsymbol{A}_n)=\begin{pmatrix}\boldsymbol{A}_1^{\mathrm{T}}\boldsymbol{A}_1 & \boldsymbol{A}_1^{\mathrm{T}}\boldsymbol{A}_2 & \cdots & \boldsymbol{A}_1^{\mathrm{T}}\boldsymbol{A}_n \\ \boldsymbol{A}_2^{\mathrm{T}}\boldsymbol{A}_1 & \boldsymbol{A}_2^{\mathrm{T}}\boldsymbol{A}_2 & \cdots & \boldsymbol{A}_2^{\mathrm{T}}\boldsymbol{A}_n \\ \vdots & \vdots & & \vdots \\ \boldsymbol{A}_n^{\mathrm{T}}\boldsymbol{A}_1 & \boldsymbol{A}_n^{\mathrm{T}}\boldsymbol{A}_2 & \cdots & \boldsymbol{A}_n^{\mathrm{T}}\boldsymbol{A}_n\end{pmatrix}=\begin{pmatrix}1 & & & \\ & 1 & & \\ & & \ddots & \\ & & & 1\end{pmatrix}.$$

比较上面两式第三个等号两边的矩阵，可见

$$\boldsymbol{A}_i^{\mathrm{T}}\boldsymbol{A}_j=(\boldsymbol{A}_i,\boldsymbol{A}_j)=\begin{cases}1, & i=j; \\ 0, & i\neq j.\end{cases}$$

即 $\boldsymbol{A}$ 的列向量组是标准正交向量组.

反之，若 n 个向量 $\boldsymbol{A}_1,\boldsymbol{A}_2,\cdots,\boldsymbol{A}_n$ 是标准正交向量组，则按上述过程逆推，就得到 $\boldsymbol{A}=(\boldsymbol{A}_1,\boldsymbol{A}_2,\cdots,\boldsymbol{A}_n)$是正交矩阵.

对于 n 个行向量的情况可类似证明.

例 4.4 证明矩阵

$$\boldsymbol{A}=\begin{pmatrix}\frac{1}{2} & -\frac{1}{2} & \frac{1}{2} & -\frac{1}{2} \\ \frac{1}{2} & -\frac{1}{2} & -\frac{1}{2} & \frac{1}{2} \\ \frac{1}{\sqrt{2}} & \frac{1}{\sqrt{2}} & 0 & 0 \\ 0 & 0 & \frac{1}{\sqrt{2}} & \frac{1}{\sqrt{2}}\end{pmatrix}$$

是正交矩阵.

证 因为 $\boldsymbol{A}$ 的每一个列向量都是单位向量，且两两正交，故 $\boldsymbol{A}$ 是正交矩阵.

例 4.5 设 $\boldsymbol{A}$ 是 n 阶对称矩阵，$\boldsymbol{E}$ 为 n 阶单位矩阵，且满足 $\boldsymbol{A}^2-4\boldsymbol{A}+3\boldsymbol{E}=\boldsymbol{0}$，证明 $\boldsymbol{A}-2\boldsymbol{E}$ 为正交矩阵.

证 因为 $A^{\mathrm{T}}=A$,所以

$$\begin{aligned}(A-2E)^{\mathrm{T}}(A-2E)&=(A^{\mathrm{T}}-2E)(A-2E)\\&=(A-2E)(A-2E)\\&=A^2-4A+3E+E\end{aligned}$$

又因为 $A^2-4A+3E=0$,于是 $(A-2E)^{\mathrm{T}}(A-2E)=E$.即 $A-2E$ 为正交矩阵.

例 4.6 设 $A=(\alpha_1,\alpha_2,\alpha_3,\alpha_4)$ 为 4 阶正交矩阵,若矩阵 $B=\begin{pmatrix}\alpha_1^{\mathrm{T}}\\\alpha_2^{\mathrm{T}}\\\alpha_3^{\mathrm{T}}\end{pmatrix}$,$\beta=\begin{pmatrix}1\\1\\1\end{pmatrix}$,$k$ 表示任意常数,则线性方程组 $Bx=\beta$ 的通解 $x=$( ).

A. $\alpha_2+\alpha_3+\alpha_4+k\alpha_1$ B. $\alpha_1+\alpha_3+\alpha_4+k\alpha_2$

C. $\alpha_1+\alpha_2+\alpha_4+k\alpha_3$ D. $\alpha_1+\alpha_2+\alpha_3+k\alpha_4$

解 因为 $A=(\alpha_1,\alpha_2,\alpha_3,\alpha_4)$ 为 4 阶正交矩阵,所以 $\alpha_1,\alpha_2,\alpha_3,\alpha_4$ 均为单位向量,且两两正交.显然 $\mathrm{R}(B)=3$,所以 $Bx=0$ 的基础解系中只含有一个线性无关的解向量.

又因为 $B\alpha_4=\begin{pmatrix}\alpha_1^{\mathrm{T}}\\\alpha_2^{\mathrm{T}}\\\alpha_3^{\mathrm{T}}\end{pmatrix}\alpha_4=0$,所以 $Bx=0$ 的基础解系为 α_4.

$B(\alpha_1+\alpha_2+\alpha_3)=\begin{pmatrix}\alpha_1^{\mathrm{T}}\\\alpha_2^{\mathrm{T}}\\\alpha_3^{\mathrm{T}}\end{pmatrix}(\alpha_1+\alpha_2+\alpha_3)=\begin{pmatrix}1\\1\\1\end{pmatrix}$,所以 $\alpha_1+\alpha_2+\alpha_3$ 是 $Bx=\beta$ 的一个特解.

$Bx=\beta$ 的通解 $x=\alpha_1+\alpha_2+\alpha_3+k\alpha_4$,故选 D.

4.2 方阵的特征值与特征向量

4.2.1 引例

对于给定的方阵 A 和非零向量 x,可以考虑通过线性变换得到向量 Ax. 例如取 $A=\begin{pmatrix}1&1\\2&0\end{pmatrix}$,$x=\begin{pmatrix}1\\1\end{pmatrix}$ 和 $y=\begin{pmatrix}-1\\1\end{pmatrix}$,则 $Ax=\begin{pmatrix}2\\2\end{pmatrix}=2x$,且对于任意 λ 均有 $Ay=\begin{pmatrix}0\\-2\end{pmatrix}\neq\lambda y$.通过观察知道,$Ax$ 与 x 是共线的,而 Ay 与 y 是不共线的(参见图 4.1),这时称 2 就是 A 的特征值,x 就是 A 的对应于 2 的特征向量.

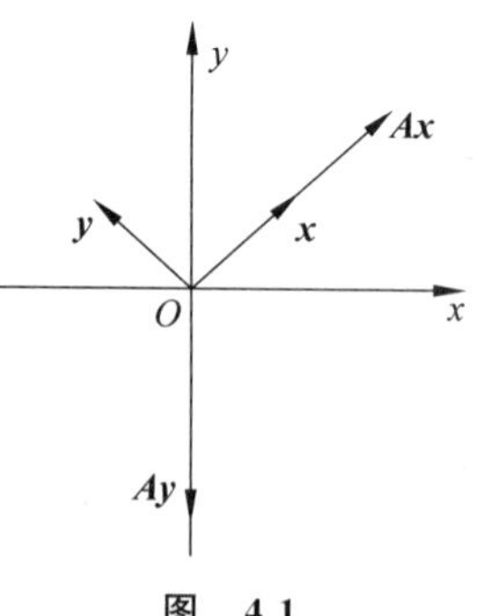

图 4.1

4.2.2 特征值与特征向量的概念

定义 4.8 设 A 为 n 阶方阵,如果存在数 λ 与非零列向量 x,使得

$$\boldsymbol{A}\boldsymbol{x}=\lambda\boldsymbol{x}, \tag{4.1}$$

则称数 λ 是矩阵 $\boldsymbol{A}$ 的特征值(eigenvalue)，也称为 $\boldsymbol{A}$ 的特征根；$\boldsymbol{x}$ 称为矩阵 $\boldsymbol{A}$ 的对应于特征值 λ 的特征向量(eigenvector).

将式(4.1)改写为

$$(\boldsymbol{A}-\lambda\boldsymbol{E})\boldsymbol{x}=\boldsymbol{0}, \tag{4.2}$$

这是 n 个未知数 n 个方程的齐次线性方程组，它有非零解的充分必要条件是系数行列式 $|\boldsymbol{A}-\lambda\boldsymbol{E}|=0$，即

$$\begin{vmatrix} a_{11}-\lambda & a_{12} & \cdots & a_{1n} \\ a_{21} & a_{22}-\lambda & \cdots & a_{2n} \\ \vdots & \vdots & & \vdots \\ a_{n1} & a_{n2} & \cdots & a_{nn}-\lambda \end{vmatrix}=0. \tag{4.3}$$

上式是以 λ 为未知数的一元 n 次方程，$|\boldsymbol{A}-\lambda\boldsymbol{E}|=0$ 称为矩阵 $\boldsymbol{A}$ 的**特征方程**.其左端 $|\boldsymbol{A}-\lambda\boldsymbol{E}|$ 是 λ 的 n 次多项式，记作 $f(\lambda)$，称为矩阵 $\boldsymbol{A}$ 的**特征多项式**.显然，$\boldsymbol{A}$ 的特征值就是特征方程的解.特征方程在复数范围内恒有解，其个数为方程的次数(重根按重数计算)，因此，n 阶矩阵 $\boldsymbol{A}$ 在复数范围内有 n 个特征值.

如果 $\lambda=\lambda_0$ 是 $\boldsymbol{A}$ 的特征值，则 λ_0 对应的特征向量可以通过解齐次线性方程组 $(\boldsymbol{A}-\lambda_0\boldsymbol{E})\boldsymbol{x}=\boldsymbol{0}$ 求得.如果求出了齐次线性方程组 $(\boldsymbol{A}-\lambda_0\boldsymbol{E})\boldsymbol{x}=\boldsymbol{0}$ 的通解，就得到对应于 λ_0 的全部特征向量(但应注意通解中的零向量不是特征向量).

4.2.3　特征值与特征向量的求法

求一个方阵 $\boldsymbol{A}$ 的特征向量可以按如下步骤进行：

第一步　令 $|\boldsymbol{A}-\lambda\boldsymbol{E}|=0$，求出全部特征值；

第二步　对每个特征值 λ_i，求出齐次线性方程组 $(\boldsymbol{A}-\lambda_i\boldsymbol{E})\boldsymbol{x}=\boldsymbol{0}$ 的通解，除去零解便得到属于 λ_i 的全部特征向量.

例 4.7　求矩阵 $\boldsymbol{A}=\begin{pmatrix}1 & 2\\ 3 & 2\end{pmatrix}$ 的特征值与特征向量.

解　$\boldsymbol{A}$ 的特征多项式为

$$|\boldsymbol{A}-\lambda\boldsymbol{E}|=\begin{vmatrix}1-\lambda & 2\\ 3 & 2-\lambda\end{vmatrix}=(\lambda-4)(\lambda+1),$$

令 $|\boldsymbol{A}-\lambda\boldsymbol{E}|=0$，得 $\boldsymbol{A}$ 的特征值 $\lambda_1=4$，$\lambda_2=-1$.

当 $\lambda_1=4$ 时，解齐次方程组 $(\boldsymbol{A}-4\boldsymbol{E})\boldsymbol{x}=\boldsymbol{0}$.由

$$\boldsymbol{A}-4\boldsymbol{E}=\begin{pmatrix}-3 & 2\\ 3 & -2\end{pmatrix}\to\begin{pmatrix}1 & -\dfrac{2}{3}\\ 0 & 0\end{pmatrix},$$

得基础解系为 $\boldsymbol{\xi}_1=\left(\frac{2}{3},1\right)^{\mathrm{T}}$,所以对应于 $\lambda_1=4$ 的全部特征向量为 $k_1\boldsymbol{\xi}_1=k_1\left(\frac{2}{3},1\right)^{\mathrm{T}}$,$k_1\neq 0$.

当 $\lambda_2=-1$ 时,解齐次方程组 $(\boldsymbol{A}+\boldsymbol{E})\boldsymbol{x}=\boldsymbol{0}$,由

$$\boldsymbol{A}+\boldsymbol{E}=\begin{pmatrix}2&2\\3&3\end{pmatrix}\to\begin{pmatrix}1&1\\0&0\end{pmatrix},$$

得基础解系为 $\boldsymbol{\xi}_2=(-1,1)^{\mathrm{T}}$,所以对应于 $\lambda_2=-1$ 的全部特征向量为 $k_2\boldsymbol{\xi}_2=k_2(-1,1)^{\mathrm{T}}$,$k_2\neq 0$.

例 4.8 求矩阵 $\boldsymbol{A}=\begin{pmatrix}-1&2&2\\3&-1&1\\2&2&-1\end{pmatrix}$ 的特征值与特征向量.

解 $\boldsymbol{A}$ 的特征多项式为

$$\begin{aligned}|\boldsymbol{A}-\lambda\boldsymbol{E}|&=\begin{vmatrix}-1-\lambda&2&2\\3&-1-\lambda&1\\2&2&-1-\lambda\end{vmatrix}=\begin{vmatrix}3-\lambda&2&2\\3-\lambda&-1-\lambda&1\\3-\lambda&2&-1-\lambda\end{vmatrix}\\&=(3-\lambda)\begin{vmatrix}1&2&2\\1&-1-\lambda&1\\1&2&-1-\lambda\end{vmatrix}\\&=(3-\lambda)(\lambda+3)^2,\end{aligned}$$

令 $|\boldsymbol{A}-\lambda\boldsymbol{E}|=0$,得 $\boldsymbol{A}$ 的特征值 $\lambda_1=3,\lambda_2=\lambda_3=-3$.

当 $\lambda_1=3$ 时,解齐次方程组 $(\boldsymbol{A}-3\boldsymbol{E})\boldsymbol{x}=\boldsymbol{0}$.由

$$\boldsymbol{A}-3\boldsymbol{E}=\begin{pmatrix}-4&2&2\\3&-4&1\\2&2&-4\end{pmatrix}\to\begin{pmatrix}1&0&-1\\0&1&-1\\0&0&0\end{pmatrix},$$

得基础解系为 $\boldsymbol{\xi}_1=(1,1,1)^{\mathrm{T}}$,所以对应于 $\lambda_1=3$ 的全部特征向量为 $k_1\boldsymbol{\xi}_1=k_1(1,1,1)^{\mathrm{T}}$,$k_1\neq 0$.

当 $\lambda_2=\lambda_3=-3$ 时,解齐次方程组 $(\boldsymbol{A}+3\boldsymbol{E})\boldsymbol{x}=\boldsymbol{0}$.由

$$\boldsymbol{A}+3\boldsymbol{E}=\begin{pmatrix}2&2&2\\3&2&1\\2&2&2\end{pmatrix}\to\begin{pmatrix}1&0&-1\\0&1&2\\0&0&0\end{pmatrix},$$

得基础解系为 $\boldsymbol{\xi}_2=(1,-2,1)^{\mathrm{T}}$,所以对应于 $\lambda_2=\lambda_3=-3$ 的全部特征向量为 $k_2\boldsymbol{\xi}_2=k_2(1,-2,1)^{\mathrm{T}}$,$k_2\neq 0$.

例 4.9 求矩阵 $\boldsymbol{A}=\begin{pmatrix}1&-1&1\\1&3&-1\\1&1&1\end{pmatrix}$ 的特征值与特征向量.

解 $\boldsymbol{A}$ 的特征多项式为

$$|\boldsymbol{A}-\lambda\boldsymbol{E}|=\begin{vmatrix}1-\lambda & -1 & 1\\ 1 & 3-\lambda & -1\\ 1 & 1 & 1-\lambda\end{vmatrix}=(1-\lambda)(\lambda-2)^2,$$

令 $|\boldsymbol{A}-\lambda\boldsymbol{E}|=0$,得 $\boldsymbol{A}$ 的特征值 $\lambda_1=1,\lambda_2=\lambda_3=2$.

当 $\lambda_1=1$ 时,解齐次方程组 $(\boldsymbol{A}-\boldsymbol{E})\boldsymbol{x}=\boldsymbol{0}$.由

$$\boldsymbol{A}-\boldsymbol{E}=\begin{pmatrix}0 & -1 & 1\\ 1 & 2 & -1\\ 1 & 1 & 0\end{pmatrix}\to\begin{pmatrix}1 & 0 & 1\\ 0 & 1 & -1\\ 0 & 0 & 0\end{pmatrix},$$

得基础解系为 $\boldsymbol{\xi}_1=(-1,1,1)^{\mathrm{T}}$,所以对应于 $\lambda_1=1$ 的全部特征向量为 $k_1\boldsymbol{\xi}_1=k_1(-1,1,1)^{\mathrm{T}}$,$k_1\neq0$.

当 $\lambda_2=\lambda_3=2$ 时,解齐次方程组 $(\boldsymbol{A}-2\boldsymbol{E})\boldsymbol{x}=\boldsymbol{0}$.由

$$\boldsymbol{A}-2\boldsymbol{E}=\begin{pmatrix}-1 & -1 & 1\\ 1 & 1 & -1\\ 1 & 1 & -1\end{pmatrix}\to\begin{pmatrix}1 & 1 & -1\\ 0 & 0 & 0\\ 0 & 0 & 0\end{pmatrix},$$

得基础解系为 $\boldsymbol{\xi}_2=(-1,1,0)^{\mathrm{T}}$,$\boldsymbol{\xi}_3=(1,0,1)^{\mathrm{T}}$,所以对应于 $\lambda_2=\lambda_3=2$ 的全部特征向量为 $k_2\boldsymbol{\xi}_2+k_3\boldsymbol{\xi}_3=k_2(-1,1,0)^{\mathrm{T}}+k_3(1,0,1)^{\mathrm{T}}$,$k_2,k_3$ 不全为零.

4.2.4 特征值与特征向量的性质

性质1 设 $\boldsymbol{\xi}$ 为矩阵 $\boldsymbol{A}$ 对应于特征值 λ_0 的特征向量,则

(1) $k\lambda_0$ 为矩阵 $k\boldsymbol{A}$ 的特征值(k 为常数);

(2) λ_0^k 为矩阵 $\boldsymbol{A}^k$ 的特征值(k 为大于1的正整数);

(3) 若 $\boldsymbol{A}$ 可逆,λ_0^{-1} 为矩阵 $\boldsymbol{A}^{-1}$ 的特征值;

(4) 若 $\boldsymbol{A}$ 可逆,$\lambda_0^{-1}|\boldsymbol{A}|$ 为矩阵 $\boldsymbol{A}^*$ 的特征值.

证 由题意,$\boldsymbol{A}\boldsymbol{\xi}=\lambda_0\boldsymbol{\xi},\boldsymbol{\xi}\neq\boldsymbol{0}$.

(1) $(k\boldsymbol{A})\boldsymbol{\xi}=k(\boldsymbol{A}\boldsymbol{\xi})=k(\lambda_0\boldsymbol{\xi})=(k\lambda_0)\boldsymbol{\xi}$,即 $k\lambda_0$ 为 $k\boldsymbol{A}$ 的特征值.

(2) $\boldsymbol{A}^k\boldsymbol{\xi}=\boldsymbol{A}^{k-1}(\boldsymbol{A}\boldsymbol{\xi})=\boldsymbol{A}^{k-1}(\lambda_0\boldsymbol{\xi})=\lambda_0(\boldsymbol{A}^{k-1}\boldsymbol{\xi})=\lambda_0\boldsymbol{A}^{k-2}(\boldsymbol{A}\boldsymbol{\xi})=\lambda_0\boldsymbol{A}^{k-2}(\lambda_0\boldsymbol{\xi})$
$=\lambda_0^2(\boldsymbol{A}^{k-2}\boldsymbol{\xi})=\cdots=\lambda_0^k\boldsymbol{\xi}$,即 λ_0^k 为矩阵 $\boldsymbol{A}^k$ 的特征值.

(3) 用 $\boldsymbol{A}^{-1}$ 左乘以 $\boldsymbol{A}\boldsymbol{\xi}=\lambda_0\boldsymbol{\xi}$ 两端,有 $\boldsymbol{\xi}=\lambda_0\boldsymbol{A}^{-1}\boldsymbol{\xi}$,因 $\boldsymbol{\xi}\neq\boldsymbol{0}$,知 $\lambda_0\neq0$,而 $\lambda_0^{-1}\boldsymbol{\xi}=\boldsymbol{A}^{-1}\boldsymbol{\xi}$,因此 λ_0^{-1} 为矩阵 $\boldsymbol{A}^{-1}$ 的特征值.

(4) 因为 $\boldsymbol{A}^*=|\boldsymbol{A}|\boldsymbol{A}^{-1}$,由(1)和(3),$\lambda_0^{-1}|\boldsymbol{A}|$ 为矩阵 $\boldsymbol{A}^*$ 的特征值.

在性质1的条件下,可以证明,若 $g(x)$ 是一个 m 次多项式

$$g(x)=b_mx^m+b_{m-1}x^{m-1}+\cdots+b_0,$$

λ 为 $\boldsymbol{A}$ 的特征值,则矩阵多项式 $g(\boldsymbol{A})=b_m\boldsymbol{A}^m+b_{m-1}\boldsymbol{A}^{m-1}+\cdots+b_0\boldsymbol{E}$ 的特征值为

$$g(\lambda)=b_m\lambda^m+b_{m-1}\lambda^{m-1}+\cdots+b_0.$$

特别地,若 $g(\boldsymbol{A})=b_m\boldsymbol{A}^m+b_{m-1}\boldsymbol{A}^{m-1}+\cdots+b_0\boldsymbol{E}=\boldsymbol{0}$,则必有

$$g(\lambda)=b_m\lambda^m+b_{m-1}\lambda^{m-1}+\cdots+b_0=0.$$

例 4.10 已知三阶方阵 $\boldsymbol{A}$ 的特征值为 $-1,2,3$,求:(1)$2\boldsymbol{A}$ 的特征值;(2)$\boldsymbol{A}^2$ 的特征值;(3)$\boldsymbol{A}^2-2\boldsymbol{A}+3\boldsymbol{E}$ 的特征值.

解 (1) $2\boldsymbol{A}$ 的特征值为 $-2,4,6$;

(2) $\boldsymbol{A}^2$ 的特征值为 $1,4,9$;

(3) $\boldsymbol{A}^2-2\boldsymbol{A}+3\boldsymbol{E}$ 的特征值为

$$\tau_1=\lambda_1^2-2\lambda_1+3=(-1)^2-2\cdot(-1)+3=6;$$

$$\tau_2=\lambda_2^2-2\lambda_2+3=2^2-2\cdot 2+3=3;$$

$$\tau_3=\lambda_3^2-2\lambda_3+3=3^2-2\cdot 3+3=6.$$

性质 2 n 阶方阵 $\boldsymbol{A}$ 与其转置矩阵 $\boldsymbol{A}^{\mathrm{T}}$ 有相同的特征值.

证 因为 $|\boldsymbol{A}^{\mathrm{T}}-\lambda\boldsymbol{E}|=|(\boldsymbol{A}-\lambda\boldsymbol{E})^{\mathrm{T}}|=|\boldsymbol{A}-\lambda\boldsymbol{E}|$,所以 $\boldsymbol{A}$ 与 $\boldsymbol{A}^{\mathrm{T}}$ 有相同的特征多项式,因而特征值相同.

性质 3 设 n 阶方阵 $\boldsymbol{A}=(a_{ij})_{n\times n}$ 的 n 个特征值为 $\lambda_1,\lambda_2,\cdots,\lambda_n$(重根按重数计算),则:

(1) $\lambda_1\lambda_2\cdots\lambda_n=|\boldsymbol{A}|$;

(2) $\lambda_1+\lambda_2+\cdots+\lambda_n=a_{11}+a_{22}+\cdots+a_{nn}$.

证 (1) 当 $\lambda_1,\lambda_2,\cdots,\lambda_n$ 为 $\boldsymbol{A}$ 的 n 个特征值时,$\boldsymbol{A}$ 的特征多项式 $|\boldsymbol{A}-\lambda\boldsymbol{E}|$ 可写成

$$f(\lambda)=|\boldsymbol{A}-\lambda\boldsymbol{E}|=(\lambda_1-\lambda)(\lambda_2-\lambda)\cdots(\lambda_n-\lambda).$$

令 $\lambda=0$,得

$$|\boldsymbol{A}|=\lambda_1\lambda_2\cdots\lambda_n.$$

(2) 因为在行列式

$$|\boldsymbol{A}-\lambda\boldsymbol{E}|=\begin{vmatrix} a_{11}-\lambda & a_{12} & \cdots & a_{1n} \\ a_{21} & a_{22}-\lambda & \cdots & a_{2n} \\ \vdots & \vdots & & \vdots \\ a_{n1} & a_{n2} & \cdots & a_{nn}-\lambda \end{vmatrix}$$

的展开项中,主对角线上元素的乘积这一项为

$$(a_{11}-\lambda)(a_{22}-\lambda)\cdots(a_{nn}-\lambda),$$

由行列式的定义,除了主对角线上元素的乘积这一项外,展开式的其余项至多包含 $n-2$ 个主对角线上的元素,因此特征多项式中含 λ^n 与 λ^{n-1} 的项只能在主对角线元素的乘积项中出现,其他项不会包含 λ^n 与 λ^{n-1} 的项.该式的展开式为

$$(a_{11}-\lambda)(a_{22}-\lambda)\cdots(a_{nn}-\lambda)=(-1)^n\lambda^n+(-1)^{n-1}(a_{11}+a_{22}+\cdots+a_{nn})\lambda^{n-1}+\cdots,$$

把该式与式

$$\begin{aligned} f(\lambda)&=(\lambda_1-\lambda)(\lambda_2-\lambda)\cdots(\lambda_n-\lambda) \\ &=(-1)^n\lambda^n+(-1)^{n-1}(\lambda_1+\lambda_2+\cdots+\lambda_n)\lambda^{n-1}+\cdots+\lambda_1\lambda_2\cdots\lambda_n \end{aligned}$$

相比较,则有

$$\lambda_1+\lambda_2+\cdots+\lambda_n=a_{11}+a_{22}+\cdots+a_{nn}.$$

矩阵 $\boldsymbol{A}$ 的主对角线上元素的和称为**矩阵 $\boldsymbol{A}$ 的迹**，记作 $\mathrm{Tr}(\boldsymbol{A})$，即

$$\mathrm{Tr}(\boldsymbol{A})=a_{11}+a_{22}+\cdots+a_{nn}. \tag{4.4}$$

因此(2)可写为 $\mathrm{Tr}(\boldsymbol{A})=\sum_{i=1}^{n}\lambda_i$.

推论　n 阶方阵 $\boldsymbol{A}$ 可逆的充分必要条件是 $\boldsymbol{A}$ 的特征值不等于零.

例 4.11　设方阵 $\boldsymbol{A}$ 满足 $\boldsymbol{A}^2=\boldsymbol{E}$，证明：(1)$\boldsymbol{A}$ 的特征值为 1 或 -1；(2)$4\boldsymbol{E}-3\boldsymbol{A}$ 可逆.

证　(1) 设 λ 为方阵 $\boldsymbol{A}$ 的特征值，则 λ^2 是 $\boldsymbol{A}^2$ 的特征值.由于 $\boldsymbol{A}^2=\boldsymbol{E}$ 且 $\boldsymbol{E}$ 的特征值为 1，于是 $\lambda^2=1$，这时 $\lambda=1$ 或 $\lambda=-1$.

(2) 因为 $4\boldsymbol{E}-3\boldsymbol{A}$ 的特征值为 $4-3\times1=1$ 或 $4-3\times(-1)=7$，由推论知 $4\boldsymbol{E}-3\boldsymbol{A}$ 可逆.

性质 4　矩阵 $\boldsymbol{A}$ 关于同一个特征值 λ_i 的任意两个特征向量 $\boldsymbol{\xi}_{i1},\boldsymbol{\xi}_{i2}$ 的非零线性组合

$$k_1\boldsymbol{\xi}_{i1}+k_2\boldsymbol{\xi}_{i2},\quad k_1,k_2\text{ 不全为零}$$

也是 $\boldsymbol{A}$ 对应于特征值 λ_i 的特征向量.

证　因为 $\boldsymbol{A}\boldsymbol{\xi}_{i1}=\lambda_i\boldsymbol{\xi}_{i1},\boldsymbol{A}\boldsymbol{\xi}_{i2}=\lambda_i\boldsymbol{\xi}_{i2}$，则对于任意两个不全为零的数 k_1,k_2，

$$\boldsymbol{A}(k_1\boldsymbol{\xi}_{i1}+k_2\boldsymbol{\xi}_{i2})=k_1\boldsymbol{A}\boldsymbol{\xi}_{i1}+k_2\boldsymbol{A}\boldsymbol{\xi}_{i2}=k_1\lambda_i\boldsymbol{\xi}_{i1}+k_2\lambda_i\boldsymbol{\xi}_{i2}=\lambda_i(k_1\boldsymbol{\xi}_{i1}+k_2\boldsymbol{\xi}_{i2}),$$

故 $k_1\boldsymbol{\xi}_{i1}+k_2\boldsymbol{\xi}_{i2}$($k_1,k_2$ 不全为零)是对应于特征值 λ_i 的特征向量.

根据性质 4 又可以得出以下结论：

矩阵 $\boldsymbol{A}$ 关于同一个特征值 λ_i 的任意 m 个特征向量 $\boldsymbol{\xi}_{i1},\boldsymbol{\xi}_{i2},\cdots,\boldsymbol{\xi}_{im}$ 的非零线性组合

$$k_1\boldsymbol{\xi}_{i1}+k_2\boldsymbol{\xi}_{i2}+\cdots+k_m\boldsymbol{\xi}_{im},\quad k_1,k_2,\cdots,k_m\text{ 不全为零}$$

也是 $\boldsymbol{A}$ 对应于特征值 λ_i 的特征向量.

性质 5　矩阵 $\boldsymbol{A}$ 的不同的特征值所对应的特征向量是线性无关的.

证　设矩阵 $\boldsymbol{A}$ 的 r 个不同的特征值 λ_i 所对应的特征向量为 $\boldsymbol{\xi}_i\ (i=1,2,\cdots,r)$.

当 $r=2$ 时，设 $\boldsymbol{\xi}_1,\boldsymbol{\xi}_2$ 分别为 $\boldsymbol{A}$ 对应于特征值 λ_1,λ_2 的特征向量，则 $\boldsymbol{A}\boldsymbol{\xi}_1=\lambda_1\boldsymbol{\xi}_1,\boldsymbol{A}\boldsymbol{\xi}_2=\lambda_2\boldsymbol{\xi}_2$，令

$$k_1\boldsymbol{\xi}_1+k_2\boldsymbol{\xi}_2=\boldsymbol{0}, \tag{4.5}$$

有

$$\boldsymbol{A}(k_1\boldsymbol{\xi}_1+k_2\boldsymbol{\xi}_2)=k_1\boldsymbol{A}\boldsymbol{\xi}_1+k_2\boldsymbol{A}\boldsymbol{\xi}_2=k_1\lambda_1\boldsymbol{\xi}_1+k_2\lambda_2\boldsymbol{\xi}_2=\boldsymbol{0}. \tag{4.6}$$

式(4.5)乘以 λ_1 与式(4.6)相减，得

$$k_2(\lambda_1-\lambda_2)\boldsymbol{\xi}_2=\boldsymbol{0}.$$

因为 $\boldsymbol{\xi}_2\neq\boldsymbol{0},\lambda_1-\lambda_2\neq0$，所以 $k_2=0$.同理 $k_1=0$.即当 $r=2$ 时该性质成立.

假设当 $r-1$ 时性质 5 成立，即若 $\boldsymbol{\xi}_1,\boldsymbol{\xi}_2,\cdots,\boldsymbol{\xi}_{r-1}$ 分别为 $\boldsymbol{A}$ 的不同的特征值 $\lambda_1,\lambda_2,\cdots,\lambda_{r-1}$ 对应的特征向量，$\boldsymbol{\xi}_1,\boldsymbol{\xi}_2,\cdots,\boldsymbol{\xi}_{r-1}$ 线性无关.设 $\boldsymbol{A}$ 的 r 个不同的特征值 $\lambda_1,\lambda_2,\cdots,\lambda_{r-1},\lambda_r$ 对应的特征向量分别为 $\boldsymbol{\xi}_1,\boldsymbol{\xi}_2,\cdots,\boldsymbol{\xi}_{r-1},\boldsymbol{\xi}_r$，令

$$k_1\boldsymbol{\xi}_1+k_2\boldsymbol{\xi}_2+\cdots+k_{r-1}\boldsymbol{\xi}_{r-1}+k_r\boldsymbol{\xi}_r=\boldsymbol{0}. \tag{4.7}$$

用 $\boldsymbol{A}$ 左乘以式(4.7),得

$$
\begin{aligned}
&\boldsymbol{A}(k_1\boldsymbol{\xi}_1+k_2\boldsymbol{\xi}_2+\cdots+k_{r-1}\boldsymbol{\xi}_{r-1}+k_r\boldsymbol{\xi}_r)\\
&=k_1\lambda_1\boldsymbol{\xi}_1+k_2\lambda_2\boldsymbol{\xi}_2+\cdots+k_{r-1}\lambda_{r-1}\boldsymbol{\xi}_{r-1}+k_r\lambda_r\boldsymbol{\xi}_r=\boldsymbol{0},
\end{aligned}\tag{4.8}
$$

式(4.7)乘以 λ_r 与式(4.8)相减,得

$$k_1(\lambda_r-\lambda_1)\boldsymbol{\xi}_1+k_2(\lambda_r-\lambda_2)\boldsymbol{\xi}_2+\cdots+k_{r-1}(\lambda_r-\lambda_{r-1})\boldsymbol{\xi}_{r-1}=\boldsymbol{0}.$$

由假设,$\boldsymbol{\xi}_1,\boldsymbol{\xi}_2,\cdots,\boldsymbol{\xi}_{r-1}$ 线性无关,因此

$$k_i(\lambda_r-\lambda_i)=0,\quad i=1,2,\cdots,r-1.$$

因为 $\lambda_r-\lambda_i\neq 0$,所以 $k_i=0,i=1,2,\cdots,r-1$,代入式(4.7),得 $k_r=0$.性质 5 得证.

例如,例 4.7 中,$\lambda_1=4$ 对应的特征向量 $\boldsymbol{\xi}_1=\left(\dfrac{2}{3},1\right)^{\mathrm{T}}$ 与 $\lambda_2=-1$ 对应的特征向量 $\boldsymbol{\xi}_2=(-1,1)^{\mathrm{T}}$ 是线性无关的.

具体求解矩阵 $\boldsymbol{A}$ 的特征值 λ_i 所对应的特征向量时,首先求出的是 λ_i 对应的齐次线性方程组 $(\boldsymbol{A}-\lambda\boldsymbol{E})\boldsymbol{x}=\boldsymbol{0}$ 的基础解系.基础解系是特征值 λ_i 所对应的全部特征向量的一个极大线性无关组,也就是 λ_i 所对应的全部特征向量的一个基,称之为 λ_i 所对应的一个线性无关的特征向量组.

性质 5 说明,矩阵 $\boldsymbol{A}$ 的不同的特征值所对应的特征向量是线性无关的.我们自然要问,将 $\boldsymbol{A}$ 的所有不同的特征值 $\lambda_1,\lambda_2,\cdots,\lambda_{r-1},\lambda_r$ 各自对应的线性无关的特征向量组并在一起组成的向量组是否仍然是线性无关的? 答案是肯定的.

性质 6 矩阵 $\boldsymbol{A}$ 的 r 个不同的特征值所对应的 r 组线性无关的特征向量组并在一起仍然是线性无关的.

证 设矩阵 $\boldsymbol{A}$ 的 r 个不同的特征值为 $\lambda_1,\lambda_2,\cdots,\lambda_{r-1},\lambda_r$,特征值 λ_i 所对应的线性无关的特征向量组为 $\boldsymbol{\xi}_{i1},\boldsymbol{\xi}_{i2},\cdots,\boldsymbol{\xi}_{im_i}(i=1,2,\cdots,r)$,即要证明向量组

$$\boldsymbol{\xi}_{11},\boldsymbol{\xi}_{12},\cdots,\boldsymbol{\xi}_{1m_1},\boldsymbol{\xi}_{21},\boldsymbol{\xi}_{22},\cdots,\boldsymbol{\xi}_{2m_2},\cdots,\boldsymbol{\xi}_{r1},\boldsymbol{\xi}_{r2},\cdots,\boldsymbol{\xi}_{rm_r}$$

线性无关.

设有常数 $c_{i1},c_{i2},\cdots,c_{im_i}(i=1,2,\cdots,r)$ 满足

$$\sum_{j=1}^{m_1}c_{1j}\boldsymbol{\xi}_{1j}+\sum_{j=1}^{m_2}c_{2j}\boldsymbol{\xi}_{2j}+\cdots+\sum_{j=1}^{m_r}c_{rj}\boldsymbol{\xi}_{rj}=\boldsymbol{0},\tag{4.9}$$

令 $\boldsymbol{\tau}_i=\sum\limits_{j=1}^{m_i}c_{ij}\boldsymbol{\xi}_{ij}\ (i=1,2,\cdots,r)$,若 $\boldsymbol{\tau}_i\neq\boldsymbol{0}$,则 $\boldsymbol{\tau}_i$ 是 λ_i 对应的特征向量,而式(4.9)为

$$\boldsymbol{\tau}_1+\boldsymbol{\tau}_2+\cdots+\boldsymbol{\tau}_r=\boldsymbol{0},$$

即 $\boldsymbol{\tau}_1,\boldsymbol{\tau}_2,\cdots,\boldsymbol{\tau}_r$ 线性相关,这与性质 5 矛盾.所以 $\boldsymbol{\tau}_i=\boldsymbol{0}(i=1,2,\cdots,r)$.

由于 $\boldsymbol{\tau}_i=\boldsymbol{0}$,即 $\sum\limits_{j=1}^{m_i}c_{ij}\boldsymbol{\xi}_{ij}=\boldsymbol{0}$,而 $\boldsymbol{\xi}_{i1},\boldsymbol{\xi}_{i2},\cdots,\boldsymbol{\xi}_{im_i}$ 线性无关,所以 $c_{i1}=c_{i2}=\cdots=c_{im_i}=0$ $(i=1,2,\cdots,r)$,故向量组

$$-\boldsymbol{\xi}_{11},\boldsymbol{\xi}_{12},\cdots,\boldsymbol{\xi}_{1m_1},\boldsymbol{\xi}_{21},\boldsymbol{\xi}_{22},\cdots,\boldsymbol{\xi}_{2m_2},\cdots,\boldsymbol{\xi}_{r1},\boldsymbol{\xi}_{r2},\cdots,\boldsymbol{\xi}_{rm_r}$$

线性无关.

关于一个特征值所对应的特征向量集合中线性无关向量的个数有如下性质.

性质7 设λ_0是n阶方阵$\boldsymbol{A}$的一个t重特征值,则λ_0对应的特征向量集合中线性无关向量的个数不超过t(证明从略).

即,若n阶方阵$\boldsymbol{A}$有n个互异的特征值,则每一个特征值仅对应一个线性无关的特征向量,从而$\boldsymbol{A}$共有n个线性无关的特征向量.

若n阶方阵$\boldsymbol{A}$互异的特征值只有s个:$\lambda_1,\lambda_2,\cdots,\lambda_s$,$s<n$,而特征值$\lambda_i$的重数为$t_i(i=1,2,\cdots,r)$,$t_1+t_2+\cdots+t_s=n$,$\lambda_i$对应的线性无关的特征向量的个数为$\mu_i$,则$\mu_i\leqslant t_i$,即$\sum\limits_{i=1}^{s}\mu_i\leqslant\sum\limits_{i=1}^{s}t_i=n$.此时,$n$阶方阵$\boldsymbol{A}$至多有$n$个线性无关的特征向量.

例如,例4.7中二阶方阵$\boldsymbol{A}$有2个不同的特征值,对应着2个线性无关的特征向量;例4.9中,三阶方阵$\boldsymbol{A}$有2个不同的特征值,对应着3个线性无关的特征向量.而例4.8中的三阶方阵$\boldsymbol{A}$有2个不同的特征值,只对应着2个线性无关的特征向量,小于矩阵的阶数.

4.3 相似矩阵

这一节我们将讨论矩阵的相似问题,矩阵$\boldsymbol{P}^{-1}\boldsymbol{AP}$与$\boldsymbol{A}$称为相似.矩阵的相似关系可以用来简化运算,例如$\boldsymbol{B}=\boldsymbol{P}^{-1}\boldsymbol{AP}$,那么,$\boldsymbol{B}^K=\boldsymbol{P}^{-1}\boldsymbol{A}^K\boldsymbol{P}$,$\boldsymbol{A}^K=\boldsymbol{PB}^K\boldsymbol{P}^{-1}$.因此,当$\boldsymbol{B}$比较简单时,可以利用$\boldsymbol{B}^K$来计算$\boldsymbol{A}^K$.相似矩阵还可以用来简化线性方程组及微分方程组,相似矩阵还有其他方面的应用.找出与$\boldsymbol{A}$相似的矩阵中最简单的矩阵,这就是求矩阵的标准形问题,矩阵的标准形不仅可以用来简化运算,在其他科学中也有着广泛的应用.

4.3.1 相似矩阵的概念

定义4.9 设$\boldsymbol{A}$,$\boldsymbol{B}$都是n阶方阵,若存在可逆矩阵$\boldsymbol{P}$,使$\boldsymbol{P}^{-1}\boldsymbol{AP}=\boldsymbol{B}$,则称$\boldsymbol{B}$是$\boldsymbol{A}$的相似矩阵,并称$\boldsymbol{A}$与$\boldsymbol{B}$相似,记作$\boldsymbol{A}\sim\boldsymbol{B}$.

对$\boldsymbol{A}$进行$\boldsymbol{P}^{-1}\boldsymbol{AP}$运算称为对$\boldsymbol{A}$进行相似变换,称可逆矩阵$\boldsymbol{P}$为相似变换矩阵.

例如,因为

$$\begin{pmatrix}1&1\\1&-5\end{pmatrix}^{-1}\begin{pmatrix}3&1\\5&-1\end{pmatrix}\begin{pmatrix}1&1\\1&-5\end{pmatrix}=\begin{pmatrix}\frac{5}{6}&\frac{1}{6}\\\frac{1}{6}&-\frac{1}{6}\end{pmatrix}\begin{pmatrix}3&1\\5&-1\end{pmatrix}\begin{pmatrix}1&1\\1&-5\end{pmatrix}$$

$$=\begin{pmatrix}\frac{10}{3}&\frac{2}{3}\\-\frac{1}{3}&\frac{1}{3}\end{pmatrix}\begin{pmatrix}1&1\\1&-5\end{pmatrix}=\begin{pmatrix}4&0\\0&-2\end{pmatrix},$$

所以$A=\begin{pmatrix}3&1\\5&-1\end{pmatrix}$与$B=\begin{pmatrix}4&0\\0&-2\end{pmatrix}$相似，这里，相似变换矩阵$P=\begin{pmatrix}1&1\\1&-5\end{pmatrix}$.

4.3.2 相似矩阵的性质

“相似”也是矩阵之间的一种关系，这种关系也具有以下一些性质：

设A,B,C都是n阶方阵，有

定理 4.5 (1) 反身性：$A\sim A$；

(2) 对称性：$A\sim B$，那么，$B\sim A$；

(3) 传递性：$A\sim B$，$B\sim C$，那么，$A\sim C$.

证 (1) 因为有n阶单位矩阵E，$E^{-1}AE=A$，所以，$A\sim A$.

(2) 因为如果$A\sim B$，那么，有n阶可逆矩阵P，使得$P^{-1}AP=B$，令$Q=P^{-1}$，则有$Q^{-1}BQ=A$，所以，$B\sim A$.

(3) 因为如果$A\sim B$，$B\sim C$，那么，有n阶可逆矩阵P和Q，使得

$$P^{-1}AP=B,\quad Q^{-1}BQ=C,$$

于是

$$Q^{-1}(P^{-1}AP)Q=Q^{-1}P^{-1}APQ=(PQ)^{-1}A(PQ)=C,$$

因此，$A\sim C$.

定理 4.6 设n阶方阵$A=(a_{ij})$和$B=(b_{ij})$相似，则有

(1) $\mathrm{R}(A)=\mathrm{R}(B)$；

(2) $|A|=|B|$；

(3) $|A-\lambda E|=|B-\lambda E|$，即相似矩阵有相同的特征多项式，因而有相同的特征值；

(4) $\sum\limits_{i=1}^{n}a_{ii}=\sum\limits_{i=1}^{n}\lambda_i=\sum\limits_{i=1}^{n}b_{ii}$，即矩阵$A$和$B$有相同的迹.

证 (1)、(2)显然，只证明(3)和(4).

(3) 因为$A\sim B$，故存在可逆矩阵P，使$P^{-1}AP=B$，于是

$$\begin{aligned}|B-\lambda E|&=|P^{-1}AP-\lambda E|=|P^{-1}AP-P^{-1}\lambda EP|=|P^{-1}(A-\lambda E)P|\\&=|P^{-1}||A-\lambda E||P|=|A-\lambda E|.\end{aligned}$$

(4) 由于$A\sim B$，由(3)知A和B有相同的特征值，记为$\lambda_1,\lambda_2,\cdots,\lambda_n$.由特征值的性质3(2)，$\sum\limits_{i=1}^{n}a_{ii}=\sum\limits_{i=1}^{n}\lambda_i$，且$\sum\limits_{i=1}^{n}b_{ii}=\sum\limits_{i=1}^{n}\lambda_i$，即$\sum\limits_{i=1}^{n}a_{ii}=\sum\limits_{i=1}^{n}\lambda_i=\sum\limits_{i=1}^{n}b_{ii}$.

例 4.12 设$A=\begin{pmatrix}1&a&1\\a&1&b\\1&b&1\end{pmatrix}$与$B=\begin{pmatrix}0&0&0\\0&1&0\\0&0&2\end{pmatrix}$相似，求$a,b$.

解法一 因A与B相似，其特征多项式必相等，所以$|A-\lambda E|=|B-\lambda E|$，即

$$\begin{vmatrix} 1-\lambda & a & 1 \\ a & 1-\lambda & b \\ 1 & b & 1-\lambda \end{vmatrix} = \begin{vmatrix} -\lambda & 0 & 0 \\ 0 & 1-\lambda & 0 \\ 0 & 0 & 2-\lambda \end{vmatrix},$$

$$(1-\lambda)^3 + ab + ab - (1-\lambda) - a^2(1-\lambda) - b^2(1-\lambda) = -\lambda(1-\lambda)(2-\lambda),$$

$$-\lambda^3 + 3\lambda^2 - (2 - a^2 - b^2)\lambda - (a-b)^2 = -\lambda^3 + 3\lambda^2 - 2\lambda,$$

比较对应项系数,得

$$2-a^2-b^2=2,\quad (a-b)^2=0,$$

解之得 $a=b=0$.

解法二　因 $\boldsymbol{A}$ 与 $\boldsymbol{B}$ 相似,因而 $\boldsymbol{B}$ 的特征值 0,1,2 均为 $\boldsymbol{A}$ 的特征值.由

$$|\boldsymbol{A}-0\boldsymbol{E}| = \begin{vmatrix} 1 & a & 1 \\ a & 1 & b \\ 1 & b & 1 \end{vmatrix} = \begin{vmatrix} 1 & a & 1 \\ a & 1 & b \\ 0 & b-a & 0 \end{vmatrix}$$

$$=(b-a)\begin{vmatrix} 1 & 1 \\ a & b \end{vmatrix} = -(b-a)^2 = 0.$$

得 $a=b$.

由

$$|\boldsymbol{A}-1\boldsymbol{E}| = \begin{vmatrix} 0 & a & 1 \\ a & 0 & b \\ 1 & b & 0 \end{vmatrix} = 2ab = 0,$$

得 $ab=0$.

由

$$|\boldsymbol{A}-2\boldsymbol{E}| = \begin{vmatrix} -1 & a & 1 \\ a & -1 & b \\ 1 & b & -1 \end{vmatrix} = \begin{vmatrix} -1 & a & 1 \\ a & -1 & b \\ 0 & a+b & 0 \end{vmatrix}$$

$$=(-1)(a+b)\begin{vmatrix} -1 & 1 \\ a & b \end{vmatrix}$$

$$=-(a+b)[-(a+b)]=(a+b)^2=0,$$

得 $a=-b$.

由以上三式中任意两式,均可求得 $a=b=0$.

4.3.3　矩阵可对角化的条件

下面讨论 n 阶方阵 $\boldsymbol{A}$ 如何通过相似变换化为对角矩阵的问题.

定义 4.10　给定 n 阶方阵 $\boldsymbol{A}$,若存在可逆矩阵 $\boldsymbol{P}$,使得

$$P^{-1}AP=\Lambda=\begin{pmatrix}\lambda_1 & & & \\ & \lambda_2 & & \\ & & \ddots & \\ & & & \lambda_n\end{pmatrix},$$

则称矩阵 A 可相似对角化.$\lambda_1,\lambda_2,\cdots,\lambda_n$ 为矩阵 A 的特征值.

定理 4.7 n 阶方阵 A 可对角化的充分必要条件是 A 有 n 个线性无关的特征向量.

证 若 n 阶方阵 A 可对角化,则存在可逆矩阵 P,使 $P^{-1}AP=\Lambda$,即

$$AP=P\Lambda. \tag{4.10}$$

记矩阵 P 的 n 个列向量为 $\boldsymbol{\xi}_1,\boldsymbol{\xi}_2,\cdots,\boldsymbol{\xi}_n$,即

$$P=(\boldsymbol{\xi}_1,\boldsymbol{\xi}_2,\cdots,\boldsymbol{\xi}_n),$$

于是式(4.10)为

$$A(\boldsymbol{\xi}_1,\boldsymbol{\xi}_2,\cdots,\boldsymbol{\xi}_n)=(\boldsymbol{\xi}_1,\boldsymbol{\xi}_2,\cdots,\boldsymbol{\xi}_n)\begin{pmatrix}\lambda_1 & & & \\ & \lambda_2 & & \\ & & \ddots & \\ & & & \lambda_n\end{pmatrix},$$

即

$$A\boldsymbol{\xi}_i=\lambda_i\boldsymbol{\xi}_i,\quad i=1,2,\cdots,n. \tag{4.11}$$

式(4.11)表明向量 $\boldsymbol{\xi}_i$ 是矩阵 A 对应于 λ_i 的特征向量.由于 P 可逆,所以 $\boldsymbol{\xi}_1,\boldsymbol{\xi}_2,\cdots,\boldsymbol{\xi}_n$ 线性无关.

反之,若 A 有 n 个线性无关的特征向量,由上述过程逆推,可得到 A 相似于对角矩阵的结论.

由定理 4.7 及其证明过程可以看出,若 A 通过相似变换化为对角矩阵 Λ,则 Λ 的对角线上的元素是 A 的 n 个特征值 $\lambda_1,\lambda_2,\cdots,\lambda_n$,相似变换矩阵 P 的列向量是 A 的特征值对应的 n 个线性无关的特征向量.

如果 n 阶方阵 A 有 n 个互异的特征值,则 A 必有 n 个线性无关的特征向量.于是有以下推论.

推论 1 若 n 阶方阵 A 有 n 个互异的特征值,则 A 必可相似对角化.

推论 2 n 阶方阵 A 相似于对角矩阵(能对角化)的充分必要条件是,A 的每一个 t_i 重特征值 λ_i 对应 t_i 个线性无关的特征向量.

例 4.13 已知 $A=\begin{pmatrix}-1 & 1 & 0\\ -4 & 3 & 0\\ 1 & 0 & 2\end{pmatrix}$,问 A 能否对角化?

解 矩阵 A 的特征值多项式为

$$|A-\lambda E|=\begin{vmatrix}-1-\lambda & 1 & 0\\ -4 & 3-\lambda & 0\\ 1 & 0 & 2-\lambda\end{vmatrix}=(\lambda-1)^2(2-\lambda),$$

令 $|\boldsymbol{A}-\lambda\boldsymbol{E}|=0$，得 $\boldsymbol{A}$ 的特征值 $\lambda_1=\lambda_2=1, \lambda_3=2$.

由于 $\lambda_1=\lambda_2=1$ 对应的齐次线性方程组 $(\boldsymbol{A}-\boldsymbol{E})\boldsymbol{x}=\boldsymbol{0}$ 的系数矩阵的秩 $R(\boldsymbol{A}-\boldsymbol{E})=2$，因此齐次线性方程组 $(\boldsymbol{A}-\boldsymbol{E})\boldsymbol{x}=\boldsymbol{0}$ 的基础解系中向量的个数为 1，即二重特征值 $\lambda_1=\lambda_2=1$ 只对应一个线性无关的特征向量，所以 $\boldsymbol{A}$ 不能相似于对角矩阵.

例 4.14　设矩阵 $\boldsymbol{A}=\begin{pmatrix}1 & 2 & -3\\ -1 & 4 & -3\\ 1 & a & 5\end{pmatrix}$ 的特征方程有一个二重根 2，(1) 求 a 的值；(2) 讨论 $\boldsymbol{A}$ 是否可相似对角化；(3) 若能相似于对角矩阵，将矩阵对角化.

解　(1) $|\boldsymbol{A}-\lambda\boldsymbol{E}|=(2-\lambda)(\lambda^2-8\lambda+18+3a)$，又因为特征方程有一个二重根 2，则 $2^2-16+18+3a=0$，解得 $a=-2$.

(2) $a=-2$ 时，$\boldsymbol{A}$ 的特征值为 $\lambda_1=\lambda_2=2, \lambda_3=6$. $\lambda_1=\lambda_2=2$ 对应的齐次线性方程组 $(\boldsymbol{A}-2\boldsymbol{E})\boldsymbol{x}=\boldsymbol{0}$ 的系数矩阵的秩 $R(\boldsymbol{A}-2\boldsymbol{E})=1$，因此 $\lambda_1=\lambda_2=2$ 对应的线性无关的特征向量有两个，从而 $\boldsymbol{A}$ 可相似对角化.

(3) $\lambda_1=\lambda_2=2$ 时，齐次线性方程组 $(\boldsymbol{A}-2\boldsymbol{E})\boldsymbol{x}=\boldsymbol{0}$ 的基础解系为 $\boldsymbol{\xi}_1=(2,1,0)^{\mathrm{T}}, \boldsymbol{\xi}_2=(-3,0,1)^{\mathrm{T}}$，此为 $\lambda_1=\lambda_2=2$ 对应的两个线性无关的特征向量.

$\lambda_3=6$ 时，齐次线性方程组 $(\boldsymbol{A}-6\boldsymbol{E})\boldsymbol{x}=\boldsymbol{0}$ 的基础解系为 $\boldsymbol{\xi}_3=(-1,-1,1)^{\mathrm{T}}$，此为 $\lambda_3=6$ 对应的一个线性无关的特征向量.

因此，相似变换矩阵和对角矩阵分别为

$$\boldsymbol{P}=(\boldsymbol{\xi}_1,\boldsymbol{\xi}_2,\boldsymbol{\xi}_3)=\begin{pmatrix}2 & -3 & -1\\ 1 & 0 & -1\\ 0 & 1 & 1\end{pmatrix},\quad \boldsymbol{\Lambda}=\begin{pmatrix}\lambda_1 & & \\ & \lambda_2 & \\ & & \lambda_3\end{pmatrix}=\begin{pmatrix}2 & & \\ & 2 & \\ & & 6\end{pmatrix},$$

其中，$\boldsymbol{P}^{-1}\boldsymbol{A}\boldsymbol{P}=\boldsymbol{\Lambda}$.

例 4.15　设三阶方阵 $\boldsymbol{A}$ 的特征值 $\lambda_1=4, \lambda_2=\lambda_3=-2$，对应的特征向量为 $\boldsymbol{\xi}_1=(1,1,2)^{\mathrm{T}}, \boldsymbol{\xi}_2=(1,1,0)^{\mathrm{T}}, \boldsymbol{\xi}_3=(-1,0,1)^{\mathrm{T}}$，求矩阵 $\boldsymbol{A}$.

解　由已知 $\boldsymbol{\xi}_1,\boldsymbol{\xi}_2,\boldsymbol{\xi}_3$ 线性无关，从而矩阵 $\boldsymbol{A}$ 相似于对角矩阵，即 $\boldsymbol{P}^{-1}\boldsymbol{A}\boldsymbol{P}=\boldsymbol{\Lambda}$. 于是 $\boldsymbol{A}=\boldsymbol{P}\boldsymbol{\Lambda}\boldsymbol{P}^{-1}$，其中

$$\boldsymbol{\Lambda}=\begin{pmatrix}4 & & \\ & -2 & \\ & & -2\end{pmatrix},\quad \boldsymbol{P}=\begin{pmatrix}1 & 1 & -1\\ 1 & 1 & 0\\ 2 & 0 & 1\end{pmatrix},\quad \boldsymbol{P}^{-1}=\begin{pmatrix}\frac{1}{2} & -\frac{1}{2} & \frac{1}{2}\\ -\frac{1}{2} & \frac{3}{2} & -\frac{1}{2}\\ -1 & 1 & 0\end{pmatrix},$$

故 $\boldsymbol{A}=\begin{pmatrix}1 & -3 & 3\\ 3 & -5 & 3\\ 6 & -6 & 4\end{pmatrix}$.

例 4.16　设 $\boldsymbol{A}$ 为三阶矩阵，$\boldsymbol{\alpha}_1,\boldsymbol{\alpha}_2$ 为属于特征值 1 的线性无关的特征向量，$\boldsymbol{\alpha}_3$ 为 $\boldsymbol{A}$ 的属

于特征值-1的特征向量,则$\boldsymbol{P}^{-1}\boldsymbol{A}\boldsymbol{P}=\begin{pmatrix}1&0&0\\0&-1&0\\0&0&1\end{pmatrix}$的可逆矩阵$\boldsymbol{P}$为(　　).

A. $\boldsymbol{\alpha}_2+\boldsymbol{\alpha}_3+\boldsymbol{\alpha}_4+k\boldsymbol{\alpha}_1$　　B. $\boldsymbol{\alpha}_1+\boldsymbol{\alpha}_3+\boldsymbol{\alpha}_4+k\boldsymbol{\alpha}_2$

C. $\boldsymbol{\alpha}_1+\boldsymbol{\alpha}_2+\boldsymbol{\alpha}_4+k\boldsymbol{\alpha}_3$　　D. $\boldsymbol{\alpha}_1+\boldsymbol{\alpha}_2+\boldsymbol{\alpha}_3+k\boldsymbol{\alpha}_4$

解　由题意$\boldsymbol{A}\boldsymbol{\alpha}_1=\boldsymbol{\alpha}_1,\boldsymbol{A}\boldsymbol{\alpha}_2=\boldsymbol{\alpha}_2,\boldsymbol{A}\boldsymbol{\alpha}_3=-\boldsymbol{\alpha}_3$,又$\boldsymbol{P}^{-1}\boldsymbol{A}\boldsymbol{P}=\begin{pmatrix}1&0&0\\0&-1&0\\0&0&1\end{pmatrix}$,所以$\boldsymbol{P}$的第1、3列为对应特征值1的线性无关的特征向量$\boldsymbol{\alpha}_1+\boldsymbol{\alpha}_2,\boldsymbol{\alpha}_2$,$\boldsymbol{P}$的第2列为对应特征值$-1$的线性无关的特征向量$-\boldsymbol{\alpha}_3$. 所以$\boldsymbol{P}=(\boldsymbol{\alpha}_1+\boldsymbol{\alpha}_2,-\boldsymbol{\alpha}_3,\boldsymbol{\alpha}_2)$. 故选D.

例 4.17　设$\boldsymbol{A}$为二阶矩阵,$\boldsymbol{P}=(\boldsymbol{\alpha},\boldsymbol{A}\boldsymbol{\alpha})$,其中$\boldsymbol{\alpha}$是非零向量且不是$\boldsymbol{A}$的特征向量.

(1) 证明$\boldsymbol{P}$为可逆矩阵;

(2) 若$\boldsymbol{A}^2\boldsymbol{\alpha}+\boldsymbol{A}\boldsymbol{\alpha}-6\boldsymbol{\alpha}=0$,求$\boldsymbol{P}^{-1}\boldsymbol{A}\boldsymbol{P}$,并判断$\boldsymbol{A}$是否相似于对角矩阵.

解　(1) 由题意可知$\boldsymbol{\alpha}\neq\boldsymbol{0}$且$\boldsymbol{A}\boldsymbol{\alpha}\neq\lambda\boldsymbol{\alpha}$,故$\boldsymbol{\alpha}$与$\boldsymbol{A}\boldsymbol{\alpha}$线性无关,$\mathrm{R}(\boldsymbol{\alpha},\boldsymbol{A}\boldsymbol{\alpha})=2$,则$\boldsymbol{P}$为可逆.

(2) $\boldsymbol{A}\boldsymbol{P}=\boldsymbol{A}(\boldsymbol{\alpha},\boldsymbol{A}\boldsymbol{\alpha})=(\boldsymbol{\alpha}\boldsymbol{A},\boldsymbol{A}^2\boldsymbol{\alpha})=(\boldsymbol{\alpha}\boldsymbol{A},-\boldsymbol{A}\boldsymbol{\alpha}+6\boldsymbol{\alpha})=(\boldsymbol{\alpha},\boldsymbol{A}\boldsymbol{\alpha})\begin{pmatrix}0&6\\1&-1\end{pmatrix}$,

故
$$\boldsymbol{P}^{-1}\boldsymbol{A}\boldsymbol{P}=(\boldsymbol{\alpha},\boldsymbol{A}\boldsymbol{\alpha})^{-1}(\boldsymbol{\alpha},\boldsymbol{A}\boldsymbol{\alpha})\begin{pmatrix}0&6\\1&-1\end{pmatrix}=\begin{pmatrix}0&6\\1&-1\end{pmatrix}.$$

由$\boldsymbol{A}^2\boldsymbol{\alpha}+\boldsymbol{A}\boldsymbol{\alpha}-6\boldsymbol{\alpha}=\boldsymbol{0}$,$(\boldsymbol{A}^2+\boldsymbol{A}-6\boldsymbol{E})\boldsymbol{\alpha}=\boldsymbol{0}$,$(\boldsymbol{A}+3\boldsymbol{E})(\boldsymbol{A}-2\boldsymbol{E})\boldsymbol{\alpha}=\boldsymbol{0}$.

因为$\boldsymbol{\alpha}\neq\boldsymbol{0}$,得$(\boldsymbol{A}^2+\boldsymbol{A}-6\boldsymbol{E})\boldsymbol{x}=\boldsymbol{0}$有非零解,故$|(\boldsymbol{A}+3\boldsymbol{E})(\boldsymbol{A}-2\boldsymbol{E})|=0$,$|\boldsymbol{A}+3\boldsymbol{E}|=0$或$|\boldsymbol{A}-2\boldsymbol{E}|=0$.

若$|\boldsymbol{A}+3\boldsymbol{E}|\neq0$,则有$(\boldsymbol{A}-2\boldsymbol{E})\boldsymbol{\alpha}=\boldsymbol{0}$,故$\boldsymbol{A}\boldsymbol{\alpha}=2\boldsymbol{\alpha}$与题意矛盾,则$|\boldsymbol{A}+3\boldsymbol{E}|=0$.

同理可得$|\boldsymbol{A}-2\boldsymbol{E}|=0$.于是$\boldsymbol{A}$的特征值为$-3$和2.

二阶矩阵$\boldsymbol{A}$有2个不同的特征值,故$\boldsymbol{A}$可相似于对角矩阵.

4.4　实对称矩阵的对角化

如上面讨论中看到的,一般的方阵不一定可对角化,但对于在应用中常遇到的实对称矩阵(满足$\boldsymbol{A}^{\mathrm{T}}=\boldsymbol{A}$的实矩阵),不仅一定可以对角化,而且解决起来也要简便得多,这是由于实对称矩阵的特征值与特征向量所具有的一些特性所决定的.

4.4.1　实对称矩阵特征值的性质

定理 4.8　实对称矩阵的特征值为实数.

证　设复数λ为对称矩阵$\boldsymbol{A}$的特征值,复向量$\boldsymbol{x}$为其对应的特征向量,即

$$\boldsymbol{A}\boldsymbol{x}=\lambda\boldsymbol{x},\quad \boldsymbol{x}\neq\boldsymbol{0},$$

$\bar{\lambda}, \bar{\boldsymbol{x}}$ 分别表示 $\lambda, \boldsymbol{x}$ 的共轭复数、共轭复向量，而 $\boldsymbol{A}$ 为实矩阵，有 $\boldsymbol{A}=\bar{\boldsymbol{A}}$，故

$$\boldsymbol{A}\bar{\boldsymbol{x}}=\bar{\boldsymbol{A}}\bar{\boldsymbol{x}}=(\overline{\boldsymbol{A}\boldsymbol{x}})=(\overline{\lambda\boldsymbol{x}})=\bar{\lambda}\bar{\boldsymbol{x}},$$

于是有

$$\bar{\boldsymbol{x}}^{\mathrm{T}}\boldsymbol{A}\boldsymbol{x}=\bar{\boldsymbol{x}}^{\mathrm{T}}(\boldsymbol{A}\boldsymbol{x})=\bar{\boldsymbol{x}}^{\mathrm{T}}\lambda\boldsymbol{x}=\lambda\bar{\boldsymbol{x}}^{\mathrm{T}}\boldsymbol{x},$$

即

$$\bar{\boldsymbol{x}}^{\mathrm{T}}\boldsymbol{A}\boldsymbol{x}=(\bar{\boldsymbol{x}}^{\mathrm{T}}\boldsymbol{A}^{\mathrm{T}})\boldsymbol{x}=(\boldsymbol{A}\bar{\boldsymbol{x}})^{\mathrm{T}}\boldsymbol{x}=(\bar{\lambda}\bar{\boldsymbol{x}})^{\mathrm{T}}\boldsymbol{x}=\bar{\lambda}\bar{\boldsymbol{x}}^{\mathrm{T}}\boldsymbol{x}.$$

以上两式相减，得

$$(\lambda-\bar{\lambda})\bar{\boldsymbol{x}}^{\mathrm{T}}\boldsymbol{x}=0,$$

因为 $\boldsymbol{x}\neq\boldsymbol{0}$，所以

$$\bar{\boldsymbol{x}}^{\mathrm{T}}\boldsymbol{x}=\sum_{i=1}^{n}\overline{x_i}x_i=\sum_{i=1}^{n}|x_i|^2\neq 0,$$

于是，$\lambda-\bar{\lambda}=0, \lambda=\bar{\lambda}$，即 λ 是实数.

显然，当特征值 λ_i 为实数时，方程组 $(\boldsymbol{A}-\lambda_i\boldsymbol{E})\boldsymbol{x}=\boldsymbol{0}$ 是实系数方程组，由 $|\boldsymbol{A}-\lambda_i\boldsymbol{E}|=0$，知它必有实的基础解系，所以，对应的特征向量可以取实向量.

定理 4.9 设 λ_1, λ_2 是实对称矩阵 $\boldsymbol{A}$ 的两个特征值，$\boldsymbol{\xi}_1, \boldsymbol{\xi}_2$ 是对应的特征向量，若 $\lambda_1\neq\lambda_2$，则 $\boldsymbol{\xi}_1$ 与 $\boldsymbol{\xi}_2$ 正交.

证 由题意知 $\lambda_1\boldsymbol{\xi}_1=A\boldsymbol{\xi}_1, \lambda_2\boldsymbol{\xi}_2=\boldsymbol{A}\boldsymbol{\xi}_2, \lambda_1\neq\lambda_2$，因为 $\boldsymbol{A}$ 对称，所以

$$\lambda_1\boldsymbol{\xi}_1^{\mathrm{T}}=(\lambda_1\boldsymbol{\xi}_1)^{\mathrm{T}}=(\boldsymbol{A}\boldsymbol{\xi}_1)^{\mathrm{T}}=\boldsymbol{\xi}_1^{\mathrm{T}}\boldsymbol{A}^{\mathrm{T}}=\boldsymbol{\xi}_1^{\mathrm{T}}\boldsymbol{A},$$

于是，$\lambda_1\boldsymbol{\xi}_1^{\mathrm{T}}\boldsymbol{\xi}_2=\boldsymbol{\xi}_1^{\mathrm{T}}\boldsymbol{A}\boldsymbol{\xi}^2=\boldsymbol{\xi}_1^{\mathrm{T}}(\lambda_2\boldsymbol{\xi}_2)=\lambda_2\boldsymbol{\xi}_1^{\mathrm{T}}\boldsymbol{\xi}_2$，即 $(\lambda_1-\lambda_2)\boldsymbol{\xi}_1^{\mathrm{T}}\boldsymbol{\xi}_2=\boldsymbol{0}$，但 $\lambda_1\neq\lambda_2$，所以，$\boldsymbol{\xi}_1^{\mathrm{T}}\boldsymbol{\xi}_2=\boldsymbol{0}$，即 $\boldsymbol{\xi}_1$ 与 $\boldsymbol{\xi}_2$ 正交.

定理 4.10 若 λ 是实对称矩阵 $\boldsymbol{A}$ 的 r 重特征值，则存在 r 个对应于特征值 λ 的线性无关的特征向量.

证明略.

4.4.2 实对称矩阵相似对角化

定理 4.11 设 $\boldsymbol{A}$ 为 n 阶实对称矩阵，则必有正交矩阵 $\boldsymbol{P}$，使 $\boldsymbol{P}^{-1}\boldsymbol{A}\boldsymbol{P}=\boldsymbol{P}^{\mathrm{T}}\boldsymbol{A}\boldsymbol{P}=\boldsymbol{\Lambda}$，其中 $\boldsymbol{\Lambda}$ 是以 $\boldsymbol{A}$ 的 n 个特征值为对角元素的对角矩阵.

证 设 $\boldsymbol{A}$ 的互不相等的特征值为 $\lambda_1, \lambda_2, \cdots, \lambda_t$，它们的重数依次为 $r_1, r_2, \cdots, r_t$ $(r_1+r_2+\cdots+r_t=n)$，根据定理 4.8 与定理 4.10 知，对应特征值 $\lambda_i(i=1,2,\cdots,t)$ 恰有 r_i 个线性无关的实特征向量，把它们正交化并且单位化，由 $r_1+r_2+\cdots+r_t=n$ 知共有 n 个这样的特征向量.

又由定理 4.9 知，对应于不同特征值的特征向量正交，所以，这 n 个单位特征向量两两正交，于是，以它们为列向量构成正交矩阵 $\boldsymbol{P}$.

令 $\boldsymbol{P}=(\boldsymbol{p}_1, \boldsymbol{p}_2, \cdots, \boldsymbol{p}_n)$，则

$$\boldsymbol{A}\boldsymbol{P}=\boldsymbol{A}(\boldsymbol{p}_1, \boldsymbol{p}_2, \cdots, \boldsymbol{p}_n)=(\boldsymbol{A}\boldsymbol{p}_1, \boldsymbol{A}\boldsymbol{p}_2, \cdots, \boldsymbol{A}\boldsymbol{p}_n)$$

$$=(\lambda_1\boldsymbol{p}_1,\lambda_2\boldsymbol{p}_2,\cdots,\lambda_n\boldsymbol{p}_n)=(\boldsymbol{p}_1,\boldsymbol{p}_2,\cdots,\boldsymbol{p}_n)\begin{pmatrix}\lambda_1 & & & \\ & \lambda_2 & & \\ & & \ddots & \\ & & & \lambda_n\end{pmatrix}=\boldsymbol{P\Lambda},$$

于是

$$\boldsymbol{P}^{-1}\boldsymbol{AP}=\boldsymbol{P}^{-1}\boldsymbol{P\Lambda}=\boldsymbol{E\Lambda}=\boldsymbol{\Lambda},$$

其中,对角矩阵$\boldsymbol{\Lambda}$的对角元素r_1个λ_1,r_2个λ_2,$\cdots$,r_t个λ_t恰是$\boldsymbol{A}$的特征值.

根据上述结论,设$\boldsymbol{A}$为实对称矩阵,求正交矩阵$\boldsymbol{P}$,使$\boldsymbol{P}^{-1}\boldsymbol{AP}=\boldsymbol{\Lambda}$为对角矩阵,其步骤如下:

(1) 求$\boldsymbol{A}$的全部特征值,即求$|\boldsymbol{A}-\lambda\boldsymbol{E}|=0$的全部根$\lambda_1,\lambda_2,\cdots,\lambda_t$;

(2) 对每个特征值$\lambda_i(i=1,2,\cdots,t)$,解方程组$(\boldsymbol{A}-\lambda_i\boldsymbol{E})\boldsymbol{x}=\boldsymbol{0}$,求一个基础解系$\boldsymbol{\alpha}_{i1}$,$\boldsymbol{\alpha}_{i2},\cdots,\boldsymbol{\alpha}_{ir_i}$;然后正交化,得$\boldsymbol{\beta}_{i1},\boldsymbol{\beta}_{i2},\cdots,\boldsymbol{\beta}_{ir_i}$;再单位化,得$\boldsymbol{p}_{i1},\boldsymbol{p}_{i2},\cdots,\boldsymbol{p}_{ir_i}$;

(3) 把这些正交、单位向量作为列向量构成一个正交矩阵$\boldsymbol{P}$,使$\boldsymbol{P}^{-1}\boldsymbol{AP}=\boldsymbol{\Lambda}$.

这里,$\boldsymbol{P}$中列向量的顺序与$\boldsymbol{\Lambda}$对角线上特征值的顺序对应.

例 4.18 设实对称矩阵$\boldsymbol{A}=\begin{pmatrix}0 & 1 & 1 & -1\\ 1 & 0 & -1 & 1\\ 1 & -1 & 0 & 1\\ -1 & 1 & 1 & 0\end{pmatrix}$,求正交矩阵$\boldsymbol{P}$,使$\boldsymbol{P}^{-1}\boldsymbol{AP}$为对角矩阵.

解 (1) 求$|\boldsymbol{A}-\lambda\boldsymbol{E}|=0$的全部根.

因为

$$|\boldsymbol{A}-\lambda\boldsymbol{E}|=\begin{vmatrix}-\lambda & 1 & 1 & -1\\ 1 & -\lambda & -1 & 1\\ 1 & -1 & -\lambda & 1\\ -1 & 1 & 1 & -\lambda\end{vmatrix}=\begin{vmatrix}1-\lambda & 1 & 1 & -1\\ 1-\lambda & -\lambda & -1 & 1\\ 1-\lambda & -1 & -\lambda & 1\\ 1-\lambda & 1 & 1 & -\lambda\end{vmatrix}$$

$$=(1-\lambda)\begin{vmatrix}1 & 1 & 1 & -1\\ 1 & -\lambda & -1 & 1\\ 1 & -1 & -\lambda & 1\\ 1 & 1 & 1 & -\lambda\end{vmatrix}=(1-\lambda)\begin{vmatrix}1 & 1 & 1 & -1\\ 0 & -\lambda-1 & -2 & 2\\ 0 & -2 & -\lambda-1 & 2\\ 0 & 0 & 0 & -\lambda+1\end{vmatrix}$$

$$=(\lambda-1)^2(\lambda^2+2\lambda-3)=(\lambda-1)^3(\lambda+3),$$

所以$\boldsymbol{A}$的特征值$\lambda_1=\lambda_2=\lambda_3=1,\lambda_4=-3$.

(2) 先求$\lambda_1=\lambda_2=\lambda_3=1$的特征向量,解方程组$(\boldsymbol{A}-\boldsymbol{E})\boldsymbol{x}=\boldsymbol{0}$.

因为

$$\boldsymbol{A}-\boldsymbol{E}=\begin{pmatrix}-1 & 1 & 1 & -1\\ 1 & -1 & -1 & 1\\ 1 & -1 & -1 & 1\\ -1 & 1 & 1 & -1\end{pmatrix}\to\begin{pmatrix}1 & -1 & -1 & 1\\ 0 & 0 & 0 & 0\\ 0 & 0 & 0 & 0\\ 0 & 0 & 0 & 0\end{pmatrix},$$

故它的一般解为 $x_1=x_2+x_3-x_4$，其中 x_2,x_3,x_4 是自由未知量，于是，求得一个基础解系：

$$\boldsymbol{\alpha}_1=\begin{pmatrix}1\\1\\0\\0\end{pmatrix},\quad \boldsymbol{\alpha}_2=\begin{pmatrix}1\\0\\1\\0\end{pmatrix},\quad \boldsymbol{\alpha}_3=\begin{pmatrix}-1\\0\\0\\1\end{pmatrix}.$$

把它们正交化，令

$$\boldsymbol{\beta}_1=\boldsymbol{\alpha}_1=\begin{pmatrix}1\\1\\0\\0\end{pmatrix},$$

$$\boldsymbol{\beta}_2=\boldsymbol{\alpha}_2-\frac{(\boldsymbol{\alpha}_2,\boldsymbol{\beta}_1)}{(\boldsymbol{\beta}_1,\boldsymbol{\beta}_1)}\boldsymbol{\beta}_1=\begin{pmatrix}1\\0\\1\\0\end{pmatrix}-\frac{1}{2}\begin{pmatrix}1\\1\\0\\0\end{pmatrix}=\begin{pmatrix}\frac{1}{2}\\-\frac{1}{2}\\1\\0\end{pmatrix},$$

$$\boldsymbol{\beta}_3=\boldsymbol{\alpha}_3-\frac{(\boldsymbol{\alpha}_3,\boldsymbol{\beta}_1)}{(\boldsymbol{\beta}_1,\boldsymbol{\beta}_1)}\boldsymbol{\beta}_1-\frac{(\boldsymbol{\alpha}_3,\boldsymbol{\beta}_2)}{(\boldsymbol{\beta}_2,\boldsymbol{\beta}_2)}\boldsymbol{\beta}_2=\boldsymbol{\alpha}_3-\frac{-\frac{1}{2}}{\frac{3}{2}}\boldsymbol{\beta}_2-\frac{-1}{2}\boldsymbol{\beta}_1$$

$$=\begin{pmatrix}-1\\0\\0\\1\end{pmatrix}+\frac{1}{3}\begin{pmatrix}\frac{1}{2}\\-\frac{1}{2}\\1\\0\end{pmatrix}+\frac{1}{2}\begin{pmatrix}1\\1\\0\\0\end{pmatrix}=\begin{pmatrix}-\frac{1}{3}\\\frac{1}{3}\\\frac{1}{3}\\1\end{pmatrix},$$

再单位化：

$$\boldsymbol{p}_1=\frac{\boldsymbol{\beta}_1}{|\boldsymbol{\beta}_1|}=\begin{pmatrix}\frac{\sqrt{2}}{2}\\\frac{\sqrt{2}}{2}\\0\\0\end{pmatrix},\quad \boldsymbol{p}_2=\frac{\boldsymbol{\beta}_2}{|\boldsymbol{\beta}_2|}=\begin{pmatrix}\frac{\sqrt{6}}{6}\\-\frac{\sqrt{6}}{6}\\\frac{\sqrt{6}}{3}\\0\end{pmatrix},\quad \boldsymbol{p}_3=\frac{\boldsymbol{\beta}_3}{|\boldsymbol{\beta}_3|}=\begin{pmatrix}-\frac{\sqrt{3}}{6}\\\frac{\sqrt{3}}{6}\\\frac{\sqrt{3}}{6}\\\frac{\sqrt{3}}{2}\end{pmatrix}.$$

再求 $\lambda_4=-3$ 的特征向量,解方程组$(\boldsymbol{A}+3\boldsymbol{E})\boldsymbol{x}=\boldsymbol{0}$.

$$\boldsymbol{A}+3\boldsymbol{E}=\begin{pmatrix}3&1&1&-1\\1&3&-1&1\\1&-1&3&1\\-1&1&1&3\end{pmatrix}\to\begin{pmatrix}-1&1&1&3\\1&3&-1&1\\1&-1&3&1\\3&1&1&-1\end{pmatrix}$$

$$\to\begin{pmatrix}-1&1&1&3\\0&4&0&4\\0&0&4&4\\2&2&2&2\end{pmatrix}\to\begin{pmatrix}1&-1&-1&-3\\0&1&0&1\\0&0&1&1\\1&1&1&1\end{pmatrix}$$

$$\to\begin{pmatrix}1&-1&-1&-3\\0&1&0&1\\0&0&1&1\\0&2&2&4\end{pmatrix}\to\begin{pmatrix}1&0&-1&-2\\0&1&0&1\\0&0&1&1\\0&0&2&2\end{pmatrix}\to\begin{pmatrix}1&0&0&-1\\0&1&0&1\\0&0&1&1\\0&0&0&0\end{pmatrix},$$

它的一般解为$\begin{cases}x_1=x_4,\\x_2=-x_4,\\x_3=-x_4,\end{cases}$其中,$x_4$ 是自由未知量,于是,求得一个基础解系:

$$\boldsymbol{\alpha}_4=\begin{pmatrix}1\\-1\\-1\\1\end{pmatrix},$$

将其单位化,得

$$\boldsymbol{p}_4=\frac{\boldsymbol{\alpha}_4}{|\boldsymbol{\alpha}_4|}=\begin{pmatrix}\frac{1}{2}\\-\frac{1}{2}\\-\frac{1}{2}\\\frac{1}{2}\end{pmatrix}.$$

(3) 以正交单位向量组 $\boldsymbol{p}_1,\boldsymbol{p}_2,\boldsymbol{p}_3,\boldsymbol{p}_4$ 为列向量组的矩阵 $\boldsymbol{P}$ 就是所求的正交矩阵：

$$\boldsymbol{P}=\begin{pmatrix}\frac{\sqrt{2}}{2} & \frac{\sqrt{6}}{6} & -\frac{\sqrt{3}}{6} & \frac{1}{2}\\ \frac{\sqrt{2}}{2} & -\frac{\sqrt{6}}{6} & \frac{\sqrt{3}}{6} & -\frac{1}{2}\\ 0 & \frac{\sqrt{6}}{3} & \frac{\sqrt{3}}{6} & -\frac{1}{2}\\ 0 & 0 & \frac{\sqrt{3}}{2} & \frac{1}{2}\end{pmatrix},$$

$$\boldsymbol{P}^{-1}=\begin{pmatrix}\frac{\sqrt{2}}{2} & \frac{\sqrt{2}}{2} & 0 & 0\\ \frac{\sqrt{6}}{6} & -\frac{\sqrt{6}}{6} & \frac{\sqrt{6}}{3} & 0\\ -\frac{\sqrt{3}}{6} & \frac{\sqrt{3}}{6} & \frac{\sqrt{3}}{6} & \frac{\sqrt{3}}{2}\\ \frac{1}{2} & -\frac{1}{2} & -\frac{1}{2} & \frac{1}{2}\end{pmatrix},$$

$$\boldsymbol{P}^{-1}\boldsymbol{A}\boldsymbol{P}=\begin{pmatrix}1 & 0 & 0 & 0\\ 0 & 1 & 0 & 0\\ 0 & 0 & 1 & 0\\ 0 & 0 & 0 & -3\end{pmatrix}.$$

习　题　4

1. 填空题

(1) 矩阵 $\boldsymbol{A}=\begin{pmatrix}0 & 0 & 2\\ 0 & 1 & 0\\ 2 & 0 & 0\end{pmatrix}$ 的特征值分别为________.

(2) 设 $\boldsymbol{A}$ 为 n 阶方阵，若方程 $\boldsymbol{Ax}=\boldsymbol{0}$ 有非零解，则 $\boldsymbol{A}$ 必有一个特征值等于________.

(3) 可逆矩阵 $\boldsymbol{A}$ 的三个特征值分别为 1,2,3，则 $\boldsymbol{A}^{-1}$ 的三个特征值分别为________.

(4) 设 λ 是矩阵 $\boldsymbol{A}$ 的一个特征值，则 λ^2 必为矩阵________的一个特征值.

(5) 设 $\boldsymbol{\alpha}_1=(1,2,0)^{\mathrm{T}}$，$\boldsymbol{\alpha}_2=(1,0,1)^{\mathrm{T}}$ 都是三阶方阵 $\boldsymbol{A}$ 的对应于特征值 $\lambda=2$ 的特征向量，$\boldsymbol{\beta}=(-2,2,-3)^{\mathrm{T}}$，则 $\boldsymbol{A\beta}=$________.

(6) 设三阶方阵 $\boldsymbol{A}$ 的特征值为 1，−2，3，$\boldsymbol{B}=\boldsymbol{A}^2+2\boldsymbol{A}-3\boldsymbol{E}$，则 $\mathrm{R}(\boldsymbol{B})$ 为________.

(7) 已知 $\boldsymbol{\alpha}=(1,3,2)^{\mathrm{T}}$，$\boldsymbol{\beta}=(1,-1,2)^{\mathrm{T}}$，$\boldsymbol{B}=\boldsymbol{\alpha\beta}^{\mathrm{T}}$，若矩阵 $\boldsymbol{A},\boldsymbol{B}$ 相似，则 $(2\boldsymbol{A}+\boldsymbol{E})^*$ 的特

征值为________.

(8) 已知4阶方阵 $\boldsymbol{A}$ 相似于 $\boldsymbol{B}$,$\boldsymbol{A}$ 的特征值为2,3,4,5,则 $|\boldsymbol{B}-\boldsymbol{E}|=$________.

(9) 设向量 $\boldsymbol{\alpha}=(1,2,3,4)^{\mathrm{T}}$ 与向量 $\boldsymbol{\beta}=(4,a,2,1)^{\mathrm{T}}$ 正交,则 $a=$________.

(10) 若 $\boldsymbol{A}$ 为正交矩阵,则 $|\boldsymbol{A}|^{10}=$________.

2. 选择题

(1) 已知三阶矩阵 $\boldsymbol{A}$ 的特征值为 $-1,1,2$,则下列矩阵中可逆矩阵是(　　).

A. $\boldsymbol{E}+\boldsymbol{A}$　　B. $\boldsymbol{E}-\boldsymbol{A}$　　C. $2\boldsymbol{E}+\boldsymbol{A}$　　D. $\boldsymbol{A}-2\boldsymbol{E}$

(2) 设 $\lambda=2$ 是非奇异矩阵 $\boldsymbol{A}$ 的一个特征值,则矩阵 $\left(\frac{1}{3}\boldsymbol{A}^2\right)^{-1}$ 有一个特征值等于(　　).

A. $\frac{4}{3}$　　B. $\frac{3}{4}$　　C. $\frac{1}{2}$　　D. $\frac{1}{4}$

(3) 设 $\boldsymbol{A}$ 为 n 阶可逆矩阵,λ 是 $\boldsymbol{A}$ 的一个特征值,则 $\boldsymbol{A}$ 的伴随矩阵 $\boldsymbol{A}^*$ 的特征值之一是(　　).

A. $\lambda^{-1}|\boldsymbol{A}|$　　B. $\lambda^{-1}|\boldsymbol{A}|^n$　　C. $\lambda|\boldsymbol{A}|$　　D. $\lambda|\boldsymbol{A}|^n$

(4) 下列矩阵中不能与对角矩阵相似的是(　　).

A. $\begin{pmatrix}1&1&0\\0&2&1\\0&0&3\end{pmatrix}$　　B. $\begin{pmatrix}1&1&0\\0&1&0\\0&0&2\end{pmatrix}$　　C. $\begin{pmatrix}1&0&1\\0&1&0\\1&0&1\end{pmatrix}$　　D. $\begin{pmatrix}1&0&0\\0&1&1\\0&0&2\end{pmatrix}$

(5) 设 $\boldsymbol{A}=\begin{pmatrix}1&1\\1&1\end{pmatrix}$,$\boldsymbol{P}$ 为二阶正交矩阵使得 $\boldsymbol{P}^{-1}\boldsymbol{A}\boldsymbol{P}=\begin{pmatrix}0&0\\0&2\end{pmatrix}$,则 $\boldsymbol{P}=$(　　).

A. $\begin{pmatrix}\frac{1}{\sqrt{2}}&\frac{1}{\sqrt{2}}\\-\frac{1}{\sqrt{2}}&\frac{1}{\sqrt{2}}\end{pmatrix}$　　B. $\begin{pmatrix}\frac{1}{\sqrt{2}}&-\frac{1}{\sqrt{2}}\\\frac{1}{\sqrt{2}}&\frac{1}{\sqrt{2}}\end{pmatrix}$　　C. $\begin{pmatrix}\frac{1}{2}&\frac{1}{2}\\-\frac{1}{2}&\frac{1}{2}\end{pmatrix}$　　D. $\begin{pmatrix}\frac{1}{2}&-\frac{1}{2}\\\frac{1}{2}&\frac{1}{2}\end{pmatrix}$

(6) 设三阶实对称矩阵 $\boldsymbol{A}$ 的特征值为 $\lambda_1=\lambda_2=0,\lambda_3=3$,则 $\mathrm{R}(\boldsymbol{A})=$(　　).

A. 0　　B. 1　　C. 2　　D. 3

(7) 设矩阵 $\boldsymbol{A}=\begin{pmatrix}1&2&3\\2&1&3\\3&3&6\end{pmatrix}$ 的特征值分别为 $\lambda_1,\lambda_2,\lambda_3$,则 $\lambda_1+\lambda_2+\lambda_3=$(　　).

A. 6　　B. 7　　C. 8　　D.9

(8) 若 $\boldsymbol{A}\sim\boldsymbol{B}$,则(　　).

A. $\boldsymbol{A}-\lambda\boldsymbol{E}=\boldsymbol{B}-\lambda\boldsymbol{E}$

B. $|\boldsymbol{A}|=|\boldsymbol{B}|$

C. 对于相同的特征值,两个矩阵有相同的特征向量

D. $\boldsymbol{A}$ 与 $\boldsymbol{B}$ 均与同一个对角矩阵相似

(9) n 阶方阵 $\boldsymbol{A}$ 与对角矩阵相似的充分必要条件是(　　).

A. 方阵 $\boldsymbol{A}$ 的秩等于 n

B. $\boldsymbol{A}$ 有 n 个不全相同的特征值

C. $\boldsymbol{A}$ 有 n 个不同的特征向量

D. $\boldsymbol{A}$ 有 n 个线性无关的特征向量

(10) 设三阶方阵 $\boldsymbol{A}$ 有特征值 $\lambda_1=-1,\lambda_2=-2,\lambda_3=1$,其对应的特征向量分别为 $\boldsymbol{\xi}_1$,$\boldsymbol{\xi}_2$,$\boldsymbol{\xi}_3$,记 $\boldsymbol{P}=(\boldsymbol{\xi}^2,2\boldsymbol{\xi}^3,3\boldsymbol{\xi}^1)$,则 $\boldsymbol{P}^{-1}\boldsymbol{AP}=($　　$)$.

A. $\begin{pmatrix}-2 & & \\ & 1 & \\ & & -1\end{pmatrix}$　B. $\begin{pmatrix}-2 & & \\ & -1 & \\ & & 1\end{pmatrix}$　C. $\begin{pmatrix}-1 & & \\ & 1 & \\ & & -2\end{pmatrix}$　D. $\begin{pmatrix}-1 & & \\ & -2 & \\ & & 1\end{pmatrix}$

3. 给定4维向量 $\boldsymbol{\alpha}_1=(1,1,1,1)^{\mathrm{T}}$,$\boldsymbol{\alpha}_2=(-1,1,1,-1)^{\mathrm{T}}$,求非零向量 $\boldsymbol{\alpha}_3$,$\boldsymbol{\alpha}_4$,使 $\boldsymbol{\alpha}_1$,$\boldsymbol{\alpha}_2$,$\boldsymbol{\alpha}_3$,$\boldsymbol{\alpha}_4$ 两两正交.

4. 已知三阶矩阵 $\boldsymbol{A}$ 的特征值为 1,2,-3,求 $|\boldsymbol{A}^*+3\boldsymbol{A}+2\boldsymbol{E}|$.

5. 设三阶方阵 $\boldsymbol{A}$ 的特征值为 1,-1,2. 求:

(1) $\boldsymbol{B}=\boldsymbol{A}^2-5\boldsymbol{A}+2\boldsymbol{E}$ 的特征值;

(2) $|\boldsymbol{B}|$;

(3) $|\boldsymbol{A}-5\boldsymbol{E}|$.

6. 求下列矩阵的特征值与特征向量:

(1) $\begin{pmatrix}3 & 4\\ 5 & 2\end{pmatrix}$;　(2) $\begin{pmatrix}-2 & 1 & 1\\ 0 & 2 & 0\\ -4 & 1 & 3\end{pmatrix}$;

(3) $\begin{pmatrix}5 & 4 & 2\\ 4 & 5 & 2\\ 2 & 2 & 2\end{pmatrix}$;　(4) $\begin{pmatrix}1 & 0 & 0\\ 0 & 1 & 0\\ 0 & 2 & 1\end{pmatrix}$.

7. 已知矩阵 $\boldsymbol{A}=\begin{pmatrix}1 & 0 & 0\\ 0 & 0 & 1\\ 0 & 1 & 0\end{pmatrix}$ 与 $\boldsymbol{B}=\begin{pmatrix}1 & 0 & 0\\ 0 & x & 0\\ 0 & 0 & -1\end{pmatrix}$ 相似. 求:

(1) x;

(2) 可逆矩阵 $\boldsymbol{P}$,使 $\boldsymbol{P}^{-1}\boldsymbol{AP}=\boldsymbol{B}$.

8. 设 $\boldsymbol{A}=\begin{pmatrix}0 & 0 & 2\\ 0 & 1 & 0\\ 2 & 0 & 0\end{pmatrix}$. 求:(1)$\boldsymbol{A}$ 的全部特征值与特征向量;(2)可逆矩阵 $\boldsymbol{P}$,使 $\boldsymbol{P}^{-1}\boldsymbol{AP}=\boldsymbol{\Lambda}$ 为对角矩阵.

9. 设矩阵 $\boldsymbol{A}=\begin{pmatrix}1 & -3 & 3\\ 3 & a & 3\\ 6 & -6 & b\end{pmatrix}$ 有特征值 -2 和 4.

(1) 求参数 a,b 的值;

(2) 问 $\boldsymbol{A}$ 能否相似于对角矩阵? 说明理由.

10. 已知 $\boldsymbol{A}$ 为 n 阶正交矩阵,且 $|\boldsymbol{A}|<0$,求:

(1) 行列式 $|\boldsymbol{A}|$ 的值;

(2) 行列式 $|\boldsymbol{A}+\boldsymbol{E}|$ 的值.

11. 设三阶矩阵 $\boldsymbol{A}$ 的三个特征值为 $\lambda_1=1,\lambda_2=-1,\lambda_3=2$,所对应的特征向量分别为 $\boldsymbol{\xi}_1=(1,0,0)^{\mathrm{T}},\boldsymbol{\xi}_2=(1,-1,0)^{\mathrm{T}},\boldsymbol{\xi}_3=(-1,1,3)^{\mathrm{T}}$,求三阶矩阵 $\boldsymbol{A}$.

12. 设实对称矩阵 $\boldsymbol{A}=\begin{pmatrix}4 & 0 & 0\\ 0 & 3 & 1\\ 0 & 1 & 3\end{pmatrix}$,求正交矩阵 $\boldsymbol{P}$,使 $\boldsymbol{P}^{-1}\boldsymbol{AP}=\boldsymbol{P}^{\mathrm{T}}\boldsymbol{AP}=\boldsymbol{\Lambda}$ 为对角矩阵.

13. 给定实对称矩阵 $\boldsymbol{A}=\begin{pmatrix}2 & 1 & 1\\ 1 & 2 & 1\\ 1 & 1 & 2\end{pmatrix}$. 求:

(1) $\boldsymbol{A}$ 的全部特征值与特征向量;

(2) 正交矩阵 $\boldsymbol{P}$,使 $\boldsymbol{P}^{-1}\boldsymbol{AP}=\boldsymbol{P}^{\mathrm{T}}\boldsymbol{AP}=\boldsymbol{\Lambda}$ 为对角矩阵.

14. n 阶矩阵 $\boldsymbol{A}$ 满足:$\mathrm{R}(\boldsymbol{A}+\boldsymbol{E})+\mathrm{R}(\boldsymbol{A}-\boldsymbol{E})=n$,且 $\boldsymbol{A}\neq\boldsymbol{E}$,证明 $\lambda=-1$ 是 $\boldsymbol{A}$ 的特征值.

15. 已知 $\boldsymbol{A}=(a_{ij})$ 为 n 阶正交矩阵,且 $|\boldsymbol{A}|=1$.证明:$a_{ij}=A_{ij}(i,j=1,2,\cdots,n)$,其中,$A_{ij}$ 为 $|\boldsymbol{A}|$ 中元素 a_{ij} 的代数余子式.

16. 若 $\boldsymbol{A}$ 为 n 阶实矩阵,证明必存在可逆矩阵 $\boldsymbol{P}$,使 $(\boldsymbol{AP})^{\mathrm{T}}(\boldsymbol{AP})$ 为对角阵.

17. 设 $\boldsymbol{A}=\begin{pmatrix}3 & -2\\ -2 & 3\end{pmatrix}$,求 $\varphi(\boldsymbol{A})=\boldsymbol{A}^{10}-5\boldsymbol{A}^{9}$.

18. 设三阶对称矩阵 $\boldsymbol{A}$ 的特征值为 $\lambda_1=1,\lambda_2=-1,\lambda_3=0$,对应 λ_1,λ_2 的特征向量依次为 $\boldsymbol{\xi}_1=\begin{pmatrix}1\\ 2\\ 2\end{pmatrix},\boldsymbol{\xi}_2=\begin{pmatrix}2\\ 1\\ -2\end{pmatrix}$,求 $\boldsymbol{A}$.

19. 已知矩阵 $\boldsymbol{A}=\begin{pmatrix}-2 & -2 & 1\\ 2 & x & -2\\ 0 & 0 & -2\end{pmatrix}$ 与 $\boldsymbol{B}=\begin{pmatrix}2 & 1 & 0\\ 0 & -1 & 0\\ 0 & 0 & y\end{pmatrix}$ 相似. 求:

(1) x,y;

(2) 可逆矩阵 $\boldsymbol{P}$,使得 $\boldsymbol{P}^{-1}\boldsymbol{AP}=\boldsymbol{B}$.

20. 设矩阵 $\boldsymbol{A}=\begin{pmatrix}2 & 1 & 0\\1 & 2 & 0\\1 & a & b\end{pmatrix}$ 仅有2个不同的特征值，且 $\boldsymbol{A}$ 相似于对角矩阵.求 a,b 的值，并求可逆矩阵 $\boldsymbol{P}$，使 $\boldsymbol{P}^{-1}\boldsymbol{AP}$ 为对角矩阵.

数学家简介

约瑟夫·拉格朗日

约瑟夫·拉格朗日(Joseph Lagrange，1736—1813)，法国籍意大利裔数学家和天文学家.在数学、力学和天文学三个学科中都有历史性的重大贡献.但他主要是数学家，拿破仑曾称赞他是“一座高耸在数学界的金字塔”，他最突出的贡献是使数学分析脱离几何与力学，使数学的独立性更为清楚，而不仅是其他学科的工具.同时在使天文学力学化、力学分析化上也起了历史性作用，促使力学和天文学(天体力学)更深入发展.

拉格朗日一生才华横溢，在数学、物理和天文等领域作出了很多重大的贡献，其中尤以数学方面的成就最为突出.他的成就包括著名的拉格朗日中值定理，创立了拉格朗日力学等. 在柏林工作的前十年，拉格朗日把大量时间花在代数方程和超越方程的解法上，推动了代数学的发展.他提交给柏林科学院两篇著名的论文：《关于解数值方程》和《关于方程的代数解法的研究》，把前人解三、四次代数方程的各种解法，总结为一套标准方法，即把方程化为低一次的方程(称辅助方程或预解式)以求解.

埃尔米特

埃尔米特(Charles Hermite，1822—1901)，法国数学家.巴黎综合工科学校毕业，曾任法兰西学院、巴黎高等师范学校、巴黎大学教授、法兰西科学院院士.他在函数论、高等代数、微分方程等方面都有重要发现.1858年利用椭圆函数首先得出5次方程的解.1873年证明了自然对数的底e是一个超越数.在现代数学各分支中以他姓氏命名的概念(表示某种对称性)很多，如“埃尔米特二次型、埃尔米特算子”等.

埃尔米特大学入学考试重考了5次，每次失败的原因都是数学考不好.他的大学读到几乎毕不了业，每次考不好都是数学那一科.他大学毕业后考不上任何研究所，因为考不好的科目还是数学.数学是他一生的至爱，但是数学考试是他一生的噩梦.不过这无法改变他的伟大：课本上的“共轭矩阵”是他先提出来的;自然对数的底的"超越数性质",在全世界他是第一个证明出来的人.他的一生证明"一个不会考试的人,仍然能有胜出的人生".

若尔当

若尔当(Jordan, Marie Ennemond Camille, 1838—1922),法国数学家,又译约当.1838年1月5日生于里昂,1922年1月20日卒于巴黎.1855年入巴黎综合工科学校,1861年获得博士学位,任工程师直至1885年.从1873年起,同时在巴黎综合工科学校和法兰西学院执教,1881年被选为法国科学院院士.若尔当的主要工作是在分析和群论方面.

若尔当利用相似矩阵和特征方程的概念,证明了矩阵经过变换可相似于一个"标准形",即现在所谓的若尔当标准形.在若尔当工作的基础上,弗罗贝尼乌斯讨论了合同矩阵与合同变换.

知识拓展 人口迁移问题

例 通过对城乡人口流动做年度调查,发现有一个稳定的向城镇流动的趋势:每年农村居民的2.5%移居城镇,而城镇居民的1%迁出,现在总人口的60%位于城镇.假如城乡总人口保持不变,并且认可流动的这种趋势继续下去,则1年以后住在城镇的人口所占比例是多少?2年以后呢?10年以后呢?

【分析】 设第n年城镇人口为x_n,农村人口为y_n,则有

$$\begin{cases}x_{n+1}=0.99x_n+0.025y_n,\\ y_{n+1}=0.01x_n+0.975y_n.\end{cases}$$

记

$$\boldsymbol{A}=\begin{pmatrix}0.99 & 0.025\\ 0.01 & 0.975\end{pmatrix},\quad \boldsymbol{X}_n=\begin{pmatrix}x_n\\ y_n\end{pmatrix},$$

则可建立城乡两地人口迁移模型为

$$\boldsymbol{X}_{n+1}=\boldsymbol{A}\boldsymbol{X}_n,\quad n=0,1,2,\cdots,$$

其中,$\boldsymbol{X}_0=\begin{pmatrix}60\\ 40\end{pmatrix}$(60和40分别是目前城镇和农村人口的百分数).

那么$n+1$年后城乡两地人口为$\boldsymbol{X}_{n+1}=\boldsymbol{A}\boldsymbol{X}_n=\boldsymbol{A}^2\boldsymbol{X}_{n-1}=\cdots=\boldsymbol{A}^{n+1}\boldsymbol{X}_0$.

【模型建立与求解】 通过对方阵$\boldsymbol{A}$对角化,求解$\boldsymbol{A}^n$.用MATLAB软件计算可得$\boldsymbol{A}$的特征值为$\lambda_1=1,\lambda_2=0.965$,对应的特征向量分别为

$$\boldsymbol{p}_1=\begin{pmatrix}0.9285\\ 0.3714\end{pmatrix},\quad \boldsymbol{p}_2=\begin{pmatrix}-0.7071\\ 0.7071\end{pmatrix}.$$

记

$$P=\begin{pmatrix}0.9285 & -0.7071\\0.3714 & 0.7071\end{pmatrix},\quad \Lambda=\begin{pmatrix}1 & 0\\0 & 0.965\end{pmatrix},$$

则1年后两地人口为

$$X_1=AX_0=P\Lambda P^{-1}X_0=\begin{pmatrix}60.4000\\39.6000\end{pmatrix},$$

2年后两地人口为

$$X_2=A^2X_0=P\Lambda^2P^{-1}X_0=\begin{pmatrix}60.7860\\39.2140\end{pmatrix},$$

10年后两地人口为

$$X_{10}=A^{10}X_0=P\Lambda^{10}P^{-1}X_0=\begin{pmatrix}63.4253\\37.5747\end{pmatrix}.$$

即经过10年的变迁，城镇人口占比为63.4253%，乡村人口占比为37.5747%.

【结论】 人口移动的过程需要较长时间达到大致平稳状态，这可以通过求解方程组 $Aq=q$ 得到稳态向量 q，根据 q 得到两地的人口分布情况.

二 次 型

二次型的理论起源于解析几何中对二次曲线和二次曲面的研究,它在线性系统理论和工程技术等许多领域有着广泛的应用.本章将介绍二次型及其标准形的理论,并给出化二次型为标准形的方法,根据二次型本身固有的特性,引出正定二次型及其判定方法.

5.1 二次型及其矩阵表示

5.1.1 二次型及其矩阵表示

二次型的研究最初是为了解决几何问题.在解析几何中,为了研究以平面直角坐标原点为中心的有心二次曲线

$$ax^2+bxy+cy^2=1$$

的几何性质,我们可以选择适当的坐标旋转变换

$$\begin{cases}x=x'\cos\theta-y'\sin\theta,\\ y=x'\sin\theta+y'\cos\theta,\end{cases} \tag{5.1}$$

将式(5.1)化为标准形:

$$mx'^2+ny'^2=1.$$

我们注意到 $ax^2+bxy+cy^2=1$ 的左边是一个二次齐次多项式,称为二元二次型,从代数学的观点看,化标准形的过程就是通过变量的线性变换化简一个二次齐次多项式,使其只含有平方项.下面就来对一般的二次型研究这样的问题.

定义 5.1 含有 n 个变量 $x_1,x_2,\cdots,x_n$ 的二次齐次函数

$$f(x_1,x_2,\cdots,x_n)=a_{11}x_1^2+2a_{12}x_1x_2+\cdots+2a_{1n}x_1x_n+a_{22}x_2^2+2a_{23}x_2x_3+\cdots+2a_{2n}x_2x_n+\cdots+a_{nn}x_n^2 \tag{5.2}$$

称为 $x_1,x_2,\cdots,x_n$ 的一个 n 元二次型,简称二次型.当系数 $a_{ij}(i,j=1,2,\cdots,n)$ 为实数时,称为 n 元实二次型,简称实二次型.(以下只讨论实二次型)

特别地,只含有平方项的 n 元二次型

$$f(x_1,x_2,\cdots,x_n)=d_1x_1^2+d_2x_2^2+\cdots+d_nx_n^2, \tag{5.3}$$

称为 n 元二次型的标准形.

取 $a_{ji}=a_{ij}$，则式(5.2)可改写成

$$\begin{aligned}f(x_1,x_2,\cdots,x_n)&=a_{11}x_1^2+a_{12}x_1x_2+\cdots+a_{1n}x_1x_n+a_{21}x_2x_1+a_{22}x_2^2+\cdots+\\&\quad a_{2n}x_2x_n+\cdots+a_{n1}x_nx_1+a_{n2}x_nx_2+\cdots+a_{nn}x_n^2\\&=\sum_{i=1}^{n}\sum_{j=1}^{n}a_{ij}x_ix_j.\end{aligned}$$

令

$$\boldsymbol{A}=\begin{pmatrix}a_{11}&a_{12}&\cdots&a_{1n}\\a_{12}&a_{22}&\cdots&a_{2n}\\\vdots&\vdots&&\vdots\\a_{1n}&a_{2n}&\cdots&a_{nn}\end{pmatrix},\quad \boldsymbol{x}=\begin{pmatrix}x_1\\x_2\\\vdots\\x_n\end{pmatrix},$$

则 $\boldsymbol{A}=\boldsymbol{A}^{\mathrm{T}}$，即 $\boldsymbol{A}$ 为对称矩阵.我们称 $\boldsymbol{A}$ 为二次型(5.2)的**系数矩阵**，于是

$$\boldsymbol{x}^{\mathrm{T}}\boldsymbol{A}\boldsymbol{x}=(x_1,x_2,\cdots,x_n)\begin{pmatrix}a_{11}&a_{12}&\cdots&a_{1n}\\a_{12}&a_{22}&\cdots&a_{2n}\\\vdots&\vdots&&\vdots\\a_{1n}&a_{2n}&\cdots&a_{nn}\end{pmatrix}\begin{pmatrix}x_1\\x_2\\\vdots\\x_n\end{pmatrix}=f(x_1,x_2,\cdots,x_n),$$

则二次型可记为

$$f(x_1,x_2,\cdots,x_n)=\boldsymbol{x}^{\mathrm{T}}\boldsymbol{A}\boldsymbol{x}. \tag{5.4}$$

式(5.4)称为二次型(5.2)的**矩阵形式**.**$\boldsymbol{A}$ 的秩称为二次型(5.2)的秩**.

例如，二次型 $f(x_1,x_2,x_3)=x_1^2-3x_3^2-4x_1x_2+x_2x_3$ 用矩阵记号写出来，就是

$$f(x_1,x_2,x_3)=(x_1,x_2,x_3)\begin{pmatrix}1&-2&0\\-2&0&\frac{1}{2}\\0&\frac{1}{2}&-3\end{pmatrix}\begin{pmatrix}x_1\\x_2\\x_3\end{pmatrix}.$$

矩阵 $\boldsymbol{A}=\begin{pmatrix}1&-1\\-1&2\end{pmatrix}$ 对应的二次型为 $f(x_1,x_2)=x_1^2+2x_2^2-2x_1x_2$.

由此可知，给定一个二次型，就唯一地确定一个实对称矩阵 $\boldsymbol{A}$，反之，任给一个实对称矩阵，也可以唯一地构造一个二次型.所以，实二次型与实对称矩阵之间存在一一对应关系.

5.1.2 矩阵的合同

定义 5.2 关系式

$$\begin{cases}x_1=c_{11}y_1+c_{12}y_2+\cdots+c_{1n}y_n,\\x_2=c_{21}y_1+c_{22}y_2+\cdots+c_{2n}y_n,\\\quad\vdots\\x_n=c_{n1}y_1+c_{n2}y_2+\cdots+c_{nn}y_n\end{cases} \tag{5.5}$$

称为由 $x_1,x_2,\cdots,x_n$ 到 $y_1,y_2,\cdots,y_n$ 的一个线性变量变换,简称线性变换.

矩阵

$$\boldsymbol{C}=\begin{pmatrix} c_{11} & c_{12} & \cdots & c_{1n} \\ c_{21} & c_{22} & \cdots & c_{2n} \\ \vdots & \vdots & & \vdots \\ c_{n1} & c_{n2} & \cdots & c_{nn} \end{pmatrix}$$

称为线性变换(5.5)的矩阵,如果 $|\boldsymbol{C}|\neq 0$,那么,线性变换就称为非退化的.若 $\boldsymbol{C}$ 是正交矩阵,则称(5.5)为正交变换.

例如,式(5.1)中,由于 $\begin{vmatrix} \cos\theta & -\sin\theta \\ \sin\theta & \cos\theta \end{vmatrix}=1\neq 0$,因此,线性变换为非退化的,且是正交变换.

设 $\boldsymbol{x}=\begin{pmatrix} x_1 \\ x_2 \\ \vdots \\ x_n \end{pmatrix}$,$\boldsymbol{y}=\begin{pmatrix} y_1 \\ y_2 \\ \vdots \\ y_n \end{pmatrix}$,则式(5.5)可写成矩阵形式 $\boldsymbol{x}=\boldsymbol{C}\boldsymbol{y}$.

当 $|\boldsymbol{C}|\neq 0$ 时,即线性变换为非退化的,此时有 $\boldsymbol{y}=\boldsymbol{C}^{-1}\boldsymbol{x}$.

把式(5.5)代入式(5.4),得

$$f(x_1,x_2,\cdots,x_n)=\boldsymbol{x}^{\mathrm{T}}\boldsymbol{A}\boldsymbol{x}=(\boldsymbol{C}\boldsymbol{y})^{\mathrm{T}}\boldsymbol{A}(\boldsymbol{C}\boldsymbol{y})=\boldsymbol{y}^{\mathrm{T}}\boldsymbol{C}^{\mathrm{T}}\boldsymbol{A}\boldsymbol{C}\boldsymbol{y}=\boldsymbol{y}^{\mathrm{T}}\boldsymbol{B}\boldsymbol{y},$$

其中,$\boldsymbol{B}=\boldsymbol{C}^{\mathrm{T}}\boldsymbol{A}\boldsymbol{C}$,$\boldsymbol{B}^{\mathrm{T}}=(\boldsymbol{C}^{\mathrm{T}}\boldsymbol{A}\boldsymbol{C})^{\mathrm{T}}=\boldsymbol{C}^{\mathrm{T}}\boldsymbol{A}\boldsymbol{C}=\boldsymbol{B}$,因此,$\boldsymbol{y}^{\mathrm{T}}\boldsymbol{B}\boldsymbol{y}$ 是以 $\boldsymbol{B}$ 为系数矩阵的 $\boldsymbol{y}$ 的 n 元二次型.

定义 5.3 设 $\boldsymbol{A},\boldsymbol{B}$ 为 n 阶矩阵,如果存在 n 阶可逆矩阵 $\boldsymbol{C}$,使 $\boldsymbol{C}^{\mathrm{T}}\boldsymbol{A}\boldsymbol{C}=\boldsymbol{B}$,那么,矩阵 $\boldsymbol{A}$ 与 $\boldsymbol{B}$ 称为合同,也称矩阵 $\boldsymbol{A}$ 经合同变换化为 $\boldsymbol{B}$,记为 $\boldsymbol{A}\simeq\boldsymbol{B}$.可逆矩阵 $\boldsymbol{C}$ 为合同变换矩阵.

若 $\boldsymbol{A}$ 为对称矩阵,则 $\boldsymbol{B}=\boldsymbol{C}^{\mathrm{T}}\boldsymbol{A}\boldsymbol{C}$ 也为对称矩阵,且 $\mathrm{R}(\boldsymbol{B})=\mathrm{R}(\boldsymbol{A})$.事实上 $\boldsymbol{B}^{\mathrm{T}}=(\boldsymbol{C}^{\mathrm{T}}\boldsymbol{A}\boldsymbol{C})^{\mathrm{T}}=\boldsymbol{C}^{\mathrm{T}}\boldsymbol{A}\boldsymbol{C}=\boldsymbol{B}$,即 $\boldsymbol{B}$ 为对称矩阵.又因 $\boldsymbol{B}=\boldsymbol{C}^{\mathrm{T}}\boldsymbol{A}\boldsymbol{C}$,而 $\boldsymbol{C}$ 可逆,由矩阵秩的性质知 $\mathrm{R}(\boldsymbol{B})=\mathrm{R}(\boldsymbol{A})$.

由此可知,经可逆变换 $\boldsymbol{x}=\boldsymbol{C}\boldsymbol{y}$ 后,二次型的矩阵 $\boldsymbol{A}$ 变为与 $\boldsymbol{A}$ 合同的矩阵 $\boldsymbol{B}=\boldsymbol{C}^{\mathrm{T}}\boldsymbol{A}\boldsymbol{C}$,且二次型的秩不变.(系数矩阵的秩)

综上所述,矩阵的合同关系有下列性质:

(1) 自反性:$\boldsymbol{A}\simeq\boldsymbol{A}$;

(2) 对称性:若 $\boldsymbol{A}\simeq\boldsymbol{B}$,则 $\boldsymbol{B}\simeq\boldsymbol{A}$;

(3) 传递性:若 $\boldsymbol{A}\simeq\boldsymbol{B}$,$\boldsymbol{B}\simeq\boldsymbol{C}$,则 $\boldsymbol{A}\simeq\boldsymbol{C}$;

(4) 合同变换不改变矩阵的秩;

(5) 对称矩阵经合同变换仍化为对称矩阵.

例 5.1 证明 $\begin{pmatrix} d_1 & & \\ & d_2 & \\ & & d_3 \end{pmatrix}$ 和 $\begin{pmatrix} d_1 & & \\ & d_3 & \\ & & d_2 \end{pmatrix}$ 合同.

证 取 $C=\begin{pmatrix}1&0&0\\0&0&1\\0&1&0\end{pmatrix}$，则 C 为可逆矩阵，且

$$C^{\mathrm{T}}\begin{pmatrix}d_1&&\\&d_2&\\&&d_3\end{pmatrix}C=\begin{pmatrix}1&0&0\\0&0&1\\0&1&0\end{pmatrix}\begin{pmatrix}d_1&&\\&d_2&\\&&d_3\end{pmatrix}\begin{pmatrix}1&0&0\\0&0&1\\0&1&0\end{pmatrix}=\begin{pmatrix}d_1&&\\&d_3&\\&&d_2\end{pmatrix}.$$

于是 $\begin{pmatrix}d_1&&\\&d_2&\\&&d_3\end{pmatrix}$ 和 $\begin{pmatrix}d_1&&\\&d_3&\\&&d_2\end{pmatrix}$ 合同.

定理 5.1 任何一个实对称矩阵 A 都合同于对角矩阵.即对于一个 n 阶实对称矩阵 A，总存在可逆矩阵 C，使得

$$C^{\mathrm{T}}AC=\Lambda=\begin{pmatrix}d_1&&&&&&\\&d_2&&&&&\\&&\ddots&&&&\\&&&d_r&&&\\&&&&0&&\\&&&&&\ddots&\\&&&&&&0\end{pmatrix},$$

其中 r 是矩阵 A 的秩.当 $r>0$ 时，$d_1,d_2,\cdots,d_r\neq 0$.

定理 5.1 说明，对于秩为 r 的 n 元二次型 $f(x_1,x_2,\cdots,x_n)=x^{\mathrm{T}}Ax$，总存在可逆线性变换 $x=Cy$，使其化为标准形

$$f(x_1,x_2,\cdots,x_n)=d_1y_1^2+d_2y_2^2+\cdots+d_ry_r^2,\quad r\leqslant n,$$

其中标准形的项数 r 等于 A 的秩.

5.2 化二次型为标准形

根据矩阵合同的定义，将二次型化为标准形的问题，即：对于实对称矩阵 A，求一个可逆矩阵 C，使 A 合同于对角矩阵Λ，即

$$C^{\mathrm{T}}AC=\Lambda=\begin{pmatrix}d_1&&&\\&d_2&&\\&&\ddots&\\&&&d_n\end{pmatrix}.$$

化二次型为标准形，所用的方法有正交变换法、初等变换法和配方法.

5.2.1 正交变换法

定义 5.4 设 $\boldsymbol{C}$ 为 n 阶正交矩阵,$\boldsymbol{x},\boldsymbol{y}$ 是$\mathbb{R}^n$中的 n 维向量,称线性变换 $\boldsymbol{x}=\boldsymbol{C}\boldsymbol{y}$ 是$\mathbb{R}^n$上的正交变换.

例如,平面上的坐标旋转变换

$$\begin{pmatrix} x \\ y \end{pmatrix}=\begin{pmatrix} \cos\theta & -\sin\theta \\ \sin\theta & \cos\theta \end{pmatrix}\begin{pmatrix} x' \\ y' \end{pmatrix}$$

的系数矩阵是正交矩阵,故它是正交变换.

由定理 5.1 知对任意实对称矩阵 $\boldsymbol{A}$,必有正交矩阵 $\boldsymbol{P}$,使 $\boldsymbol{P}^{\mathrm{T}}\boldsymbol{A}\boldsymbol{P}=\boldsymbol{\Lambda}$,即 $\boldsymbol{P}^{-1}\boldsymbol{A}\boldsymbol{P}=\boldsymbol{\Lambda}$.把此结论应用于二次型,即有以下定理.

定理 5.2 任给二次型 $f(x_1,x_2,\cdots,x_n)=\sum\limits_{i=1}^{n}\sum\limits_{j=1}^{n}a_{ij}x_ix_j\ (a_{ij}=a_{ji})$,总有正交变换 $\boldsymbol{x}=\boldsymbol{C}\boldsymbol{y}$,使二次型 $f(x_1,x_2,\cdots,x_n)$化为标准形:

$$f(x_1,x_2,\cdots,x_n)=\lambda_1y_1^2+\lambda_2y_2^2+\cdots+\lambda_ny_n^2,$$

其中,$\lambda_1,\lambda_2,\cdots,\lambda_n$ 是二次型 $f(x_1,x_2,\cdots,x_n)$的矩阵 $\boldsymbol{A}=(a_{ij})$的特征值.正交矩阵 $\boldsymbol{C}$ 的 n 个列向量是矩阵$\boldsymbol{A}$ 对应于这 n 个特征值的标准正交的特征向量.

由此可见,用正交变换 $\boldsymbol{x}=\boldsymbol{C}\boldsymbol{y}$ 化二次型 $f=\boldsymbol{x}^{\mathrm{T}}\boldsymbol{A}\boldsymbol{x}$ 为标准形的步骤为:

(1) 由$|\boldsymbol{A}-\lambda\boldsymbol{E}|=0$,求 $\boldsymbol{A}$ 的 n 个特征值$\lambda_1,\lambda_2,\cdots,\lambda_n$;

(2) 对每个特征值 λ_i,构造$(\boldsymbol{A}-\lambda_i\boldsymbol{E})\boldsymbol{x}=\boldsymbol{0}$,求其基础解系(即特征值 λ_i 对应的线性无关的特征向量);

(3) 对 $t(t>1)$重特征值对应的 t 个线性无关的特征向量,用施密特正交化方法,将 t 个线性无关的特征向量正交化;

(4) 将 $\boldsymbol{A}$ 的 n 个正交的特征向量标准化,并以它们为列向量构成正交矩阵 $\boldsymbol{C}$,写出二次型的标准形 $f=\lambda_1y_1^2+\lambda_2y_2^2+\cdots+\lambda_ny_n^2=\boldsymbol{y}^{\mathrm{T}}\boldsymbol{\Lambda}\boldsymbol{y}$ 以及相应的正交变换 $\boldsymbol{x}=\boldsymbol{C}\boldsymbol{y}$.

例 5.2 用正交变换法化二次型 $f=x_1^2+x_2^2+x_3^2+4x_1x_2+4x_1x_3+4x_2x_3$ 为标准形.

解 二次型的矩阵为

$$\boldsymbol{A}=\begin{pmatrix} 1 & 2 & 2 \\ 2 & 1 & 2 \\ 2 & 2 & 1 \end{pmatrix},$$

故矩阵 $\boldsymbol{A}$ 的特征方程为

$$|\boldsymbol{A}-\lambda\boldsymbol{E}|=\begin{vmatrix} 1-\lambda & 2 & 2 \\ 2 & 1-\lambda & 2 \\ 2 & 2 & 1-\lambda \end{vmatrix}=(\lambda+1)^2(5-\lambda)=0,$$

于是,$\boldsymbol{A}$ 的特征值为$\lambda_1=\lambda_2=-1,\lambda_3=5$.

$\lambda_1=\lambda_2=-1$ 时,解齐次线性方程组$(\boldsymbol{A}+\boldsymbol{E})\boldsymbol{x}=\boldsymbol{0}$,得基础解系

$$\boldsymbol{\xi}^1=\begin{pmatrix}-1\\1\\0\end{pmatrix},\quad \boldsymbol{\xi}^2=\begin{pmatrix}-1\\0\\1\end{pmatrix}.$$

因为$\boldsymbol{\xi}^1,\boldsymbol{\xi}^2$不正交，把$\boldsymbol{\xi}^1,\boldsymbol{\xi}^2$正交化，得

$$\boldsymbol{\eta}^1=\begin{pmatrix}-1\\1\\0\end{pmatrix},\quad \boldsymbol{\eta}^2=\begin{pmatrix}-\frac{1}{2}\\-\frac{1}{2}\\1\end{pmatrix}.$$

$\lambda_3=5$ 时，解齐次线性方程组$(\boldsymbol{A}-5\boldsymbol{E})\boldsymbol{x}=\boldsymbol{0}$，得基础解系

$$\boldsymbol{\xi}^3=\begin{pmatrix}1\\1\\1\end{pmatrix}.$$

将$\boldsymbol{\eta}^1,\boldsymbol{\eta}^2,\boldsymbol{\xi}^3$单位化，得

$$\boldsymbol{\gamma}^1=\begin{pmatrix}-\frac{1}{\sqrt{2}}\\\frac{1}{\sqrt{2}}\\0\end{pmatrix},\quad \boldsymbol{\gamma}^2=\begin{pmatrix}-\frac{1}{\sqrt{6}}\\-\frac{1}{\sqrt{6}}\\\frac{2}{\sqrt{6}}\end{pmatrix},\quad \boldsymbol{\gamma}^3=\begin{pmatrix}\frac{1}{\sqrt{3}}\\\frac{1}{\sqrt{3}}\\\frac{1}{\sqrt{3}}\end{pmatrix},$$

于是得正交矩阵

$$\boldsymbol{C}=(\boldsymbol{\gamma}^1,\boldsymbol{\gamma}^2,\boldsymbol{\gamma}^3)=\begin{pmatrix}-\frac{1}{\sqrt{2}}&-\frac{1}{\sqrt{6}}&\frac{1}{\sqrt{3}}\\\frac{1}{\sqrt{2}}&-\frac{1}{\sqrt{6}}&\frac{1}{\sqrt{3}}\\0&\frac{2}{\sqrt{6}}&\frac{1}{\sqrt{3}}\end{pmatrix}.$$

即通过正交变换

$$\begin{pmatrix}x_1\\x_2\\x_3\end{pmatrix}=\begin{pmatrix}-\frac{1}{\sqrt{2}}&-\frac{1}{\sqrt{6}}&\frac{1}{\sqrt{3}}\\\frac{1}{\sqrt{2}}&-\frac{1}{\sqrt{6}}&\frac{1}{\sqrt{3}}\\0&\frac{2}{\sqrt{6}}&\frac{1}{\sqrt{3}}\end{pmatrix}\begin{pmatrix}y_1\\y_2\\y_3\end{pmatrix},$$

将二次型化为标准形（注意$\boldsymbol{\gamma}^1,\boldsymbol{\gamma}^2,\boldsymbol{\gamma}^3$与$\lambda_1,\lambda_2,\lambda_3$的次序相对应）

$$f = -y_1^2 - y_2^2 + 5y_3^2.$$

例 5.3 已知二次型 $f=2x_1^2+3x_2^2+3x_3^2+2ax_2x_3(a>0)$ 通过正交变换 $\boldsymbol{x}=\boldsymbol{C}\boldsymbol{y}$ 化为标准形 $f=y_1^2+2y_2^2+5y_3^2$，求参数 a 及正交变换矩阵 $\boldsymbol{C}$.

解 由题意，二次型与其标准形的矩阵分别为

$$\boldsymbol{A}=\begin{pmatrix}2&0&0\\0&3&a\\0&a&3\end{pmatrix},\quad \boldsymbol{\Lambda}=\begin{pmatrix}1&&\\&2&\\&&5\end{pmatrix},$$

且 $\boldsymbol{C}^{\mathrm{T}}\boldsymbol{A}\boldsymbol{C}=\boldsymbol{\Lambda}$，此时两边取行列式，并注意到 $|\boldsymbol{C}|=\pm 1$，得

$$|\boldsymbol{C}^{\mathrm{T}}||\boldsymbol{A}||\boldsymbol{C}|=|\boldsymbol{C}|^2|\boldsymbol{A}|=|\boldsymbol{A}|=|\boldsymbol{\Lambda}|,$$

即

$$2(9-a^2)=10,$$

由 $a>0$，得 $a=2$.

对 $\boldsymbol{A}$ 的特征值 $\lambda_1=1,\lambda_2=2,\lambda_3=5$ 分别求得其对应的特征向量

$$\boldsymbol{\xi}^1=\begin{pmatrix}0\\1\\-1\end{pmatrix},\quad \boldsymbol{\xi}^2=\begin{pmatrix}1\\0\\0\end{pmatrix},\quad \boldsymbol{\xi}^3=\begin{pmatrix}0\\1\\1\end{pmatrix}.$$

由于特征值互不相同，则 $\boldsymbol{\xi}^1,\boldsymbol{\xi}^2,\boldsymbol{\xi}^3$ 为正交向量组，将它们单位化，得正交矩阵

$$\boldsymbol{C}=\begin{pmatrix}0&1&0\\ \frac{1}{\sqrt{2}}&0&\frac{1}{\sqrt{2}}\\ -\frac{1}{\sqrt{2}}&0&\frac{1}{\sqrt{2}}\end{pmatrix}.$$

例 5.4 设二次型 $f(x_1,x_2)=x_1^2-4x_1x_2+4x_2^2$ 经正交变换 $\begin{pmatrix}x_1\\x_2\end{pmatrix}=\boldsymbol{Q}\begin{pmatrix}y_1\\y_2\end{pmatrix}$ 化为 $g(y_1,y_2)=ay_1^2+4y_1y_2+by_2^2$，其中 $a\geqslant b$.

(1) 求 a,b 的值；

(2) 求正交矩阵 $\boldsymbol{Q}$.

解 (1) 由题意可得，$\boldsymbol{A}=\begin{pmatrix}1&-2\\-2&4\end{pmatrix}$ 与 $\boldsymbol{B}=\begin{pmatrix}a&2\\2&b\end{pmatrix}$ 相似且合同，所以 $a+b=5,ab=4$，解得 $a=4,b=1$.

(2) $\boldsymbol{A}=\begin{pmatrix}1&-2\\-2&4\end{pmatrix}$ 的特征值为 $\lambda_1=5,\lambda_2=0$.

对应于 $\lambda_1=5$ 的特征向量为 $\boldsymbol{\xi}_1=\begin{pmatrix}1\\-2\end{pmatrix}$，对应于 $\lambda_2=0$ 的特征向量为 $\boldsymbol{\xi}_2=\begin{pmatrix}2\\1\end{pmatrix}$.

单位化得

$$\boldsymbol{\alpha}_1=\frac{\boldsymbol{\xi}_1}{|\boldsymbol{\xi}_1|}=\begin{pmatrix}\frac{1}{\sqrt{5}}\\-\frac{2}{\sqrt{5}}\end{pmatrix},\quad \boldsymbol{\alpha}_2=\frac{\boldsymbol{\xi}_2}{|\boldsymbol{\xi}_2|}=\begin{pmatrix}\frac{2}{\sqrt{5}}\\\frac{1}{\sqrt{5}}\end{pmatrix}.$$

令 $\boldsymbol{Q}_1=\begin{pmatrix}\frac{1}{\sqrt{5}}&\frac{2}{\sqrt{5}}\\-\frac{2}{\sqrt{5}}&\frac{1}{\sqrt{5}}\end{pmatrix}$，则 $\boldsymbol{Q}_1^{\mathrm{T}}\boldsymbol{A}\boldsymbol{Q}_1=\begin{pmatrix}5&0\\0&0\end{pmatrix}$.

矩阵 $\boldsymbol{B}=\begin{pmatrix}4&2\\2&1\end{pmatrix}$的特征值也为5,0.

对应于 $\lambda_1=5$ 的特征向量为$\boldsymbol{\eta}_1=\begin{pmatrix}2\\1\end{pmatrix}$，对应于 $\lambda_2=0$ 的特征向量为$\boldsymbol{\eta}_2=\begin{pmatrix}1\\-2\end{pmatrix}$.

令 $\boldsymbol{Q}_2=\begin{pmatrix}\frac{2}{\sqrt{5}}&\frac{1}{\sqrt{5}}\\\frac{1}{\sqrt{5}}&-\frac{2}{\sqrt{5}}\end{pmatrix}$，则 $\boldsymbol{Q}_2^{\mathrm{T}}\boldsymbol{B}\boldsymbol{Q}_2=\begin{pmatrix}5&0\\0&0\end{pmatrix}$.

故有 $\boldsymbol{Q}_1^{\mathrm{T}}\boldsymbol{A}\boldsymbol{Q}_1=\boldsymbol{Q}_2^{\mathrm{T}}\boldsymbol{B}\boldsymbol{Q}_2$，即 $\boldsymbol{Q}_2\boldsymbol{Q}_1^{\mathrm{T}}\boldsymbol{A}\boldsymbol{Q}_1\boldsymbol{Q}_2^{\mathrm{T}}=\boldsymbol{B}$.

$$\boldsymbol{Q}=\boldsymbol{Q}_1\boldsymbol{Q}_2^{\mathrm{T}}=\begin{pmatrix}\frac{1}{\sqrt{5}}&\frac{2}{\sqrt{5}}\\-\frac{2}{\sqrt{5}}&\frac{1}{\sqrt{5}}\end{pmatrix}\begin{pmatrix}\frac{2}{\sqrt{5}}&\frac{1}{\sqrt{5}}\\\frac{1}{\sqrt{5}}&-\frac{2}{\sqrt{5}}\end{pmatrix}^{\mathrm{T}}=\begin{pmatrix}\frac{1}{\sqrt{5}}&\frac{2}{\sqrt{5}}\\-\frac{2}{\sqrt{5}}&\frac{1}{\sqrt{5}}\end{pmatrix}\begin{pmatrix}\frac{2}{\sqrt{5}}&\frac{1}{\sqrt{5}}\\\frac{1}{\sqrt{5}}&-\frac{2}{\sqrt{5}}\end{pmatrix}=\frac{1}{5}\begin{pmatrix}4&-3\\-3&-4\end{pmatrix}.$$

5.2.2 初等变换法

初等变换法又叫合同变换法.

由定理5.1可知，秩为 r 的 n 元二次型 $f=\boldsymbol{x}^{\mathrm{T}}\boldsymbol{A}\boldsymbol{x}$ 可以通过可逆线性变换 $\boldsymbol{x}=\boldsymbol{C}\boldsymbol{y}$ 化为标准形 $f=\boldsymbol{y}^{\mathrm{T}}\boldsymbol{\Lambda}\boldsymbol{y}$，而这个过程等价于对二次型的矩阵 $\boldsymbol{A}$ 施行合同变换，使得 $\boldsymbol{A}$ 合同于对角矩阵$\boldsymbol{\Lambda}$，即$\boldsymbol{C}^{\mathrm{T}}\boldsymbol{A}\boldsymbol{C}=\boldsymbol{\Lambda}$.

由于矩阵 $\boldsymbol{C}$ 是可逆的，则 $\boldsymbol{C}$ 可以表示为有限个初等矩阵的乘积.设 $\boldsymbol{C}=\boldsymbol{P}_1\boldsymbol{P}_2\cdots\boldsymbol{P}_s$，$\boldsymbol{P}_i(i=1,2,\cdots,s)$是初等矩阵，则

$$\boldsymbol{C}^{\mathrm{T}}\boldsymbol{A}\boldsymbol{C}=\boldsymbol{P}_s^{\mathrm{T}}\cdots\boldsymbol{P}_2^{\mathrm{T}}\boldsymbol{P}_1^{\mathrm{T}}\boldsymbol{A}\boldsymbol{P}_1\boldsymbol{P}_2\cdots\boldsymbol{P}_s=\boldsymbol{\Lambda},\quad \boldsymbol{E}\boldsymbol{P}_1\boldsymbol{P}_2\cdots\boldsymbol{P}_s=\boldsymbol{C}.$$

比较以上两式可以看出，若对 $\boldsymbol{A}$ 作一系列初等行变换和相应的列变换把 $\boldsymbol{A}$ 化为对角矩阵$\boldsymbol{\Lambda}$ 的同时，其中的列变换将单位矩阵 $\boldsymbol{E}$ 化为合同变换矩阵 $\boldsymbol{C}$，即

$$\begin{pmatrix}\boldsymbol{A}\\\cdots\\\boldsymbol{E}\end{pmatrix}\begin{matrix}\xrightarrow[P_1P_2\cdots P_s]{P_1^{\mathrm{T}}P_2^{\mathrm{T}}\cdots P_s^{\mathrm{T}}}\\\xrightarrow[P_1P_2\cdots P_s]{}\end{matrix}\begin{pmatrix}\boldsymbol{\Lambda}\\\cdots\\\boldsymbol{C}\end{pmatrix}.$$

例 5.5 用初等变换化二次型 $f=x_1^2+2x_2^2+x_3^2+2x_1x_2+2x_1x_3+4x_2x_3$ 为标准形.

解 二次型的矩阵为 $\boldsymbol{A}=\begin{pmatrix}1&1&1\\1&2&2\\1&2&1\end{pmatrix}$,则

$$\begin{pmatrix}\boldsymbol{A}\\ \cdots\\ \boldsymbol{E}\end{pmatrix}=\begin{pmatrix}1&1&1\\1&2&2\\1&2&1\\ \hdashline 1&0&0\\0&1&0\\0&0&1\end{pmatrix}\xrightarrow[c_2-c_1]{r_2-r_1}\begin{pmatrix}1&0&1\\0&1&1\\1&1&1\\ \hdashline 1&-1&0\\0&1&0\\0&0&1\end{pmatrix}\xrightarrow[c_3-c_1]{r_3-r_1}\begin{pmatrix}1&0&1\\0&1&1\\0&1&0\\ \hdashline 1&-1&-1\\0&1&0\\0&0&1\end{pmatrix}$$

$$\xrightarrow[c_3-c_2]{r_3-r_2}\begin{pmatrix}1&0&0\\0&1&0\\0&0&-1\\ \hdashline 1&-1&0\\0&1&-1\\0&0&1\end{pmatrix}.$$

所以

$$\boldsymbol{C}=\begin{pmatrix}1&-1&0\\0&1&-1\\0&0&1\end{pmatrix},\quad \boldsymbol{\Lambda}=\begin{pmatrix}1&0&0\\0&1&0\\0&0&-1\end{pmatrix},$$

于是

$$f(x_1,x_2,x_3)\xlongequal{\boldsymbol{x}=\boldsymbol{C}\boldsymbol{y}}y_1^2+y_2^2-y_3^2.$$

5.2.3 配方法

利用代数公式将二次型通过配方化成标准形的方法称为拉格朗日(Lagrange)配方法,简称配方法.用此方法时,二次型大致分为两类,各种二次型都可以化成这两类形式来解决.下面举例说明用配方法将二次型化为标准形的方法.

例 5.6 用配方法化二次型 $f=x_1^2+x_2^2+x_3^2+4x_1x_2+4x_1x_3+4x_2x_3$ 为标准形.

解 由于 f 中含有变量 x_1 的平方项 x_1^2,故先把含 x_1 的项合并在一起,配成含 x_1 的一次式的完全平方,即

$$\begin{aligned}f&=(x_1^2+4x_1x_2+4x_1x_3)+x_2^2+4x_2x_3+x_3^2\\&=(x_1+2x_2+2x_3)^2-3x_2^2-4x_2x_3-3x_3^2.\end{aligned}$$

再将剩余项中含 x_2 的项合并在一起继续配方,得

$$f=(x_1+2x_2+2x_3)^2-3\left(x_2+\frac{2}{3}x_3\right)^2-\frac{5}{3}x_3^2.$$

令$\begin{cases} y_1 = x_1 + 2x_2 + 2x_3, \\ y_2 = x_2 + \dfrac{2}{3}x_3, \\ y_3 = x_3, \end{cases}$

即有可逆变换$\begin{cases} x_1 = y_1 - 2y_2 - \dfrac{2}{3}y_3, \\ x_2 = y_2 - \dfrac{2}{3}y_3, \\ x_3 = y_3. \end{cases}$

通过该变换,f 化成了标准形

$$f = y_1^2 - 3y_2^2 - \frac{5}{3}y_3^2,$$

所用的变换矩阵是

$$\boldsymbol{C} = \begin{pmatrix} 1 & -2 & -\dfrac{2}{3} \\ 0 & 1 & -\dfrac{2}{3} \\ 0 & 0 & 1 \end{pmatrix}.$$

例 5.7 用配方法化二次型 $f = 2x_1x_2 + 2x_1x_3 - 6x_2x_3$ 为标准形,并求所用的变换矩阵.

解 本题中,二次型 f 不含变量的平方项.因 f 中含有 x_1x_2,所以令

$$\begin{cases} x_1 = y_1 + y_2, \\ x_2 = y_1 - y_2, \\ x_3 = y_3. \end{cases} \tag{5.6}$$

再将式(5.6)代入二次型 $f = 2x_1x_2 + 2x_1x_3 - 6x_2x_3$,得到含变量平方项的二次型

$$f = 2y_1^2 - 2y_2^2 - 4y_1y_3 + 8y_2y_3.$$

对其按例 5.6 的方法配方,得

$$f = 2(y_1 - y_3)^2 - 2(y_2 - 2y_3)^2 + 6y_3^2.$$

令

$$\begin{cases} z_1 = y_1 - y_3, \\ z_2 = y_2 - 2y_3, \\ z_3 = y_3, \end{cases} \tag{5.7}$$

即有二次型的标准形 $f = 2z_1^2 - 2z_2^2 + 6z_3^2$.

由式(5.7)得

$$\begin{cases} y_1 = z_1 + z_3, \\ y_2 = z_2 + 2z_3, \\ y_3 = z_3. \end{cases} \tag{5.8}$$

将式(5.8)代入式(5.6)得到

$$\begin{cases} x_1 = z_1 + z_2 + 3z_3, \\ x_2 = z_1 - z_2 - z_3, \\ x_3 = z_3. \end{cases}$$

所用变换矩阵为

$$\boldsymbol{C} = \begin{pmatrix} 1 & 1 & 3 \\ 1 & -1 & -1 \\ 0 & 0 & 1 \end{pmatrix}.$$

一般地,任一二次型都可以通过上述配方法求得可逆变换,把二次型化为标准形.可以验证二次型的标准形的项数等于该二次型的秩.

需要指出,二次型的标准形一般不唯一,它与所用的可逆线性变换有关.由例 5.2 和例 5.6 可见,二次型$f = x_1^2 + x_2^2 + x_3^2 + 4x_1x_2 + 4x_1x_3 + 4x_2x_3$ 通过线性变换

$$\boldsymbol{x} = \begin{pmatrix} -\frac{1}{\sqrt{2}} & -\frac{1}{\sqrt{6}} & \frac{1}{\sqrt{3}} \\ \frac{1}{\sqrt{2}} & -\frac{1}{\sqrt{6}} & \frac{1}{\sqrt{3}} \\ 0 & \frac{2}{\sqrt{6}} & \frac{1}{\sqrt{3}} \end{pmatrix} \boldsymbol{y}$$

可化为标准形

$$f = -y_1^2 - y_2^2 + 5y_3^2,$$

而通过线性变换

$$\boldsymbol{x} = \begin{pmatrix} 1 & -2 & -\frac{2}{3} \\ 0 & 1 & -\frac{2}{3} \\ 0 & 0 & 1 \end{pmatrix} \boldsymbol{y},$$

化为标准形 $f = y_1^2 - 3y_2^2 - \frac{5}{3}y_3^2$.

5.3 正定二次型

5.3.1 惯性定理

二次型的标准形显然不是唯一的,只有标准形中所含项数是确定的(即二次型的秩).而且,在变换时,标准形中正系数的个数是不变的,也就是有以下定理.

定理 5.3(惯性定理) 一个二次型经过可逆线性变换化为标准形,其标准形正、负项的个数是唯一确定的,它们的和等于该二次型的秩.(证明见附录 3)

标准形中的正项个数 p、负项个数 q 分别称为二次型的正、负惯性指数，$p-q$ 称为二次型的符号差，用 s 表示.

注意到 $p+q=r$(二次型的秩)，所以 $s=p-q=p-(r-p)=2p-r$.

秩为 r，正惯性指数为 p 的 n 元二次型的标准形可写成如下形式(可以调整变量的次序)：

$$f=d_1y_1^2+d_1y_2^2+\cdots+d_py_p^2-d_{p+1}y_{p+1}^2-\cdots-d_ry_r^2,$$

其中 $d_i>0, i=1,2,\cdots,r$.

如果对其施行可逆线性变换

$$\begin{cases} y_i=\dfrac{1}{\sqrt{d_i}}z_i, & i=1,2,\cdots,r, \\ y_i=z_i, & i=r+1,r+2,\cdots,n, \end{cases}$$

那么 f 可化为标准形

$$f=z_1^2+z_2^2+\cdots+z_p^2-z_{p+1}^2-\cdots-z_r^2. \tag{5.9}$$

式(5.9)称为二次型的规范形.

因此，惯性定理又可叙述为：一个二次型经过不同的可逆线性变换化成的规范形是唯一的.

根据矩阵合同的概念，设 $\boldsymbol{A},\boldsymbol{B}$ 是实对称矩阵，且 $\boldsymbol{A}\simeq\boldsymbol{B}$，则二次型 $\boldsymbol{x}^{\mathrm{T}}\boldsymbol{A}\boldsymbol{x}$ 和二次型 $\boldsymbol{x}^{\mathrm{T}}\boldsymbol{B}\boldsymbol{x}$ 有相同的规范形，反之亦然.因此有以下定理：

定理 5.4 实对称矩阵 $\boldsymbol{A}\simeq\boldsymbol{B}$ 的充分必要条件是：二次型 $\boldsymbol{x}^{\mathrm{T}}\boldsymbol{A}\boldsymbol{x}$ 与 $\boldsymbol{x}^{\mathrm{T}}\boldsymbol{B}\boldsymbol{x}$ 有相同的正负惯性指数.

例如，设 $\boldsymbol{A}=\begin{pmatrix}1 & 0\\ 0 & 2\end{pmatrix}$，$\boldsymbol{B}=\begin{pmatrix}3 & 0\\ 0 & 4\end{pmatrix}$，则 $\boldsymbol{A}\simeq\boldsymbol{B}$.这是因为，二次型 $\boldsymbol{x}^{\mathrm{T}}\boldsymbol{A}\boldsymbol{x}=x_1^2+2x_2^2$ 与 $\boldsymbol{x}^{\mathrm{T}}\boldsymbol{B}\boldsymbol{x}=3x_1^2+4x_2^2$ 有相同的正惯性指数 $p=2$ 及相同的负惯性指数 $q=0$(注意：这里 $\boldsymbol{A}$ 与 $\boldsymbol{B}$ 不相似，因为相似的必要条件是特征值相同，本题显然不满足).

例 5.8 求二次型 $f(x_1,x_2,x_3)=(x_1+x_2)^2+(x_2+x_3)^2-(x_3-x_1)^2$ 的正惯性指数与负惯性指数.

解法一 $f(x_1,x_2,x_3)=2x_2^2+2x_1x_2+2x_2x_3+2x_1x_3$

$$=2\left(x_2+\frac{x_1+x_3}{2}\right)^2-\frac{(x_1+x_3)^2}{2}+2x_1x_3$$

$$=2\left(x_2+\frac{x_1+x_3}{2}\right)^2-\frac{1}{2}x_1^2-\frac{1}{2}x_3^2+x_1x_3$$

$$=2\left(x_2+\frac{1}{2}x_1+\frac{1}{2}x_3\right)^2-\frac{1}{2}(x_1-x_3)^2.$$

所以正、负惯性指数分别为 1,1.

解法二 二次型的矩阵为$A=\begin{pmatrix}0&1&1\\1&2&1\\1&1&0\end{pmatrix}$,

$$|A-\lambda E|=\begin{vmatrix}-\lambda&1&1\\1&2-\lambda&1\\1&1&-\lambda\end{vmatrix}=\begin{vmatrix}-\lambda-1&0&1+\lambda\\1&2-\lambda&1\\1&1&-\lambda\end{vmatrix}=(1+\lambda)\begin{vmatrix}-1&0&1\\1&2-\lambda&1\\1&1&-\lambda\end{vmatrix}$$
$$=-\lambda(1+\lambda)(\lambda-3)=0.$$

A 的特征值为 $0,-1,3$,所以正、负惯性指数分别为 $1,1$.

例 5.9 设 A 是三阶对称矩阵,E 是三阶单位矩阵,若 $A^2+A=2E$,且 $|A|=4$,则二次型 x^TAx 的规范形为( ).

A. $y_1^2+y_2^2+y_3^2$　　B. $y_1^2+y_2^2-y_3^2$

C. $y_1^2-y_2^2-y_3^2$　　D. $-y_1^2-y_2^2-y_3^2$

解 设 λ 是 A 的特征值,根据 $A^2+A=2E$,得 $\lambda^2+\lambda=2,\lambda=1,-2$.

又因为 $|A|=4$,所以 A 的 3 个特征值为 $1,-2,-2$. 从而二次型 x^TAx 的规范形为 $y_1^2-y_2^2-y_3^2$. 故选 C.

5.3.2 二次型的正定性

在许多实际问题中,需要判断一个二次型 $f(x_1,x_2,\cdots,x_n)=x^TAx$ 是否对一切 $x=(x_1,x_2,\cdots,x_n)^T\neq 0$ 恒取正值或负值,这就是二次型的正定和负定问题.

定义 5.5 设二次型 $f=x^TAx$,如果对任何 $x\neq 0$,都有 $f=x^TAx>0(<0)$,则称 $f=x^TAx$ 为正定(负定)二次型,并称对称矩阵 A 是正定(负定)矩阵.

例 5.10 判断下列二次型的正定性:

(1) $f_1(x_1,x_2,x_3)=x_1^2+x_2^2+x_3^2$;

(2) $f_2(x_1,x_2,x_3)=x_1^2+2x_2^2-x_3^2$;

(3) $f_3(x_1,x_2,x_3)=2x_1^2+x_2^2$.

解 (1) 因为对于任意非零的三维向量 $x=(x_1,x_2,x_3)^T$,至少有一个分量 $x\neq 0$,从而 $f_1(x_1,x_2,x_3)\geqslant x_i^2>0$.即 f_1 为正定二次型.

(2) 由于 $f_2(x_1,x_2,x_3)$中平方项的系数不全为正数,取两个非零向量 $x_1=(0,0,1)^T$,$x_2=(1,0,0)^T$,有 $f_2(0,0,1)<0$,$f_2(1,0,0)>0$,所以 f_2 非正定.

(3) 由于 $f_3(x_1,x_2,x_3)$不含 x_3,则对于非零向量 $x=(0,0,1)^T$,有 $f_3(0,0,1)=0$,因此 f_3 非正定.

定义 5.6 设 $A=(a_{ij})$为 n 阶实对称矩阵,沿 A 的主对角线自左上到右下顺序地取 A 的前 k 行 k 列元素构成的行列式,称为 A 的 k 阶顺序主子式,记为 Δ_k,即

$$\Delta_k=\begin{vmatrix} a_{11} & a_{12} & \cdots & a_{1k} \\ a_{21} & a_{22} & \cdots & a_{2k} \\ \vdots & \vdots & & \vdots \\ a_{k1} & a_{k2} & \cdots & a_{kk} \end{vmatrix},\quad k=1,2,\cdots,n.$$

一般判断二次型的正定性除了可以用定义外,还可以利用以下重要结论.

定理 5.5 若 $\boldsymbol{A}$ 是 n 阶实对称矩阵,则下列命题等价:

(1) $f=\boldsymbol{x}^{\mathrm{T}}\boldsymbol{A}\boldsymbol{x}$ 是正定二次型(或 $\boldsymbol{A}$ 是正定矩阵);

(2) $\boldsymbol{A}$ 的 n 个特征值全为正;

(3) f 的标准形的 n 个系数全为正;

(4) f 的正惯性指数为 n;

(5) $\boldsymbol{A}$ 与单位矩阵 $\boldsymbol{E}$ 合同(或 $\boldsymbol{E}$ 为 $\boldsymbol{A}$ 的规范形);

(6) 存在可逆矩阵 $\boldsymbol{B}$,使 $\boldsymbol{A}=\boldsymbol{B}^{\mathrm{T}}\boldsymbol{B}$;

(7) (赫尔维茨(Sylvester)定理)$\boldsymbol{A}$ 的各阶顺序主子式都大于零,即

$$a_{11}>0,\quad \begin{vmatrix} a_{11} & a_{12} \\ a_{21} & a_{22} \end{vmatrix}>0,\quad \cdots,\quad \begin{vmatrix} a_{11} & a_{12} & \cdots & a_{1n} \\ a_{21} & a_{22} & \cdots & a_{2n} \\ \vdots & \vdots & & \vdots \\ a_{k1} & a_{k2} & \cdots & a_{nn} \end{vmatrix}>0.$$

证 (1)⇒(2)由定理 5.2,存在正交变换 $\boldsymbol{x}=\boldsymbol{C}\boldsymbol{y}$,使二次型 $f=\boldsymbol{x}^{\mathrm{T}}\boldsymbol{A}\boldsymbol{x}$ 化为标准形,即 $f(x_1,x_2,\cdots,x_n)=\lambda_1 y_1^2+\lambda_2 y_2^2+\cdots+\lambda_n y_n^2$,其中 $\lambda_1,\lambda_2,\cdots,\lambda_n$ 是矩阵 $\boldsymbol{A}$ 的特征值.

当 $\boldsymbol{y}$ 分别取 $\boldsymbol{y}=\begin{pmatrix}1\\0\\\vdots\\0\end{pmatrix},\begin{pmatrix}0\\1\\\vdots\\0\end{pmatrix},\cdots,\begin{pmatrix}0\\0\\\vdots\\1\end{pmatrix}$时,由二次型的正定性知,$\lambda_i>0,i=1,2,\cdots,n$.

(2)⇒(3)⇒(4)⇒(5)显然.

(5)⇒(6)因为 $\boldsymbol{A}$ 与单位矩阵 $\boldsymbol{E}$ 合同,则存在可逆矩阵 $\boldsymbol{D}$,使 $\boldsymbol{D}^{\mathrm{T}}\boldsymbol{A}\boldsymbol{D}=\boldsymbol{E}$.

上式两端左乘以$(\boldsymbol{D}^{\mathrm{T}})^{-1}$,右乘以 $\boldsymbol{D}^{-1}$,得 $\boldsymbol{A}=(\boldsymbol{D}^{\mathrm{T}})^{-1}\boldsymbol{D}^{-1}=(\boldsymbol{D}^{-1})^{\mathrm{T}}\boldsymbol{D}^{-1}$.

令 $\boldsymbol{B}=\boldsymbol{D}^{-1}$,则 $\boldsymbol{A}=\boldsymbol{B}^{\mathrm{T}}\boldsymbol{B}$.

(6)⇒(1)对任意 $\boldsymbol{x}\neq\boldsymbol{0}$,有 $\boldsymbol{B}\boldsymbol{x}\neq\boldsymbol{0}$,于是

$$f=\boldsymbol{x}^{\mathrm{T}}\boldsymbol{A}\boldsymbol{x}=\boldsymbol{x}^{\mathrm{T}}\boldsymbol{B}^{\mathrm{T}}\boldsymbol{B}\boldsymbol{x}=(\boldsymbol{B}\boldsymbol{x})^{\mathrm{T}}\boldsymbol{B}\boldsymbol{x}>0.$$

等价条件(7)的证明见附录 4.

定理 5.6 若 $\boldsymbol{A}$ 是 n 阶实对称矩阵,则下列命题等价:

(1) $f=\boldsymbol{x}^{\mathrm{T}}\boldsymbol{A}\boldsymbol{x}$ 是负定二次型(或 $\boldsymbol{A}$ 是负定矩阵);

(2) $\boldsymbol{A}$ 的 n 个特征值全为负;

(3) f 的标准形的 n 个系数全为负;

(4) f 的负惯性指数为 n;

(5) $\boldsymbol{A}$ 与负单位矩阵 $-\boldsymbol{E}$ 合同(或 $-\boldsymbol{E}$ 为 $\boldsymbol{A}$ 的规范形);

(6) 存在可逆矩阵 $\boldsymbol{B}$,使 $\boldsymbol{A}=-\boldsymbol{B}^{\mathrm{T}}\boldsymbol{B}$;

(7) $\boldsymbol{A}$ 的各阶顺序主子式中,奇数阶顺序主子式为负,而偶数阶顺序主子式为正.即

$$(-1)^k\begin{vmatrix} a_{11} & a_{12} & \cdots & a_{1k} \\ a_{21} & a_{22} & \cdots & a_{2k} \\ \vdots & \vdots & & \vdots \\ a_{k1} & a_{k2} & \cdots & a_{kk} \end{vmatrix}>0, \quad k=1,2,\cdots,n.$$

例 5.11 判断二次型 $f(x_1,x_2,x_3)=2x_1^2+4x_2^2+5x_3^2-4x_1x_3$ 的正定性.

解法一 利用定理 5.5,求二次型的矩阵 $\boldsymbol{A}$ 的特征值.

由 $\boldsymbol{A}=\begin{pmatrix} 2 & 0 & -2 \\ 0 & 4 & 0 \\ -2 & 0 & 5 \end{pmatrix}$,得 $|\boldsymbol{A}-\lambda\boldsymbol{E}|=(\lambda-1)(\lambda-4)(\lambda-6)$,即 $\boldsymbol{A}$ 的特征值是 $\lambda_1=1$, $\lambda_2=4$, $\lambda_3=6$ 均大于零,故 $\boldsymbol{A}$ 正定,即 $f(x_1,x_2,x_3)=2x_1^2+4x_2^2+5x_3^2-4x_1x_3$ 正定.

解法二 用配方法化二次型为标准形:

$$f(x_1,x_2,x_3)=2(x_1-x_3)^2+4x_2^2+3x_3^2.$$

令 $y_1=x_1-x_3, y_2=x_2, y_3=x_3$,得

$$f=2y_1^2+4y_2^2+3y_3^2.$$

f 的正惯性指数 $p=3=n$,故二次型 f 正定.

例 5.12 已知二次型 $f(x_1,x_2,x_3)=x_1^2+2x_2^2+(1-k)x_3^2+2kx_1x_2+2x_1x_3$,其中,$k$ 为参数,求使 f 为正定二次型的 k 的取值范围.

解 二次型 f 的矩阵为

$$\boldsymbol{A}=\begin{pmatrix} 1 & k & 1 \\ k & 2 & 0 \\ 1 & 0 & 1-k \end{pmatrix},$$

由赫尔维茨定理,二次型 f 正定的充要条件是它的三个顺序主子式都大于零,即

$$\Delta_1=|1|=1>0, \quad \Delta_2=\begin{vmatrix} 1 & k \\ k & 2 \end{vmatrix}=2-k^2>0, \quad \Delta_3=|\boldsymbol{A}|=k(k^2-k-2)>0.$$

由

$$\begin{cases} 2-k^2>0, \\ k(k^2-k-2)>0, \end{cases}$$

得 $-1<k<0$,即当 $-1<k<0$ 时,二次型 f 正定.

例 5.13 已知 $\boldsymbol{A}$ 是 n 阶正定矩阵,则 $\boldsymbol{A}^{-1}$ 也是正定矩阵.

证 因为 $\boldsymbol{A}$ 是 n 阶正定矩阵,则存在 n 阶可逆矩阵 $\boldsymbol{P}$,使 $\boldsymbol{A}=\boldsymbol{P}^{\mathrm{T}}\boldsymbol{P}$,从而有 $\boldsymbol{A}^{-1}=\boldsymbol{P}^{-1}(\boldsymbol{P}^{\mathrm{T}})^{-1}=\boldsymbol{P}^{-1}(\boldsymbol{P}^{-1})^{\mathrm{T}}$,令 $\boldsymbol{Q}=(\boldsymbol{P}^{-1})^{\mathrm{T}}$,则 $\boldsymbol{Q}$ 也是可逆矩阵,且 $\boldsymbol{A}^{-1}=\boldsymbol{Q}^{\mathrm{T}}\boldsymbol{Q}$,因此,$\boldsymbol{A}^{-1}$ 也是正定矩阵.

例 5.14 已知实对称矩阵 $\boldsymbol{A}$ 满足 $\boldsymbol{A}^2-3\boldsymbol{A}+2\boldsymbol{E}=\boldsymbol{0}$,证明 $\boldsymbol{A}$ 是正定矩阵.

证 设 λ 为 $\boldsymbol{A}$ 的特征值,那么 $\lambda^2-3\lambda+2$ 为 $\boldsymbol{A}^2-3\boldsymbol{A}+2\boldsymbol{E}$ 的特征值,于是 $\lambda^2-3\lambda+2=0$,解得 $\lambda_1=1,\lambda_2=2$,即 $\boldsymbol{A}$ 的特征值均大于零,所以 $\boldsymbol{A}$ 是正定矩阵.

习 题 5

1. 填空题

(1) 二次型 $f(x_1,x_2,x_3)=x_1^2-2x_1x_2+x_2^2-2x_1x_3+2x_2x_3+x_3^2$ 的秩等于________.

(2) 二次型 $f(x_1,x_2,x_3)=2x_1^2-2x_2^2+x_3^2+2x_1x_2-2x_1x_3+4x_2x_3$ 的矩阵是________,秩等于________.

(3) 二次型 $f(x_1,x_2,x_3)=(x_1,x_2,x_3)\begin{pmatrix}1&1&1\\0&1&-2\\0&0&2\end{pmatrix}\begin{pmatrix}x_1\\x_2\\x_3\end{pmatrix}$的矩阵为________.

(4) 矩阵 $\boldsymbol{A}=\begin{pmatrix}1&-1&2\\-1&1&1\\2&1&2\end{pmatrix}$所对应的二次型为________.

(5) 二次型 $f(x_1,x_2,x_3)=a(x_1^2+x_2^2+x_3^2)+4x_1x_2+4x_1x_3+4x_2x_3$ 经正交变换 $\boldsymbol{x}=\boldsymbol{C}\boldsymbol{y}$ 可化为标准形 $f=6y_1^2$,则 $a=$________.

(6) 二次型 $f(x_1,x_2,x_3)=x_1^2+2x_1x_2+2x_2^2+4x_2x_3$ 的正惯性指数 $p=$________.

(7) 实对称阵 $\boldsymbol{A}$ 的所有顺序主子式均大于零是 $\boldsymbol{A}$ 正定的________条件.

(8) $|\boldsymbol{A}|>0$ 是 $\boldsymbol{A}$ 正定的________条件.

(9) 二次型 $f(x_1,x_2,x_3)=x_1^2+x_2^2-tx_2x_3+4x_3^2$ 正定,则 t 的取值范围是________.

(10) 设二次型 $f=\boldsymbol{x}^{\mathrm{T}}\boldsymbol{A}\boldsymbol{x}$ 经非奇异线性变换 $\boldsymbol{x}=\boldsymbol{C}\boldsymbol{y}$ 化为 $f=\boldsymbol{y}^{\mathrm{T}}\boldsymbol{B}\boldsymbol{y}$,则 $\boldsymbol{A}$ 与 $\boldsymbol{B}$ ________.

2. 选择题

(1) 二次型 $f(x_1,x_2,x_3)=(k+1)x_1^2+(k+2)x_2^2+(k+3)x_3^2$ 正定,则 k 的取值范围是( ).

A. $k>0$ B. $k>-1$ C. $k>-2$ D. $k>-3$

(2) n 阶矩阵 $\boldsymbol{A}$ 与 $\boldsymbol{B}$ 合同,则( ).

A. $|\boldsymbol{A}|=|\boldsymbol{B}|$ B. $\boldsymbol{A}$ 与 $\boldsymbol{B}$ 有相同的特征值

C. $\boldsymbol{A}^{\mathrm{T}}=\boldsymbol{B}^{\mathrm{T}}$ D. $\mathrm{R}(\boldsymbol{A})=\mathrm{R}(\boldsymbol{B})$

(3) n 元实二次型 $f=\boldsymbol{x}^{\mathrm{T}}\boldsymbol{A}\boldsymbol{x}$ 为正定二次型,则下列结论不成立的是( ).

A. f 的正惯性指数为 n B. $\boldsymbol{A}$ 的 n 个特征值互异

C. $|\boldsymbol{A}|>0$ D. $-\boldsymbol{A}$ 为负定矩阵

(4) 设 $\boldsymbol{A}=\begin{pmatrix}1&1&1&1\\1&1&1&1\\1&1&1&1\\1&1&1&1\end{pmatrix}$,$\boldsymbol{B}=\begin{pmatrix}4&0&0&0\\0&0&0&0\\0&0&0&0\\0&0&0&0\end{pmatrix}$,则 $\boldsymbol{A}$ 与 $\boldsymbol{B}$(　　).

A. 合同且相似　　B. 合同但不相似

C. 不合同但相似　　D. 不合同且不相似

(5) 设矩阵 $\boldsymbol{A}=\begin{pmatrix}a&b\\b&-a\end{pmatrix}$,其中,$a>b>0$,且 $a^2+b^2=1$,则 $\boldsymbol{A}$ 为(　　).

A. 正定矩阵　　B. 负定矩阵　　C. 初等矩阵　　D. 正交矩阵

(6) 矩阵 $\boldsymbol{A},\boldsymbol{B}$ 均为 n 阶实对称矩阵,则 $\boldsymbol{A}$ 与 $\boldsymbol{B}$ 合同的充要条件是(　　).

A. 矩阵 $\boldsymbol{A}$、$\boldsymbol{B}$ 有相同的特征值

B. $\mathrm{R}(\boldsymbol{A})=\mathrm{R}(\boldsymbol{B})$

C. $|\boldsymbol{A}|=|\boldsymbol{B}|$

D. 矩阵 $\boldsymbol{A},\boldsymbol{B}$ 有相同的正负惯性指数

(7) 二次型 $f=\boldsymbol{x}^{\mathrm{T}}\boldsymbol{A}\boldsymbol{x}$ 正定的充分必要条件是(　　).

A. 负惯性指数为 0

B. 存在可逆矩阵 $\boldsymbol{P}$,使 $\boldsymbol{P}^{-1}\boldsymbol{A}\boldsymbol{P}=\boldsymbol{E}$

C. $\boldsymbol{A}$ 的特征值全大于 0

D. 存在 n 阶矩阵 $\boldsymbol{C}$,使 $\boldsymbol{A}=\boldsymbol{C}^{\mathrm{T}}\boldsymbol{C}$

(8) n 阶实对称矩阵 $\boldsymbol{A}$ 正定的充分必要条件是(　　).

A. 所有 k 阶子式为正数($k=1,2,\cdots,n$)

B. $\boldsymbol{A}$ 的所有特征值非负

C. $\boldsymbol{A}^{-1}$ 为正定矩阵

D. $\boldsymbol{A}$ 的秩等于 n

(9) 下列矩阵中与矩阵 $\boldsymbol{A}=\begin{pmatrix}1&2&0\\2&1&0\\0&0&1\end{pmatrix}$ 合同的矩阵是(　　).

A. $\begin{pmatrix}1&&\\&1&\\&&1\end{pmatrix}$　　B. $\begin{pmatrix}1&&\\&1&\\&&-1\end{pmatrix}$

C. $\begin{pmatrix}1&&\\&-1&\\&&-1\end{pmatrix}$　　D. $\begin{pmatrix}-1&&\\&-1&\\&&-1\end{pmatrix}$

(10) 二次型 $f=\boldsymbol{x}^{\mathrm{T}}\boldsymbol{A}\boldsymbol{x}$ 的矩阵 $\boldsymbol{A}$ 的所有对角元为正是 f 为正定的(　　).

A. 充分条件但非必要条件

B. 必要条件但非充分条件

C. 充分必要条件

D. 既不是充分条件也不是必要条件

3. 求下列二次型的矩阵及二次型的秩:

(1) $f(x_1,x_2,x_3)=2x_1^2+5x_2^2+5x_3^2+4x_1x_2-4x_1x_3-8x_2x_3$;

(2) $f(x_1,x_2,x_3)=(x_1,x_2,x_3)\begin{pmatrix}1&0&2\\0&2&0\\0&0&1\end{pmatrix}\begin{pmatrix}x_1\\x_2\\x_3\end{pmatrix}$.

4. 当 t 为何值时,二次型 $f(x_1,x_2,x_3)=x_1^2+6x_1x_2+x_2^2+4x_1x_3+2x_2x_3+tx_3^2$ 的秩为 2?

5. 用正交变换法把下列二次型化为标准形,并求所作的正交变换:

(1) $f(x_1,x_2,x_3)=x_1^2+x_2^2-3x_3^2-4x_1x_2$;

(2) $f(x_1,x_2,x_3)=x_1^2+2x_2^2+3x_3^2-4x_1x_2-4x_2x_3$.

6. 用初等变换法把下列二次型化为标准形,并求所作变换:

(1) $f(x_1,x_2,x_3)=x_1^2+5x_1x_2-4x_2x_3$;

(2) $f(x_1,x_2,x_3)=x_1^2+5x_2^2+x_3^2+2x_1x_2-4x_1x_3$.

7. 用配方法把下列二次型化为标准形,并求所作变换:

(1) $f(x_1,x_2,x_3)=-x_2^2-8x_3^2+2x_1x_2+4x_1x_3$;

(2) $f(x_1,x_2,x_3)=2x_1x_2+4x_1x_3$.

8. 已知二次型 $f(x_1,x_2,x_3)=(1-a)x_1^2+(1-a)x_2^2+2x_3^2+2(1+a)x_1x_2$ 的秩为 2.

(1) 求 a 的值;

(2) 求正交变换 $\boldsymbol{x}=\boldsymbol{C}\boldsymbol{y}$,使 $f(x_1,x_2,x_3)$ 化成标准形;

(3) 求方程 $f(x_1,x_2,x_3)=0$ 的解.

9. 判断下列二次型的正定性:

(1) $f(x_1,x_2,x_3)=(x_1,x_2,x_3)\begin{pmatrix}3&2&0\\2&3&0\\0&0&1\end{pmatrix}\begin{pmatrix}x_1\\x_2\\x_3\end{pmatrix}$;

(2) $f=-5x_1^2-6x_2^2-4x_3^2+4x_1x_2+4x_1x_3$.

10. t 满足什么条件时,下列二次型是正定的?

(1) $f=x_1^2+x_2^2+5x_3^2+2tx_1x_2-2x_1x_3+4x_2x_3$;

(2) $f=x_1^2+4x_2^2+2x_3^2+2tx_1x_2+2x_1x_3$.

11. 求二次型 $f(x_1,x_2,x_3)=x_1^2+3x_3^2+2x_1x_2+4x_1x_3+2x_2x_3$ 的正负惯性指数及符号差.

12. 若 $\boldsymbol{A}$ 为 n 阶正定矩阵,证明 $\boldsymbol{A}^*$ 也是 n 阶正定矩阵.

13. 设 $\boldsymbol{A}$ 为 n 阶实对称矩阵,且满足 $\boldsymbol{A}^3-4\boldsymbol{A}^2+5\boldsymbol{A}-2\boldsymbol{E}=\boldsymbol{O}$,证明 $\boldsymbol{A}$ 为正定矩阵.

14. 设矩阵 $\boldsymbol{A}=\begin{pmatrix} a & 1 & -1 \\ 1 & a & -1 \\ -1 & -1 & a \end{pmatrix}$.

(1) 求正交矩阵 $\boldsymbol{P}$,使 $\boldsymbol{P}^{\mathrm{T}}\boldsymbol{A}\boldsymbol{P}$ 为对角矩阵;

(2) 求正定矩阵 $\boldsymbol{C}$,使 $\boldsymbol{C}^2=(a+3)\boldsymbol{E}-\boldsymbol{A}$,其中 $\boldsymbol{E}$ 为三阶单位矩阵.

数学家简介

约翰·卡尔·弗里德里希·高斯

约翰·卡尔·弗里德里希·高斯(Johann Carl Friedrich Gauss,1777—1855),德国著名数学家、物理学家、天文学家、大地测量学家,近代数学奠基者之一.高斯被认为是历史上最重要的数学家之一,并享有“数学王子”之称.高斯和阿基米德、牛顿、欧拉并列为世界四大数学家.一生成就极为丰硕,以他名字“高斯”命名的成果达 110 个,属数学家中之最.他对数论、代数、统计、分析、微分几何、大地测量学、地球物理学、力学、静电学、天文学、矩阵理论和光学皆有贡献.

高斯是一对贫穷夫妇的唯一的儿子.母亲是一个贫穷石匠的女儿,虽然十分聪明,但却没有接受过教育.在她成为高斯父亲的第二任妻子之前,她从事女佣工作.他的父亲曾做过园丁、工头、商人的助手和一个小保险公司的评估师.当高斯三岁时便能够纠正他父亲的借债账目的事情,已经成为一个轶事流传至今.他曾说,他在麦仙翁堆上学会计算.能够在头脑中进行复杂的计算,是上帝赐予他的天赋.1801 年,高斯在《算术研究》中引进了二次型的正定、负定、半正定和半负定等术语.

卡尔·特奥多尔·威廉·魏尔斯特拉斯

卡尔·特奥多尔·威廉·魏尔斯特拉斯(Weierstrass,1815—1897),德国数学家,1815 年 10 月 31 日生于德国威斯特伐利亚地区的奥斯登费尔特,1897 年 2 月 19 日卒于柏林.魏尔斯特拉斯作为现代分析之父,工作涵盖:幂级数理论、实分析、复变函数、阿贝尔函数、无穷乘积、变分学、双线型与二次型、整函数等.他的论文与教学影响了整个 20 世纪分析学(甚至整个数学)的风貌.

魏尔斯特拉斯在数学分析领域中的最大贡献是在柯西、阿贝尔等开创的数学分析的严格化潮流中,以 ε-δ 语言,系统建立了实分析和复分析的基础,基本上完成了分析的算术化.他引进了一致收敛的概念,并由此阐明了函数项级数的逐项微分和逐项积分定理.在建立分析基础的过程中,引进了实数轴和 n 维欧氏空间中一系列的拓扑概念,并将黎曼积分推广到在一个可数集上的不连续函数之上.1872年,魏尔斯特拉斯给出了第一个处处连续但处处不可微函数的例子,使人们意识到连续性与可微性的差异,由此引出了一系列诸如佩亚诺曲线等反常性态的函数的研究.魏尔斯特拉斯比较系统地完成了二次型的理论并将其推广到双线性型.

知识拓展 不等式的证明

在不等式的证明中,恰当运用二次型理论,可以有助于问题的解决.

例 已知 $x,y,z\in\mathbb{R}$,且 $x^2+y^2+z^2=1$,证明:

$$\frac{-3-\sqrt{17}}{2}\leqslant 2xy+2xz-6yz\leqslant 3.$$

【分析】 设 n 元实二次型 $f(x_1,x_2,\cdots,x_n)=\boldsymbol{x}^{\mathrm{T}}\boldsymbol{A}\boldsymbol{x}$,其中 $\boldsymbol{x}=(x,y,z)^{\mathrm{T}}$,$\boldsymbol{A}$ 的 n 个特征值 $\lambda_1\leqslant\lambda_2\leqslant\cdots\leqslant\lambda_n$(重根按重数计算),由于 $\boldsymbol{A}$ 是实对称矩阵,必存在正交矩阵 $\boldsymbol{P}$,使得 $\boldsymbol{P}^{\mathrm{T}}\boldsymbol{A}\boldsymbol{P}=\boldsymbol{\Lambda}=\mathrm{diag}(\lambda_1,\lambda_2,\cdots,\lambda_n)$.

作正交变换 $\boldsymbol{x}=\boldsymbol{P}\boldsymbol{y}$,则

$$\begin{aligned}f(x_1,x_2,\cdots,x_n)&=\boldsymbol{x}^{\mathrm{T}}\boldsymbol{A}\boldsymbol{x}=(\boldsymbol{P}\boldsymbol{y})^{\mathrm{T}}\boldsymbol{A}\boldsymbol{P}\boldsymbol{y}=\boldsymbol{y}^{\mathrm{T}}(\boldsymbol{P}^{\mathrm{T}}\boldsymbol{A}\boldsymbol{P})\boldsymbol{y}\\&=\lambda_1y_1^2+\lambda_2y_2^2+\cdots+\lambda_ny_n^2.\end{aligned}$$

由于 $\lambda_1\leqslant\lambda_2\leqslant\cdots\leqslant\lambda_n$,所以

$$\lambda_1\boldsymbol{y}^{\mathrm{T}}\boldsymbol{y}=\lambda_1\sum_{i=1}^{n}y_i^2\leqslant\lambda_1y_1^2+\lambda_2y_2^2+\cdots+\lambda_ny_n^2\leqslant\lambda_n\sum_{i=1}^{n}y_i^2=\lambda_n\boldsymbol{y}^{\mathrm{T}}\boldsymbol{y},$$

即 $\lambda_1\boldsymbol{y}^{\mathrm{T}}\boldsymbol{y}\leqslant\boldsymbol{x}^{\mathrm{T}}\boldsymbol{A}\boldsymbol{x}\leqslant\lambda_n\boldsymbol{y}^{\mathrm{T}}\boldsymbol{y}$. 因为 $\boldsymbol{P}$ 为正交矩阵,$\boldsymbol{P}^{\mathrm{T}}\boldsymbol{P}=\boldsymbol{E}$,所以

$$\boldsymbol{x}^{\mathrm{T}}\boldsymbol{x}=\boldsymbol{y}^{\mathrm{T}}(\boldsymbol{P}^{\mathrm{T}}\boldsymbol{P})\boldsymbol{y}=\boldsymbol{y}^{\mathrm{T}}y,$$

从而有

$$\lambda_1\boldsymbol{x}^{\mathrm{T}}\boldsymbol{x}\leqslant\boldsymbol{x}^{\mathrm{T}}\boldsymbol{A}\boldsymbol{x}\leqslant\lambda_n\boldsymbol{x}^{\mathrm{T}}\boldsymbol{x}.$$

【模型建立与求解】 二次型 $f(x,y,z)=2xy+2xz-6yz$ 对应的矩阵为

$$\boldsymbol{A}=\begin{pmatrix}0&1&1\\1&0&-3\\1&-3&0\end{pmatrix}.$$

由于 $|\boldsymbol{A}-\lambda\boldsymbol{E}|=\begin{vmatrix}-\lambda&1&1\\1&-\lambda&-3\\1&-3&-\lambda\end{vmatrix}=\begin{vmatrix}2-\lambda&2&1\\-2-\lambda&-\lambda-3&-3\\0&0&3-\lambda\end{vmatrix}=(3-\lambda)(\lambda^2+3\lambda-2)$,可得特征值为

$$\lambda_1 = 3, \quad \lambda_2 = \frac{-3+\sqrt{17}}{2}, \quad \lambda_3 = \frac{-3-\sqrt{17}}{2},$$

比较后知

$$\lambda_{\max} = 3, \quad \lambda_{\min} = \frac{-3-\sqrt{17}}{2}.$$

【结论】 根据 $\lambda_1 \boldsymbol{x}^{\mathrm{T}}\boldsymbol{x} \leqslant \boldsymbol{x}^{\mathrm{T}}\boldsymbol{A}\boldsymbol{x} \leqslant \lambda_n \boldsymbol{x}^{\mathrm{T}}\boldsymbol{x}$,可得

$$\frac{-3-\sqrt{17}}{2} \leqslant 2xy + 2xz - 6yz \leqslant 3.$$

第6章 Mathematica 软件应用

Mathematica 是美国 Wolfram 公司研制开发的著名数学软件系统.

Mathematica 是集文本编辑、数值计算、逻辑分析、图形和动画于一体的高度优化的专家系统.它是目前比较流行的数学软件之一,具有以下功能:

(1) 提供数值处理;

(2) 具有符号运算能力;

(3) 提供绘图功能和制作电脑动画的功能;

(4) 能够处理几乎所有的数学运算问题,特别是它在高等数学、线性代数、概率统计、数值分析以及运筹学中的应用将给我们提供最有力的帮助.下面将通过具体实例介绍如何应用 Mathematica 进行线性代数中行列式、矩阵、线性方程组及二次型等相关知识的运算.

6.1 用 Mathematica 进行行列式的计算

6.1.1 相关命令

利用命令 Det[ ]可以计算行列式.

6.1.2 应用示例

例 6.1 计算行列式

(1)

$$\begin{vmatrix} 1 & 2 & 3 & 4 & 5 & 6 \\ 2 & 3 & 4 & 5 & 6 & 1 \\ 3 & 4 & 5 & 6 & 1 & 2 \\ 4 & 5 & 6 & 1 & 2 & 3 \\ 5 & 6 & 1 & 2 & 3 & 4 \\ 6 & 1 & 2 & 3 & 4 & 5 \end{vmatrix}.$$

解 双击 Mathematica 图标,启动 Mathematica 系统,计算机屏幕会出现 Mathematica 的工作窗口,此时可以通过键盘输入命令:

$$\text{Det}\begin{bmatrix}1&2&3&4&5&6\\2&3&4&5&6&1\\3&4&5&6&1&2\\4&5&6&1&2&3\\5&6&1&2&3&4\\6&1&2&3&4&5\end{bmatrix}$$，按“Shift+Enter”键，得所求值，如图 6.1 所示.

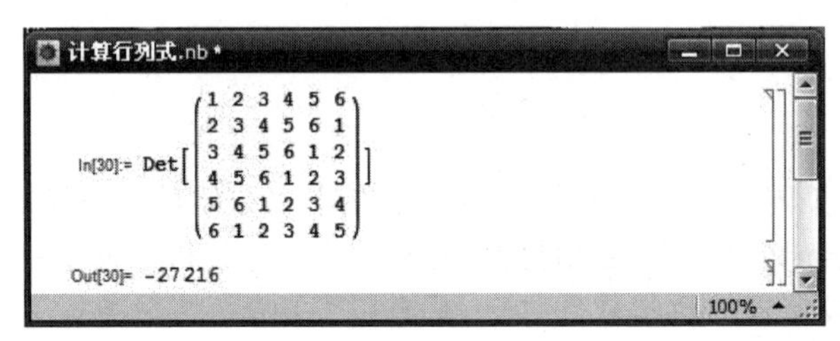

图 6.1

(2)

$$\begin{vmatrix}x&-1&1&x-1\\x&-1&x+1&-1\\x&x-1&1&-1\\x&-1&1&-1\end{vmatrix}.$$

解 步骤同上，得所求值，如图 6.2 所示.

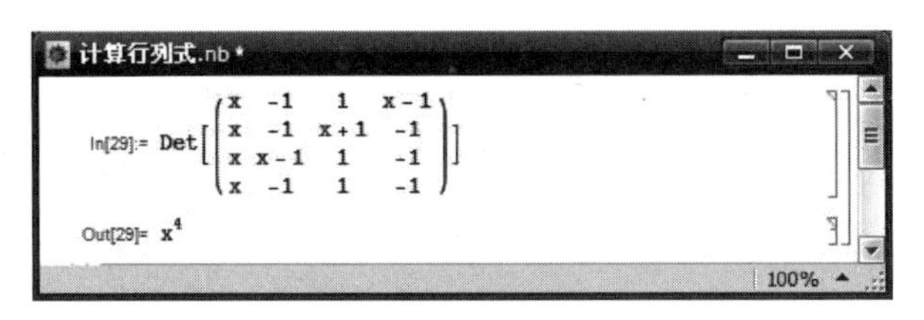

图 6.2

例 6.2 用克莱姆法则解线性方程组

$$\begin{cases}x_1+x_2+2x_3+3x_4=1,\\2x_1+x_2+2x_3+x_4=0,\\2x_1+3x_2+2x_3+x_4=2,\\x_1+3x_3+2x_4=3.\end{cases}$$

解 先计算方程组的系数行列式，如图 6.3 所示.

因为系数行列式不为零，由克莱姆法则知，此方程组有唯一解. 然后在 Mathematica 窗口中输入如图 6.4 所示的命令，按“Shift+Enter”键，即得所求方程组的解.如图 6.4 所示.

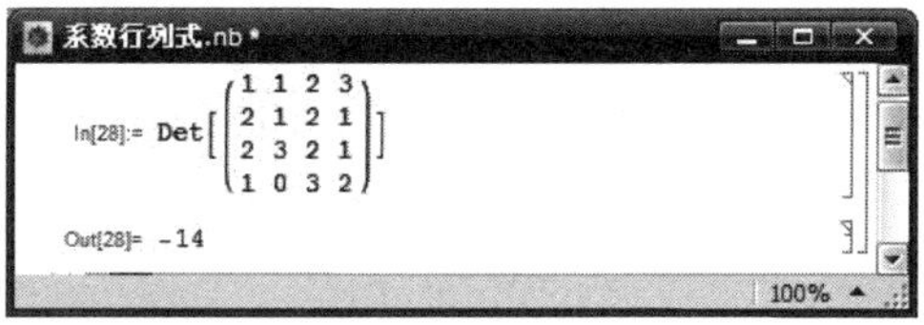

系数行列式.nb *
In[28]:= Det[{{1, 1, 2, 3}, {2, 1, 2, 1}, {2, 3, 2, 1}, {1, 0, 3, 2}}]
Out[28]= -14
100%

图　6.3

克莱姆法则.nb *
In[22]:= d = Det[{{1, 1, 2, 3}, {2, 1, 2, 1}, {2, 3, 2, 1}, {1, 0, 3, 2}}]
Out[22]= -14
In[23]:= d1 = Det[{{1, 1, 2, 3}, {0, 1, 2, 1}, {2, 3, 2, 1}, {3, 0, 3, 2}}]
Out[23]= 34
In[24]:= d2 = Det[{{1, 1, 2, 3}, {2, 0, 2, 1}, {2, 2, 2, 1}, {1, 3, 3, 2}}]
Out[24]= -14
In[25]:= d3 = Det[{{1, 1, 1, 3}, {2, 1, 0, 1}, {2, 3, 2, 1}, {1, 0, 3, 2}}]
Out[25]= -32
In[26]:= d4 = Det[{{1, 1, 2, 1}, {2, 1, 2, 0}, {2, 3, 2, 2}, {1, 0, 3, 3}}]
Out[26]= 10
In[27]:= {x1, x2, x3, x4} = {d1/d, d2/d, d3/d, d4/d}
Out[27]= {-17/7, 1, 16/7, -5/7}
100%

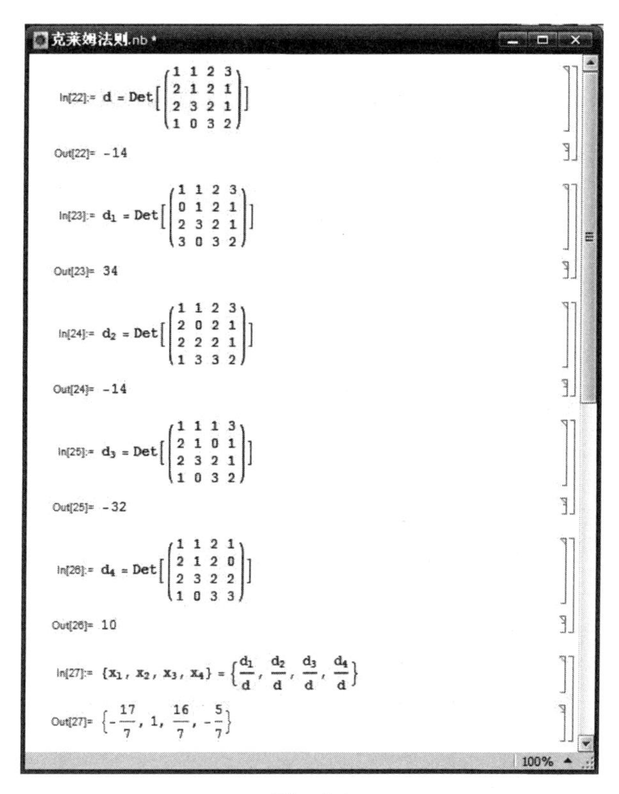

图　6.4

所以,方程组的唯一解为

$$x_1=-\frac{17}{7},\quad x_2=1,\quad x_3=\frac{16}{7},\quad x_4=-\frac{5}{7}.$$

6.2　用 Mathematica 进行矩阵的相关计算

6.2.1　相关命令

利用命令 A+B、kA、AB 分别计算矩阵的和、数乘和乘法.

利用命令 Det[A]计算方阵 **A** 的行列式.

利用命令 Inverse[A]求矩阵 $\boldsymbol{A}$ 的逆矩阵.

利用命令 RowReduce[A]将矩阵 $\boldsymbol{A}$ 化为行最简形,从而求出 $\boldsymbol{A}$ 的秩.

6.2.2 应用示例

例 6.3 设 $\boldsymbol{A}=\begin{pmatrix}1 & 3 & -2\\ -1 & 2 & 1\end{pmatrix}$,$\boldsymbol{B}=\begin{pmatrix}2 & -3 & 2\\ 1 & 0 & 1\end{pmatrix}$,求 $3\boldsymbol{A}+\boldsymbol{B}$.

解 求解步骤及结果如图 6.5 所示.

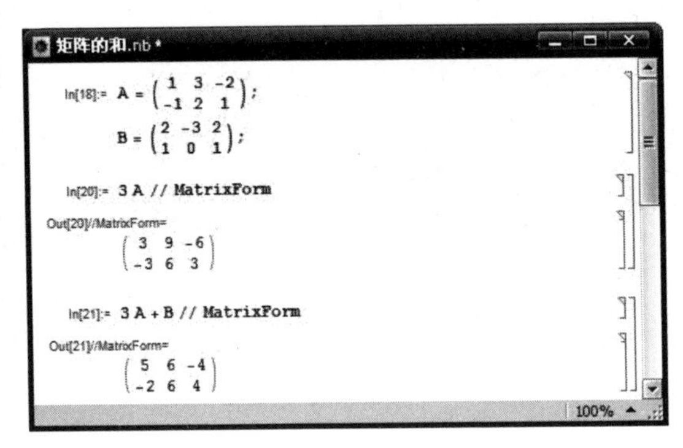

图 6.5

例 6.4 设 $\boldsymbol{A}=\begin{pmatrix}2 & 3 & 5\\ 4 & 6 & 1\end{pmatrix}$,$\boldsymbol{B}=\begin{pmatrix}4 & 1\\ 2 & 6\\ 8 & 3\end{pmatrix}$,求 $\boldsymbol{AB}$.

解 求解步骤及结果如图 6.6 所示.

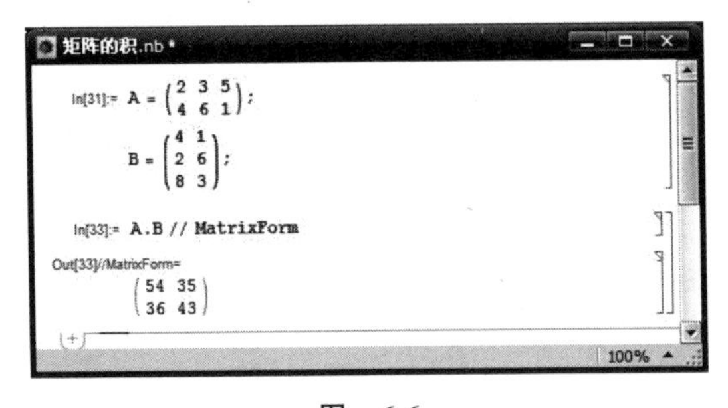

图 6.6

例 6.5 设 $\boldsymbol{A}=\begin{pmatrix}1 & 0 & 0 & 0\\ -2 & 3 & 0 & 0\\ 0 & -4 & 5 & 0\\ 1 & 0 & 6 & 7\end{pmatrix}$,求 $|\boldsymbol{A}|$,$\boldsymbol{A}^{-1}$.

解 求解步骤及结果如图 6.7 所示.

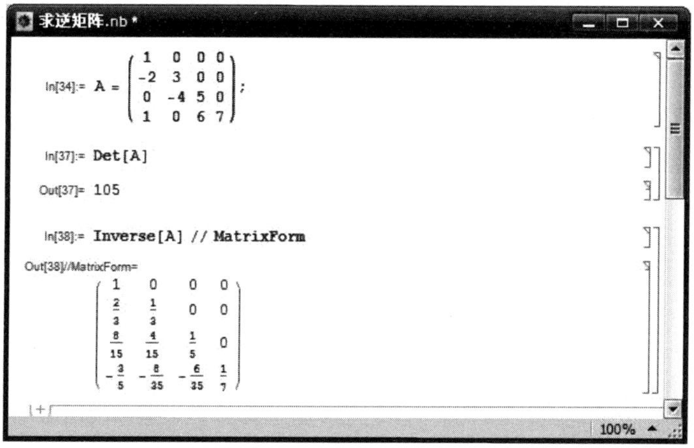

求逆矩阵.nb *
In[34]:= A = (1 0 0 0; -2 3 0 0; 0 -4 5 0; 1 0 6 7);
In[37]:= Det[A]
Out[37]= 105
In[38]:= Inverse[A] // MatrixForm
Out[38]//MatrixForm=
(1 0 0 0; 2/3 1/3 0 0; 8/15 4/15 1/5 0; -3/5 -8/35 -6/35 1/7)
100%

图　6.7

例 6.6　设 $\boldsymbol{A}=\begin{pmatrix}0 & -1 & 0 & 1\\0 & 1 & -1 & -2\\1 & 0 & -1 & -2\\0 & 1 & 0 & -1\end{pmatrix}$，求 $R(\boldsymbol{A})$.

解　求解步骤及结果如图 6.8 所示.

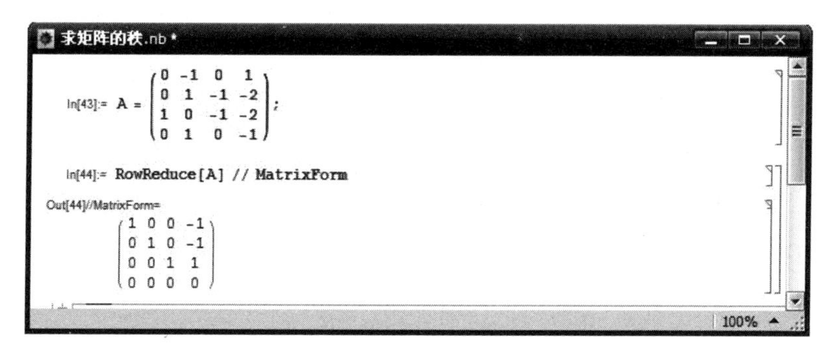

求矩阵的秩.nb *
In[43]:= A = (0 -1 0 1; 0 1 -1 -2; 1 0 -1 -2; 0 1 0 -1);
In[44]:= RowReduce[A] // MatrixForm
Out[44]//MatrixForm=
(1 0 0 -1; 0 1 0 -1; 0 0 1 1; 0 0 0 0)
100%

图　6.8

所以 $R(\boldsymbol{A})=3$.

例 6.7　求矩阵方程 $\boldsymbol{AXB}=\boldsymbol{M}$.其中，

$$\boldsymbol{A}=\begin{pmatrix}1 & 0 & 1\\-1 & 2 & 0\\1 & 0 & -1\end{pmatrix},\quad \boldsymbol{B}=\begin{pmatrix}-1 & 0 & 1\\0 & 1 & 0\\1 & -1 & 1\end{pmatrix},\quad \boldsymbol{M}=\begin{pmatrix}1 & 2 & 4\\3 & 1 & 2\\2 & -1 & 1\end{pmatrix}.$$

解　求解步骤及结果如图 6.9 所示.

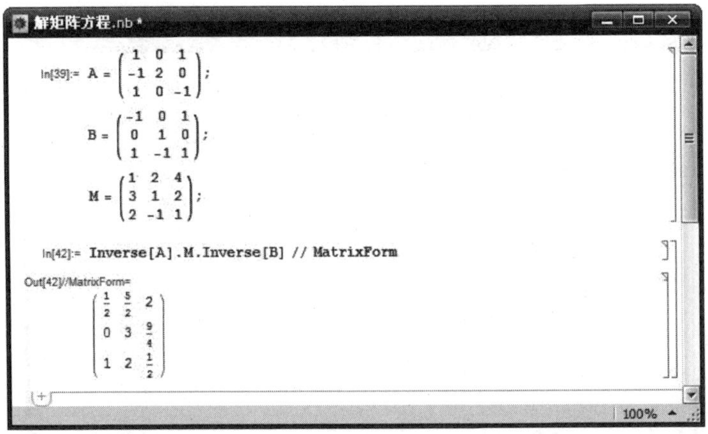

解矩阵方程.nb *
In[39]:= A = (1 0 1; -1 2 0; 1 0 -1);
B = (-1 0 1; 0 1 0; 1 -1 1);
M = (1 2 4; 3 1 2; 2 -1 1);
In[42]:= Inverse[A].M.Inverse[B] // MatrixForm
Out[42]//MatrixForm=
(1/2 5/2 2; 0 3 9/4; 1 2 1/2)
100%

图 6.9

6.3 用 Mathematica 进行向量与线性方程组的相关计算

6.3.1 相关命令

利用命令 α+β,kα 计算向量的和及数乘.

利用命令 RowReduce[A]将矩阵 **A** 化为行最简形,判定矩阵 **A** 的向量组的线性相关性,求出向量组的极大无关组,以及判定非齐次线性方程组是否有解,并在有解时写出其解.

利用命令 LinearSolve[]求某向量关于极大线性无关组的线性表达式,也可求得非齐次线性方程组的一个特解.

利用命令 NullSpace[]可求得齐次线性方程组的基础解系.

6.3.2 应用示例

例 6.8 设$\boldsymbol{\alpha}=(1,2,3,4)$,$\boldsymbol{\beta}=(4,3,2,1)$,求$\boldsymbol{\alpha}+\boldsymbol{\beta}$,$5\boldsymbol{\alpha}$.

解 求解步骤及结果如图 6.10 所示.

向量的和与数乘.nb *
In[45]:= α = {1, 2, 3, 4};
β = {4, 3, 2, 1};
In[47]:= α + β
Out[47]= {5, 5, 5, 5}
In[48]:= 5 α
Out[48]= {5, 10, 15, 20}
100%

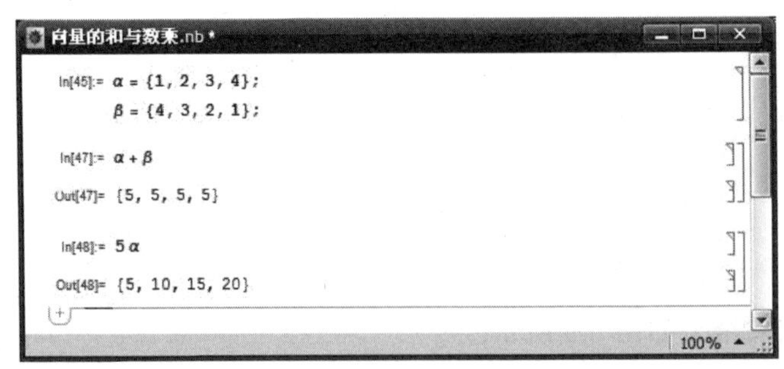

图 6.10

例 6.9 设$\boldsymbol{\alpha}_1=(1,0,2,3)$,$\boldsymbol{\alpha}_2=(1,1,3,5)$,$\boldsymbol{\alpha}_3=(1,-1,0,1)$,$\boldsymbol{\alpha}_4=(1,2,4,7)$,讨论向量组$\boldsymbol{\alpha}_1,\boldsymbol{\alpha}_2,\boldsymbol{\alpha}_3,\boldsymbol{\alpha}_4$的线性相关性.

解 令

$$\boldsymbol{A}=\begin{pmatrix}\boldsymbol{\alpha}_1\\\boldsymbol{\alpha}_2\\\boldsymbol{\alpha}_3\\\boldsymbol{\alpha}_4\end{pmatrix}=\begin{pmatrix}1&0&2&3\\1&1&3&5\\1&-1&0&1\\1&2&4&7\end{pmatrix},$$

求解步骤及结果如图6.11所示.

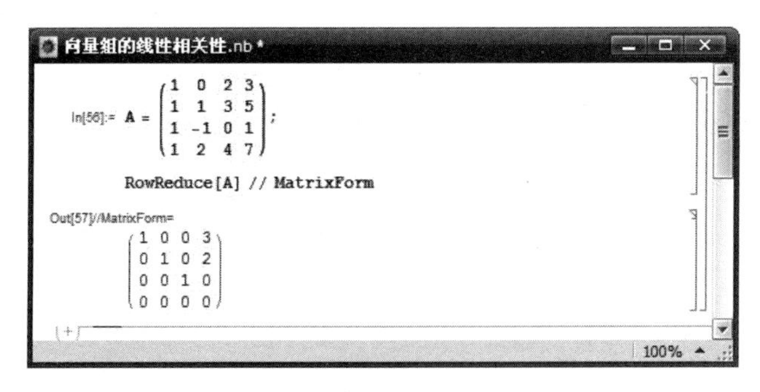

图 6.11

因 $R(\boldsymbol{A})=3<4$,故$\boldsymbol{\alpha}_1,\boldsymbol{\alpha}_2,\boldsymbol{\alpha}_3,\boldsymbol{\alpha}_4$线性相关.

例 6.10 设$\boldsymbol{\alpha}_1=(1,-1,2,4)$,$\boldsymbol{\alpha}_2=(0,3,1,2)$,$\boldsymbol{\alpha}_3=(3,0,7,14)$,$\boldsymbol{\alpha}_4=(1,-1,2,0)$,$\boldsymbol{\alpha}_5=(2,1,5,6)$,求向量组$\boldsymbol{\alpha}_1,\boldsymbol{\alpha}_2,\boldsymbol{\alpha}_3,\boldsymbol{\alpha}_4,\boldsymbol{\alpha}_5$的一个极大线性无关组,并将其余向量用该极大线性无关组线性表示.

解 令
$$\boldsymbol{A}=\begin{pmatrix}\boldsymbol{\alpha}_1\\\boldsymbol{\alpha}_2\\\boldsymbol{\alpha}_3\\\boldsymbol{\alpha}_4\\\boldsymbol{\alpha}_5\end{pmatrix}=\begin{pmatrix}1&-1&2&4\\0&3&1&2\\3&0&7&14\\1&-1&2&0\\2&1&5&6\end{pmatrix},$$

求解步骤及结果如图6.12所示.

因 $R(\boldsymbol{A})=3$,所以向量组的秩为3;又$\boldsymbol{A}$中位于1,2,4行及1,2,4列的三阶子式

$$D_3=\begin{vmatrix}1&-1&4\\0&3&2\\1&-1&0\end{vmatrix}=-12\neq 0,$$

故$\boldsymbol{\alpha}_1,\boldsymbol{\alpha}_2,\boldsymbol{\alpha}_4$是向量组的一个极大线性无关组.

$$\boldsymbol{\alpha}_3=3\boldsymbol{\alpha}_1+\boldsymbol{\alpha}_2,\boldsymbol{\alpha}_5=\boldsymbol{\alpha}_1+\boldsymbol{\alpha}_2+\boldsymbol{\alpha}_4.$$

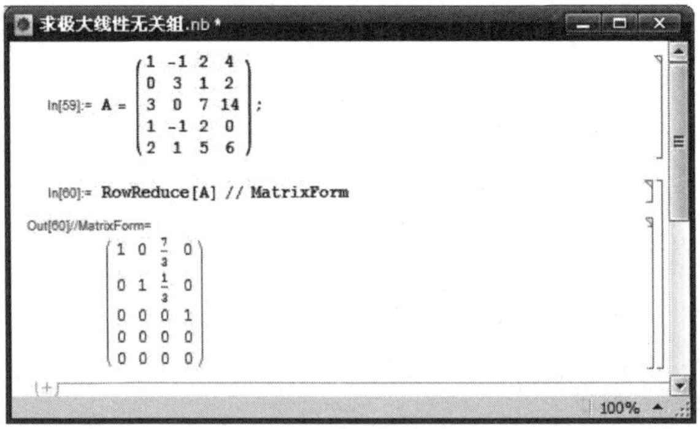

求极大线性无关组.nb *
In[59]:= A = (1 -1 2 4; 0 3 1 2; 3 0 7 14; 1 -1 2 0; 2 1 5 6);
In[60]:= RowReduce[A] // MatrixForm
Out[60]//MatrixForm=
(1 0 7/3 0; 0 1 1/3 0; 0 0 0 1; 0 0 0 0; 0 0 0 0)
100%

图 6.12

例 6.11 求齐次线性方程组

$$\begin{cases} x_1 - x_2 - x_3 + x_4 = 0, \\ 3x_1 - 3x_2 - x_3 - x_4 = 0, \\ -x_1 + x_2 + x_4 = 0 \end{cases}$$

的基础解系及通解.

解 系数矩阵为

$$\boldsymbol{A} = \begin{pmatrix} 1 & -1 & -1 & 1 \\ 3 & -3 & -1 & -1 \\ -1 & 1 & 0 & 1 \end{pmatrix},$$

求解步骤及结果如图 6.13 所示.

求齐次线性方程组的基础解系.nb *
In[61]:= A = (1 -1 -1 1; 3 -3 -1 -1; -1 1 0 1);
In[62]:= NullSpace[A] // MatrixForm
Out[62]//MatrixForm=
(1 0 2 1; 1 1 0 0)
100%

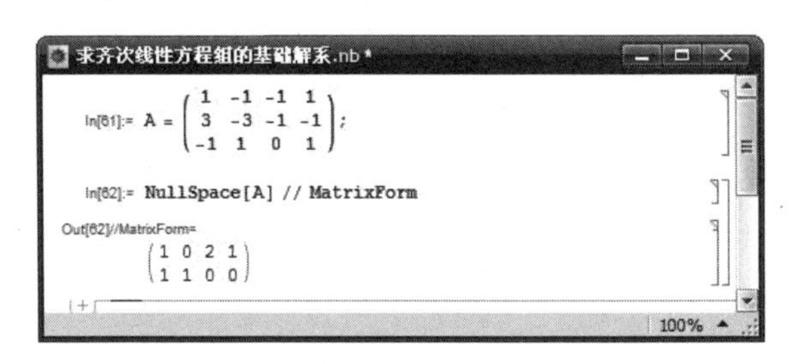

图 6.13

故基础解系为$\boldsymbol{\xi}_1=(1,1,0,0)^{\mathrm{T}}$,$\boldsymbol{\xi}_2=(1,0,2,1)^{\mathrm{T}}$,通解为 $\eta=k_1\boldsymbol{\xi}_1+k_2\boldsymbol{\xi}_2$($k_1$,$k_2$ 为任意常数).

例 6.12 求非齐次线性方程组

$$\begin{cases} x_1 - x_2 - x_3 + x_4 = 0, \\ x_1 - x_2 + x_3 - 3x_4 = 1, \\ x_1 - x_2 - 2x_3 + 3x_4 = -\dfrac{1}{2} \end{cases}$$

的通解.

解　系数矩阵

$$
\boldsymbol{A}=\begin{pmatrix}1 & -1 & -1 & 1\\ 1 & -1 & 1 & -3\\ 1 & -1 & -2 & 3\end{pmatrix},\quad \boldsymbol{b}=\begin{pmatrix}0\\ 1\\ -\dfrac{1}{2}\end{pmatrix},
$$

增广矩阵

$$
\overline{\boldsymbol{A}}=\begin{pmatrix}1 & -1 & -1 & 1 & 0\\ 1 & -1 & 1 & -3 & 1\\ 1 & -1 & -2 & 3 & -\dfrac{1}{2}\end{pmatrix}.
$$

求解步骤及结果如图 6.14 所示.

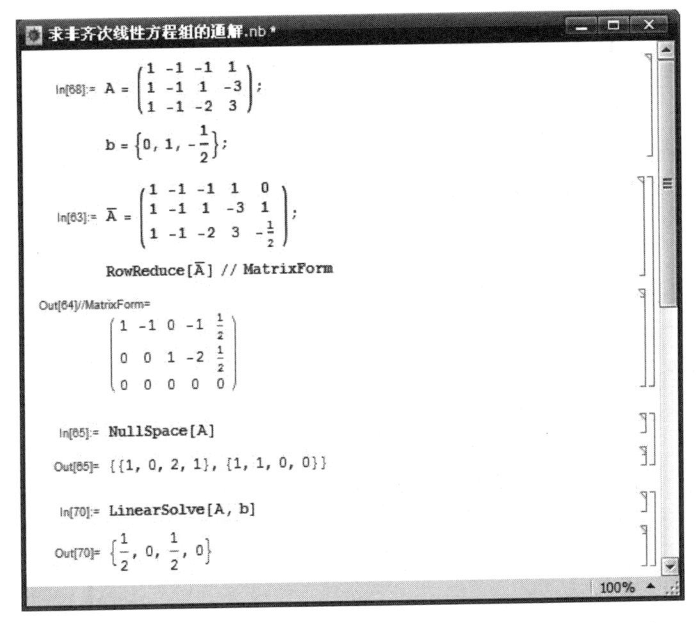

图　6.14

原方程组的通解为

$$
\boldsymbol{x}=C_1\begin{pmatrix}1\\ 0\\ 2\\ 1\end{pmatrix}+C_2\begin{pmatrix}1\\ 1\\ 0\\ 0\end{pmatrix}+\begin{pmatrix}\dfrac{1}{2}\\ 0\\ \dfrac{1}{2}\\ 0\end{pmatrix}.
$$

例 6.13 判断下列线性方程组是否有解：

(1) $\begin{cases} x_1 - x_2 - x_3 + x_4 = 0, \\ x_1 - x_2 + x_3 - 3x_4 = 1, \\ x_1 - x_2 - 2x_3 + 3x_4 = -\dfrac{1}{2}; \end{cases}$ (2) $\begin{cases} x_1 + x_3 = -1, \\ -2x_1 - x_2 - 2x_3 = 0, \\ x_1 + x_2 + x_3 = 0. \end{cases}$

解 (1) 增广矩阵 $\overline{\boldsymbol{A}} = \begin{pmatrix} 1 & -1 & -1 & 1 & 0 \\ 1 & -1 & 1 & -3 & 1 \\ 1 & -1 & -2 & 3 & -\dfrac{1}{2} \end{pmatrix}$,求解步骤及结果如图 6.15 所示.

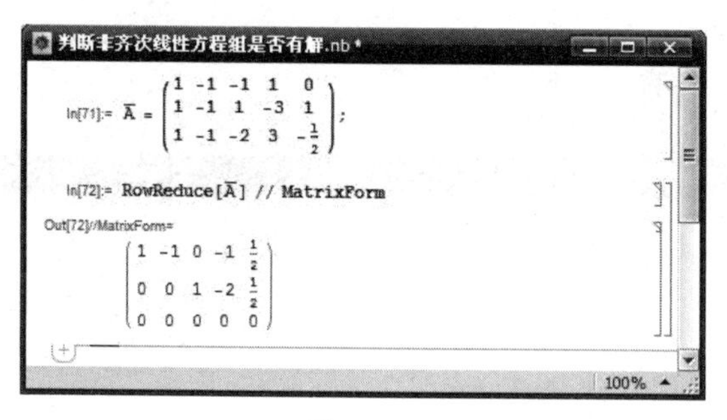

图 6.15

因为系数矩阵的秩等于增广矩阵的秩,所以方程组有解.

(2) 增广矩阵 $\overline{\boldsymbol{A}} = \begin{pmatrix} 1 & 0 & 1 & -1 \\ -2 & -1 & -2 & 0 \\ 1 & 1 & 1 & 0 \end{pmatrix}$,求解步骤及结果如图 6.16 所示.

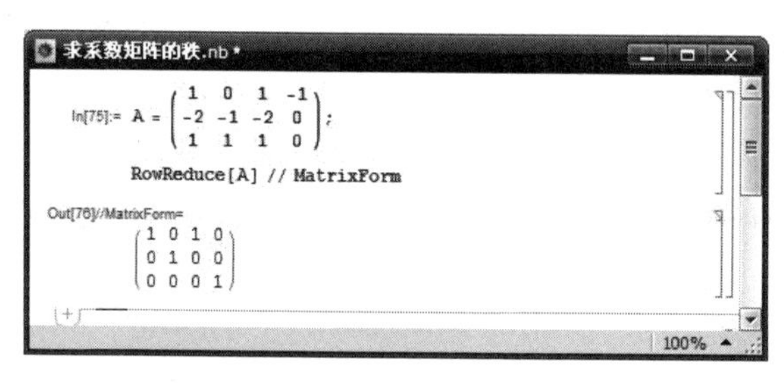

图 6.16

由图 6.16 可知 $R(\overline{\boldsymbol{A}}) = 3$,$R(\boldsymbol{A}) = 2$,故方程组无解.

6.4 用 Mathematica 进行向量内积、矩阵的特征值等的相关计算

6.4.1 相关命令

利用命令 $\alpha \cdot \beta, \sqrt{\alpha \cdot \alpha}$ 计算向量的内积和模；

利用命令 Eigenvalues[A]求矩阵 **A** 的特征值；

利用命令 Eigenvectors[A]求矩阵 **A** 的特征值向量；

利用命令 Eigensystem[A]同时求矩阵 **A** 的特征值和特征向量.

6.4.2 应用示例

例 6.14 设 $\boldsymbol{\alpha}=(1,0,-1,2), \boldsymbol{\beta}=(0,-1,2,1)$，求 $|\boldsymbol{\alpha}|, |\boldsymbol{\beta}|, (\boldsymbol{\alpha}, \boldsymbol{\beta})$.

解 求解步骤及结果如图 6.17 所示.

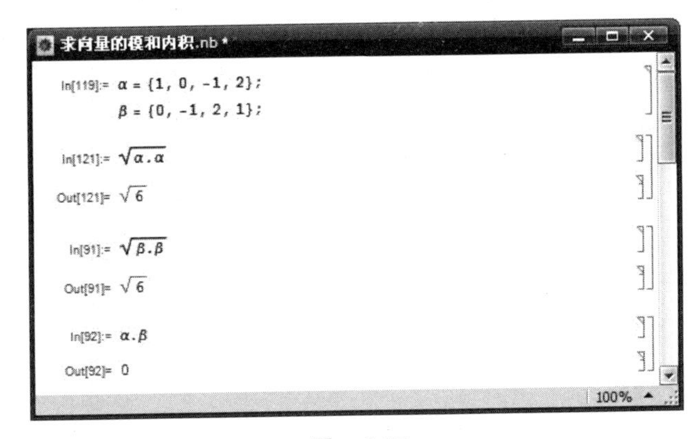

图 6.17

所以 $|\boldsymbol{\alpha}|=\sqrt{6}, |\boldsymbol{\beta}|=\sqrt{6}, (\boldsymbol{\alpha}, \boldsymbol{\beta})=0$.

例 6.15 设 $\boldsymbol{A}=\begin{pmatrix} 1 & 2 & 2 \\ 2 & 1 & 2 \\ 2 & 2 & 1 \end{pmatrix}$，求 **A** 的特征值和特征向量.

解 求解步骤及结果如图 6.18 所示.

A 的特征值是 5，−1(二重). 属于 5 的一个线性无关的特征向量是

$$\boldsymbol{\xi}_1=\boldsymbol{\varepsilon}_1+\boldsymbol{\varepsilon}_2+\boldsymbol{\varepsilon}_3,$$

而属于 5 的全部特征向量就是 $k\boldsymbol{\xi}_1$，其中 k 为任意不等于零的数；属于 −1 的两个线性无关的特征向量是

$$\boldsymbol{\xi}_2=\boldsymbol{\varepsilon}_3-\boldsymbol{\varepsilon}_1,$$

$$\boldsymbol{\xi}_3=\boldsymbol{\varepsilon}_2-\boldsymbol{\varepsilon}_1.$$

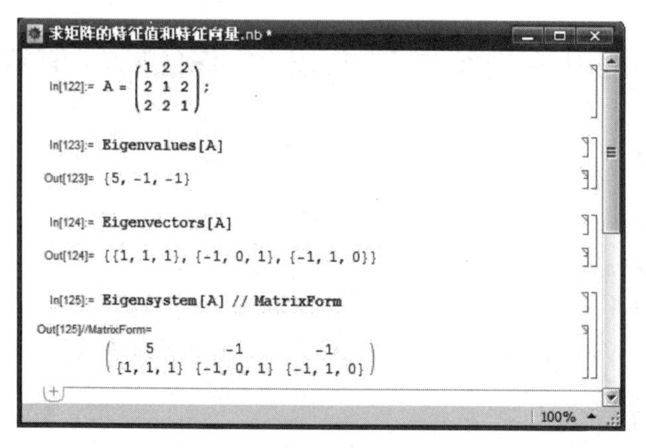

图 6.18

故属于-1的全部特征向量就是$k_1\boldsymbol{\xi}_2+k_2\boldsymbol{\xi}_3$,其中$k_1,k_2$为不全为零的任意常数.

例 6.16 求正交变换,化二次型

$$f(x_1,x_2,x_3)=x_1^2+4x_2^2+4x_3^2-4x_1x_2+4x_1x_3-8x_2x_3$$

为标准形.

解 二次型的矩阵为$\boldsymbol{A}=\begin{pmatrix}1&-2&2\\-2&4&-4\\2&-4&4\end{pmatrix}$,求解步骤及结果如图 6.19 所示.

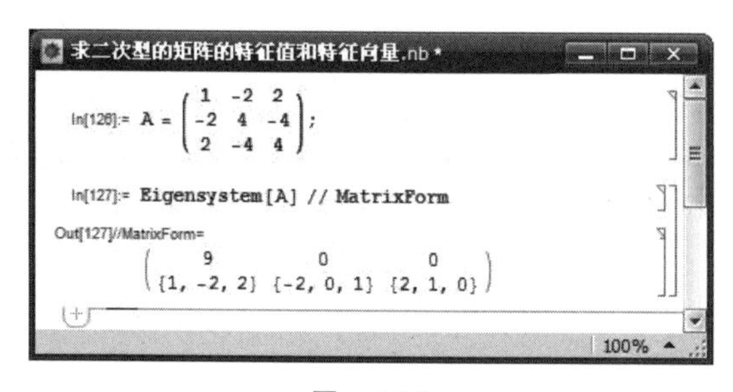

图 6.19

$\boldsymbol{A}$的特征值为 9,0(二重). 可求得对应 0 的特征向量为$\boldsymbol{p}_1=(2,1,0)^{\mathrm{T}},\boldsymbol{p}_2=(-2,0,1)^{\mathrm{T}}$,将其正交化有

$$\boldsymbol{\alpha}_1=\boldsymbol{p}_1=(2,1,0)^{\mathrm{T}},\quad \boldsymbol{\alpha}_2=\boldsymbol{p}_2-\frac{(\boldsymbol{p}_2,\boldsymbol{\alpha}_1)}{(\boldsymbol{\alpha}_1,\boldsymbol{\alpha}_1)}\boldsymbol{\alpha}_1=\left(-\frac{2}{5},\frac{4}{5},1\right)^{\mathrm{T}},$$

再单位化有

$$\boldsymbol{q}_1=\left(\frac{2}{\sqrt{5}},\frac{1}{\sqrt{5}},0\right)^{\mathrm{T}},\quad \boldsymbol{q}_2=\left(\frac{-2}{3\sqrt{5}},\frac{4}{3\sqrt{5}},\frac{5}{3\sqrt{5}}\right)^{\mathrm{T}}.$$

又对应 9 的特征向量为 $\boldsymbol{p}_3=(1,-2,2)^{\mathrm{T}}$，单位化得 $\boldsymbol{q}_3=\left(\frac{1}{3},-\frac{2}{3},\frac{2}{3}\right)^{\mathrm{T}}$. 故正交变换为

$$\begin{pmatrix}x_1\\x_2\\x_3\end{pmatrix}=\begin{pmatrix}\frac{2}{\sqrt{5}} & \frac{-2}{3\sqrt{5}} & \frac{1}{3}\\ \frac{1}{\sqrt{5}} & \frac{4}{3\sqrt{5}} & -\frac{2}{3}\\ 0 & \frac{5}{3\sqrt{5}} & \frac{2}{3}\end{pmatrix}\begin{pmatrix}y_1\\y_2\\y_3\end{pmatrix},$$

化二次型为 $f=9y_3^2$.

例 6.17 求二次型 $f(x_1,x_2,x_3)=x_1^2+4x_1x_2+x_2^2+4x_2x_3+x_3^2+4x_1x_3$ 的标准形、规范形，并判别此二次型的正定性.

解 $f(x_1,x_2,x_3)$的矩阵为 $\boldsymbol{A}=\begin{pmatrix}1&2&2\\2&1&2\\2&2&1\end{pmatrix}$，求解步骤及结果如图 6.20 所示.

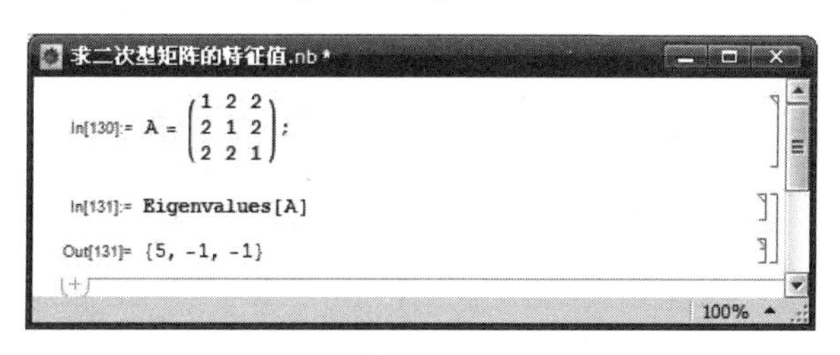

图 6.20

特征值为 5，−1(二重). 根据定理 5.3 和定理 5.5 可知，任意 n 元实二次型 $f=\boldsymbol{x}^{\mathrm{T}}\boldsymbol{A}\boldsymbol{x}$ 都可以通过正交变换 $\boldsymbol{x}=\boldsymbol{Q}\boldsymbol{y}$ 化为标准形，即

$$f=\boldsymbol{x}^{\mathrm{T}}\boldsymbol{A}\boldsymbol{x}=\lambda_1y_1^2+\lambda_2y_2^2+\cdots+\lambda_ny_n^2,$$

其中，$\lambda_1,\lambda_2,\cdots,\lambda_n$ 是 $\boldsymbol{A}$ 的特征值，正交矩阵 $\boldsymbol{Q}$ 的列向量是对应特征值 $\lambda_1,\lambda_2,\cdots,\lambda_n$ 的单位正交特征向量，所以此二次型化标准形为

$$f=5y_1^2-y_2^2-y_3^2.$$

作非退化线性替换

$$\begin{cases}y_1=\frac{1}{\sqrt{5}}z_1,\\ y_2=z_2,\\ y_3=z_3,\end{cases}$$

化成规范形为

$$f=z_1^2-z_2^2-z_3^2.$$

正惯性指数为 1，负惯性指数为 2，故此二次型是非正定的.

附录1

矩阵 A 的伴随矩阵 A^* 常用公式及证明

1. 对于 n 阶可逆矩阵 $\boldsymbol{A}$,证明 $|\boldsymbol{A}^*|=|\boldsymbol{A}|^{n-1}$.

证 对于 n 阶可逆矩阵 $\boldsymbol{A}$,因为

$$\boldsymbol{A}\boldsymbol{A}^*=|\boldsymbol{A}|\boldsymbol{E}, \tag{1}$$

当 $|\boldsymbol{A}|\neq 0$ 时,用 $\boldsymbol{A}^{-1}$ 同时左乘式(1)两边,得到

$$\boldsymbol{A}^*=|\boldsymbol{A}|\boldsymbol{A}^{-1}, \tag{2}$$

将式(2)两边同时取行列式,得到

$$|\boldsymbol{A}^*|=||\boldsymbol{A}|\boldsymbol{A}^{-1}|=|\boldsymbol{A}|^n|\boldsymbol{A}^{-1}|=|\boldsymbol{A}|^n|\boldsymbol{A}|^{-1}=|\boldsymbol{A}|^{n-1}.$$

即

$$|\boldsymbol{A}^*|=|\boldsymbol{A}|^{n-1}.$$

2. 对于 n 阶可逆矩阵 $\boldsymbol{A}$,证明 $(\boldsymbol{A}^*)^{-1}=\dfrac{\boldsymbol{A}}{|\boldsymbol{A}|}$.

证 对于 n 阶可逆矩阵 $\boldsymbol{A}$,因为 $\boldsymbol{A}\boldsymbol{A}^*=|\boldsymbol{A}|\boldsymbol{E}$,当 $|\boldsymbol{A}|\neq 0$ 时,有 $\boldsymbol{A}^*=|\boldsymbol{A}|\boldsymbol{A}^{-1}$,于是

$$(\boldsymbol{A}^*)^{-1}=(|\boldsymbol{A}|\boldsymbol{A}^{-1})^{-1}=\frac{\boldsymbol{A}}{|\boldsymbol{A}|}.$$

附录2

常用的矩阵秩的性质及其证明

1. $\max\{R(\boldsymbol{A}),R(\boldsymbol{B})\}\leqslant R(\boldsymbol{A},\boldsymbol{B})\leqslant R(\boldsymbol{A})+R(\boldsymbol{B})$.

特别地，当 $\boldsymbol{B}$ 为非零列向量时，有 $R(\boldsymbol{A})\leqslant R(\boldsymbol{A},\boldsymbol{B})\leqslant R(\boldsymbol{A})+1$.

证 因为矩阵 $\boldsymbol{A}$ 的最高阶非零子式总是矩阵 $(\boldsymbol{A},\boldsymbol{B})$ 的非零子式，所以 $R(\boldsymbol{A})\leqslant R(\boldsymbol{A},\boldsymbol{B})$，同理有 $R(\boldsymbol{B})\leqslant R(\boldsymbol{A},\boldsymbol{B})$. 两式合起来，即为

$$\max\{R(\boldsymbol{A}),R(\boldsymbol{B})\}\leqslant R(\boldsymbol{A},\boldsymbol{B}).$$

设 $R(\boldsymbol{A})=r$，$R(\boldsymbol{B})=t$，把 $\boldsymbol{A}^{\mathrm{T}}$ 和 $\boldsymbol{B}^{\mathrm{T}}$ 分别作初等行变换化为行阶梯型矩阵 $\widetilde{\boldsymbol{A}}$ 和 $\widetilde{\boldsymbol{B}}$，由矩阵秩的性质可知，$R(\boldsymbol{A}^{\mathrm{T}})=r$，$R(\boldsymbol{B}^{\mathrm{T}})=t$，故 $\widetilde{\boldsymbol{A}}$ 和 $\widetilde{\boldsymbol{B}}$ 中分别含有 r 个和 t 个非零行，从而 $\begin{pmatrix}\widetilde{\boldsymbol{A}}\\ \widetilde{\boldsymbol{B}}\end{pmatrix}$ 中只含 $r+t$ 个非零行，并且 $\begin{pmatrix}\boldsymbol{A}^{\mathrm{T}}\\ \boldsymbol{B}^{\mathrm{T}}\end{pmatrix}\overset{r}{\sim}\begin{pmatrix}\widetilde{\boldsymbol{A}}\\ \widetilde{\boldsymbol{B}}\end{pmatrix}$. 于是

$$R(\boldsymbol{A},\boldsymbol{B})=R\begin{pmatrix}\boldsymbol{A}^{\mathrm{T}}\\ \boldsymbol{B}^{\mathrm{T}}\end{pmatrix}^{\mathrm{T}}=R\begin{pmatrix}\boldsymbol{A}^{\mathrm{T}}\\ \boldsymbol{B}^{\mathrm{T}}\end{pmatrix}=R\begin{pmatrix}\widetilde{\boldsymbol{A}}\\ \widetilde{\boldsymbol{B}}\end{pmatrix}\leqslant r+t=R(\boldsymbol{A})+R(\boldsymbol{B}).$$

综上可得：$\max\{R(\boldsymbol{A}),R(\boldsymbol{B})\}\leqslant R(\boldsymbol{A},\boldsymbol{B})\leqslant R(\boldsymbol{A})+R(\boldsymbol{B})$.

2. $R(\boldsymbol{A}+\boldsymbol{B})\leqslant R(\boldsymbol{A})+R(\boldsymbol{B})$.

证 不妨设 $\boldsymbol{A},\boldsymbol{B}$ 为 $m\times n$ 矩阵，对矩阵 $\begin{pmatrix}\boldsymbol{A}+\boldsymbol{B}\\ \boldsymbol{B}\end{pmatrix}$ 作初等行变换 $r_i\leftrightarrow r_{m+i}$，$i=1,2,\cdots,n$，即得

$$\begin{pmatrix}\boldsymbol{A}+\boldsymbol{B}\\ \boldsymbol{B}\end{pmatrix}\overset{r}{\sim}\begin{pmatrix}\boldsymbol{A}\\ \boldsymbol{B}\end{pmatrix}.$$

于是

$$\begin{aligned}R(\boldsymbol{A}+\boldsymbol{B})&\leqslant R\begin{pmatrix}\boldsymbol{A}+\boldsymbol{B}\\ \boldsymbol{B}\end{pmatrix}=R\begin{pmatrix}\boldsymbol{A}\\ \boldsymbol{B}\end{pmatrix}=R(\boldsymbol{A}^{\mathrm{T}},\boldsymbol{B}^{\mathrm{T}})^{\mathrm{T}}=R(\boldsymbol{A}^{\mathrm{T}},\boldsymbol{B}^{\mathrm{T}})\leqslant R(\boldsymbol{A}^{\mathrm{T}})+R(\boldsymbol{B}^{\mathrm{T}})\\ &=R(\boldsymbol{A})+R(\boldsymbol{B}).\end{aligned}$$

3. $R(\boldsymbol{AB})\leqslant\min\{R(\boldsymbol{A}),R(\boldsymbol{B})\}$.

证 设 $\boldsymbol{A}_{m\times s}\boldsymbol{B}_{s\times n}=\boldsymbol{C}_{m\times n}$，其中，

$$A=(\boldsymbol{\alpha}_1,\boldsymbol{\alpha}_2,\cdots,\boldsymbol{\alpha}_s),\quad C=(\boldsymbol{\gamma}_1,\boldsymbol{\gamma}_2,\cdots,\boldsymbol{\gamma}_n),\quad B=\begin{pmatrix} b_{11} & b_{12} & \cdots & b_{1n} \\ b_{21} & b_{22} & \cdots & b_{2n} \\ \vdots & \vdots & & \vdots \\ b_{s1} & b_{s2} & \cdots & b_{sn} \end{pmatrix},$$

则

$$C=(\boldsymbol{\gamma}_1,\boldsymbol{\gamma}_2,\cdots,\boldsymbol{\gamma}_n)=AB=(\boldsymbol{\alpha}_1,\boldsymbol{\alpha}_2,\cdots,\boldsymbol{\alpha}_s)\begin{pmatrix} b_{11} & b_{12} & \cdots & b_{1n} \\ b_{21} & b_{22} & \cdots & b_{2n} \\ \vdots & \vdots & & \vdots \\ b_{s1} & b_{s2} & \cdots & b_{sn} \end{pmatrix}.$$

因为$(\boldsymbol{\gamma}_1,\boldsymbol{\gamma}_2,\cdots,\boldsymbol{\gamma}_n)$可由$(\boldsymbol{\alpha}_1,\boldsymbol{\alpha}_2,\cdots,\boldsymbol{\alpha}_s)$线性表示,$\mathrm{R}(C)=\mathrm{R}(\boldsymbol{\gamma}_1,\boldsymbol{\gamma}_2,\cdots,\boldsymbol{\gamma}_n)\leqslant\mathrm{R}(\boldsymbol{\alpha}_1,\boldsymbol{\alpha}_2,\cdots,\boldsymbol{\alpha}_s)=\mathrm{R}(A)$;又$C^{\mathrm{T}}=B^{\mathrm{T}}A^{\mathrm{T}}$,所以$\mathrm{R}(C^{\mathrm{T}})\leqslant\mathrm{R}(B^{\mathrm{T}})$,即$\mathrm{R}(C)\leqslant\mathrm{R}(B)$.

故

$$\mathrm{R}(AB)=\mathrm{R}(C)\leqslant\min\{\mathrm{R}(A),\mathrm{R}(B)\}.$$

4. 若A,B均为n阶方阵,$AB=0$,则$\mathrm{R}(A)+\mathrm{R}(B)\leqslant n$.

证 设矩阵A的列向量组为$\boldsymbol{\beta}_1,\boldsymbol{\beta}_2,\cdots,\boldsymbol{\beta}_n$,则

$$AB=A(\boldsymbol{\beta}_1,\boldsymbol{\beta}_2,\cdots,\boldsymbol{\beta}_n)=(\mathbf{0},\mathbf{0},\cdots,\mathbf{0}),\quad 于是\ A\boldsymbol{\beta}_j=\mathbf{0},\quad j=1,2,\cdots,n.$$

即B的列向量$\boldsymbol{\beta}_1,\boldsymbol{\beta}_2,\cdots,\boldsymbol{\beta}_n$是齐次线性方程组$Ax=\mathbf{0}$的解向量.

设$\mathrm{R}(A)=r$.

(1) 如果$r=n$时,$Ax=\mathbf{0}$有唯一零解,即$\boldsymbol{\beta}_i=\mathbf{0}$,此时$B=O$,所以$\mathrm{R}(B)=0,\mathrm{R}(A)=n$,则$\mathrm{R}(A)+\mathrm{R}(B)=n$.

(2) 如果$r<n$时,$Ax=\mathbf{0}$有无穷多解,设$\boldsymbol{\xi}_1,\boldsymbol{\xi}_2,\cdots,\boldsymbol{\xi}_{n-r}$是齐次线性方程组$Ax=\mathbf{0}$的基础解系,$\boldsymbol{\beta}_1,\boldsymbol{\beta}_2,\cdots,\boldsymbol{\beta}_n$可由$\boldsymbol{\xi}_1,\boldsymbol{\xi}_2,\cdots,\boldsymbol{\xi}_{n-r}$线性表示,于是

$$\mathrm{R}(B)\leqslant\mathrm{R}(\boldsymbol{\xi}_1,\boldsymbol{\xi}_2,\cdots,\boldsymbol{\xi}_{n-r})=n-r,$$

即$\mathrm{R}(B)\leqslant n-r$. 所以

$$\mathrm{R}(A)+\mathrm{R}(B)\leqslant r+(n-r)=n.$$

综上可得,$\mathrm{R}(A)+\mathrm{R}(B)\leqslant n$.

5. 若n阶矩阵A可逆,则$\mathrm{R}(A^*)=\begin{cases} n, & \mathrm{R}(A)=n, \\ 1, & \mathrm{R}(A)=n-1, \\ 0, & \mathrm{R}(A)<n-1. \end{cases}$

证 (1) 当$\mathrm{R}(A)=n$时,因为A可逆,则$|A|\neq0$,所以$|A^*|=|A|^{n-1}\neq0$,故$\mathrm{R}(A^*)=n$.

(2) 当$\mathrm{R}(A)=n-1$时,对于矩阵A,$\mathrm{R}(A)<n$,即$|A|=0$,所以$|A^*|=|A|^{n-1}=0$,故$\mathrm{R}(A^*)\geqslant1$.

又因为$AA^*=|A|E=O$,由于$\mathrm{R}(A)=n-1$,故$\mathrm{R}(A^*)\leqslant1$.

综上可得,$\mathrm{R}(A^*)=1$.

(3) 当 $R(\boldsymbol{A})<n-1$ 时,由矩阵的秩的定义可知,$\boldsymbol{A}$ 的 $n-1$ 阶行列式的值均为 0,即

$$\boldsymbol{A}^*=\begin{pmatrix} A_{11} & \cdots & A_{1n} \\ \vdots & & \vdots \\ A_{n1} & \cdots & A_{nn} \end{pmatrix}=\boldsymbol{O},$$

故

$$R(\boldsymbol{A}^*)=0.$$

综上可得,$R(\boldsymbol{A}^*)=\begin{cases} n, & R(\boldsymbol{A})=n, \\ 1, & R(\boldsymbol{A})=n-1, \\ 0, & R(\boldsymbol{A})<n-1. \end{cases}$

附录3

惯性定理证明

定理 5.3(惯性定理)　一个二次型经过可逆线性变换化为标准形,其标准形正、负项的个数是唯一确定的,它们的和等于该二次型的秩.

证　设 n 元二次型 f 的秩为 r,正惯性指数为 p,根据定理 5.1 知,二次型经过可逆线性变换可化为如下标准形(可以调整变量的次序):

$$f=d_1y_1^2+d_2y_2^2+\cdots+d_py_p^2-d_{p+1}y_{p+1}^2-\cdots-d_ry_r^2,$$

其中,$d_i>0, i=1,2,\cdots,r$.

如果对其施行可逆线性变换

$$\begin{cases} y_i=\dfrac{1}{\sqrt{d_i}}z_i, & i=1,2,\cdots,r, \\ y_i=z_i, & i=r+1,r+2,\cdots,n. \end{cases}$$

f 可化为规范形

$$f=z_1^2+z_2^2+\cdots+z_p^2-z_{p+1}^2-\cdots-z_r^2.$$

现在证明唯一性.设有两个非退化线性变换 $\boldsymbol{x}=\boldsymbol{C}_1\boldsymbol{y}, \boldsymbol{x}=\boldsymbol{C}_2\boldsymbol{z}$ 使得

$$\begin{aligned} f&=y_1^2+\cdots+y_p^2-y_{p+1}^2-\cdots-y_r^2 \\ &=z_1^2+\cdots+z_q^2-z_{q+1}^2-\cdots-z_r^2. \end{aligned}$$

为了证明 $q=p$,不妨设 $p>q$,显然 $q<r$.设 $\boldsymbol{C}_1$ 和 $\boldsymbol{C}_2$ 的列向量分别为$\boldsymbol{\xi}_1,\cdots,\boldsymbol{\xi}_n$和$\boldsymbol{\eta}_1,\cdots,\boldsymbol{\eta}_n$,考虑向量组$\boldsymbol{\xi}_1,\cdots,\boldsymbol{\xi}_p,\boldsymbol{\xi}_{r+1},\cdots,\boldsymbol{\xi}_n,\boldsymbol{\eta}_{q+1},\cdots,\boldsymbol{\eta}_r$的个数是 $p+n-r+r-q=n+(p-q)>n$,故这个向量组线性相关,于是存在不全为零的数 $y_1,\cdots,y_p,y_{r+1},\cdots,y_n,z_{q+1},\cdots,z_r$,使得

$$y_1\boldsymbol{\xi}_1+\cdots+y_p\boldsymbol{\xi}_p+y_{r+1}\boldsymbol{\xi}_{r+1}+\cdots+y_n\boldsymbol{\xi}_n+z_{q+1}\boldsymbol{\eta}_{q+1}+\cdots+z_r\boldsymbol{\eta}_r=\boldsymbol{0}.$$

于是

$$y_1\boldsymbol{\xi}_1+\cdots+y_p\boldsymbol{\xi}_p+y_{r+1}\boldsymbol{\xi}_{r+1}+\cdots+y_n\boldsymbol{\xi}_n=-(z_{q+1}\boldsymbol{\eta}_{q+1}+\cdots+z_r\boldsymbol{\eta}_r)=\boldsymbol{x}\neq\boldsymbol{0}.$$

$$f=y_1^2+\cdots+y_p^2\geqslant 0,$$

$$f=-z_{q+1}^2-\cdots-z_r^2<0.$$

这存在矛盾,故 $q=p$.

附录4

赫尔维茨定理证明

定理 5.9(赫尔维茨定理) n 阶实对称矩阵 $\boldsymbol{A}$ 正定的充分必要条件是 $\boldsymbol{A}$ 的各阶顺序主子式都大于零.即

$$a_{11}>0,\quad \begin{vmatrix} a_{11} & a_{12} \\ a_{21} & a_{22} \end{vmatrix}>0,\quad \cdots,\quad \begin{vmatrix} a_{11} & a_{12} & \cdots & a_{1n} \\ a_{21} & a_{22} & \cdots & a_{2n} \\ \vdots & \vdots & & \vdots \\ a_{k1} & a_{k2} & \cdots & a_{nn} \end{vmatrix}>0.$$

n 阶实对称矩阵 $\boldsymbol{A}$ 负定的充分必要条件是:奇数阶顺序主子式为负,而偶数阶顺序主子式为正.即

$$(-1)^k \begin{vmatrix} a_{11} & a_{12} & \cdots & a_{1k} \\ a_{21} & a_{22} & \cdots & a_{2k} \\ \vdots & \vdots & & \vdots \\ a_{k1} & a_{k2} & \cdots & a_{kk} \end{vmatrix}>0,\quad k=1,2,\cdots,n.$$

证 (**必要性**)设 $\Delta_k=\begin{vmatrix} a_{11} & a_{12} & \cdots & a_{1k} \\ a_{21} & a_{22} & \cdots & a_{2k} \\ \vdots & \vdots & & \vdots \\ a_{k1} & a_{k2} & \cdots & a_{kk} \end{vmatrix}(k=1,2,\cdots,n)$为矩阵 $\boldsymbol{A}$ 的 k 阶顺序主子式.

任取 $\boldsymbol{x}'=(x_1,x_2,\cdots,x_k)^{\mathrm{T}}\neq\boldsymbol{0}$,令 $\boldsymbol{x}=(x_1,x_2,\cdots,x_k,0,\cdots,0)^{\mathrm{T}}$.由于矩阵 $\boldsymbol{A}$ 正定,可以得到

$$\begin{aligned} f=\boldsymbol{x}^{\mathrm{T}}\boldsymbol{A}\boldsymbol{x}&=(x_1,x_2,\cdots,x_k,0,\cdots,0)\boldsymbol{A}(x_1,x_2,\cdots,x_k,0,\cdots,0)^{\mathrm{T}} \\ &=(x_1,x_2,\cdots,x_k)\begin{pmatrix} a_{11} & a_{12} & \cdots & a_{1k} \\ a_{21} & a_{22} & \cdots & a_{2k} \\ \vdots & \vdots & & \vdots \\ a_{k1} & a_{k2} & \cdots & a_{kk} \end{pmatrix}(x_1,x_2,\cdots,x_k)^{\mathrm{T}} \end{aligned}$$

$$=\boldsymbol{x}'\begin{pmatrix}a_{11} & a_{12} & \cdots & a_{1k}\\ a_{21} & a_{22} & \cdots & a_{2k}\\ \vdots & \vdots & & \vdots\\ a_{k1} & a_{k2} & \cdots & a_{kk}\end{pmatrix}\boldsymbol{x}'^{\mathrm{T}}>0.$$

因为二次型正定的充分必要条件是 $\boldsymbol{A}$ 的特征值都是正数，则 $\begin{vmatrix}a_{11} & a_{12} & \cdots & a_{1k}\\ a_{21} & a_{22} & \cdots & a_{2k}\\ \vdots & \vdots & & \vdots\\ a_{k1} & a_{k2} & \cdots & a_{kk}\end{vmatrix}>0$，$\Delta_k>0$.

(充分性) 已知 $\Delta_k>0(k=1,2,\cdots,n)$，利用数学归纳法证明.

当 $n=1$ 时，$f=a_{11}x_1^2$，由 $\Delta_1=a_{11}>0$ 知 f 是正定的.

假设论断对 $n-1$ 元二次型成立，此时证明 n 元二次型也正定.

$$\begin{aligned}f(x_1,x_2,\cdots,x_n)=&a_{11}x_1^2+2a_{12}x_1x_2+2a_{13}x_1x_3+\cdots+2a_{1n}x_1x_n+\\&a_{22}x_2^2+2a_{23}x_2x_3+\cdots+2a_{2n}x_2x_n+\cdots+a_{nn}x_n^2.\end{aligned}$$

因为 $a_{11}>0$，将 f 关于 x_1 配方，得

$$f=\frac{1}{a_{11}}(a_{11}x_1+a_{12}x_2+\cdots+a_{1n}x_n)^2+\sum_{i=2}^{n}\sum_{j=2}^{n}b_{ij}x_ix_j,$$

其中，$b_{ij}=a_{ij}-\dfrac{a_{1i}a_{1j}}{a_{11}}(i,j=2,3,\cdots,n)$.

由 $a_{ij}=a_{ji}$ 知 $b_{ij}=b_{ji}$. 如果能证明 $n-1$ 元实二次型 $\sum\limits_{i=2}^{n}\sum\limits_{j=2}^{n}b_{ij}x_ix_j$ 是正定的，则由定义知 f 也是正定的. 根据行列式性质，得

$$\Delta_k=\begin{vmatrix}a_{11} & a_{12} & \cdots & a_{1k}\\ a_{21} & a_{22} & \cdots & a_{2k}\\ \vdots & \vdots & & \vdots\\ a_{k1} & a_{k2} & \cdots & a_{kk}\end{vmatrix}\xlongequal[i=2,3,\cdots,k]{r_i-\frac{a_{i1}}{a_{11}}r_1}\begin{vmatrix}a_{11} & a_{12} & \cdots & a_{1k}\\ 0 & b_{22} & \cdots & b_{2k}\\ \vdots & \vdots & & \vdots\\ 0 & 0 & \cdots & b_{kk}\end{vmatrix}=a_{11}\begin{vmatrix}b_{22} & \cdots & b_{2k}\\ \vdots & & \vdots\\ b_{k2} & \cdots & b_{kk}\end{vmatrix}>0.$$

从而

$$\begin{vmatrix}b_{22} & \cdots & b_{2k}\\ \vdots & & \vdots\\ b_{k2} & \cdots & b_{kk}\end{vmatrix}>0,\quad k=2,3,\cdots,n.$$

由假设知 $n-1$ 元二次型 $\sum\limits_{i=2}^{n}\sum\limits_{j=2}^{n}b_{ij}x_ix_j$ 是正定的. 证毕.

习题答案

习　题　1

1.（1）-1；（2）-15；（3）0；（4）4,5；

（5）0；（6）$-2a(a^2+b^2)$；（7）2；（8）-25；

（9）$(-1)^{\frac{(n-1)(n-2)}{2}}a_1a_2\cdots a_n$；（10）$-5$.

2.（1）B；（2）D；（3）B；（4）C；（5）A；

（6）C；（7）A；（8）B；（9）A；（10）D.

3.（1）12；（2）$-2x^3-3x^2+2x$.

4.（1）3,奇排列；（2）4,偶排列；（3）12,偶排列；（4）$n(n-1)$,偶排列.

5.（1）方程组的解为 $x_1=\dfrac{D_1}{D}=1, x_2=\dfrac{D_2}{D}=2, x_3=\dfrac{D_3}{D}=1$；

（2）方程组的解为 $x_1=\dfrac{D_1}{D}=1, x_2=\dfrac{D_2}{D}=-2, x_3=\dfrac{D_3}{D}=0, x_4=\dfrac{D_4}{D}=\dfrac{1}{2}$；

（3）方程组的解为 $x_1=\dfrac{D_1}{D}=1, x_2=\dfrac{D_2}{D}=0, x_3=\dfrac{D_3}{D}=1$；

（4）方程组的解为 $x_1=\dfrac{D_1}{D}=1, x_2=\dfrac{D_2}{D}=2, x_3=\dfrac{D_3}{D}=3, x_4=\dfrac{D_4}{D}=-1$.

6.（1）40；（2）-16；（3）1；

（4）$a_n+xa_{n-1}+x^2a_{n-2}+\cdots+x^{n-1}a_1$；（5）$\left(b+\sum\limits_{i=1}^{n}a_i\right)b^{n-1}$.

7. $x=9$ 或 $x=-5$.

8. $k=1$.

9. $f(x)=x^2-5x+3$.

习　题　2

1.（1）$\begin{pmatrix}1 & 1 & 0\\ 2 & 0 & -1\end{pmatrix}$；（2）$\begin{pmatrix}-5 & 2 & 0 & 0\\ 3 & -1 & 0 & 0\\ 0 & 0 & -3 & 2\\ 0 & 0 & 2.5 & -1.5\end{pmatrix}$；

(3) $\begin{pmatrix} -1 & 0 & 1 \\ 0 & -1 & 0 \\ 0 & 0 & -1 \end{pmatrix}$; (4) $\begin{pmatrix} 0 & 0.5 \\ -1 & -1 \end{pmatrix}$;

(5) 56; (6) $\begin{pmatrix} \frac{1}{6} & 0 & 0 \\ \frac{1}{3} & \frac{1}{3} & 0 \\ \frac{1}{2} & \frac{1}{2} & \frac{1}{2} \end{pmatrix}$; (7) $-\frac{1}{70}$; (8) 4; (9) 2; (10) −2.

2. (1) B; (2) B; (3) A; (4) C; (5) C; (6) A;
(7) D; (8) C; (9) D; (10) B; (11) C.

3. $\boldsymbol{X}=\begin{pmatrix} 2 & -2 \\ -2 & 2 \end{pmatrix}$.

4. (1) 5 或(5); (2) $\begin{pmatrix} -1 & 1 & 2 \\ -2 & 2 & 4 \\ 4 & -4 & -8 \end{pmatrix}$; (3) $\begin{pmatrix} 8 & -7 & -6 \\ -3 & 0 & -3 \\ 5 & -7 & -9 \end{pmatrix}$;

(4) $\begin{pmatrix} -9 & 4 \\ 3 & 8 \end{pmatrix}$; (5) $\begin{pmatrix} 8 \\ -1 \\ -2 \end{pmatrix}$.

5. $\begin{pmatrix} 9 & 1 & -3 \\ 13 & -1 & -13 \end{pmatrix}$.

6. $\boldsymbol{AB}=\begin{pmatrix} -7 & 8 & 10 \\ 3 & 1 & -6 \\ -4 & 3 & -4 \end{pmatrix}$; $\boldsymbol{BA}=\begin{pmatrix} 4 & -8 & 5 \\ 3 & -16 & 10 \\ 9 & -16 & 2 \end{pmatrix}$.

7.~8. 略.

9. (1) $\begin{pmatrix} -\frac{3}{2} & \frac{1}{2} \\ 4 & -1 \end{pmatrix}$; (2) $\begin{pmatrix} 2 & -1 & 1 \\ 4 & -2 & 1 \\ -\frac{3}{2} & 1 & -\frac{1}{2} \end{pmatrix}$; (3) $\begin{pmatrix} 1 & 3 & -2 \\ -1.5 & -3 & 2.5 \\ 1 & 1 & -1 \end{pmatrix}$.

10. $-\frac{125}{2}, -\frac{11^3}{2}$.

11. $(\boldsymbol{A}+\boldsymbol{E})^{-1}=\boldsymbol{A}-4\boldsymbol{E}$.

12. (1) $\boldsymbol{X}=\begin{pmatrix} 1 & 1 \\ 3 & 2 \\ -1 & -\frac{1}{2} \end{pmatrix}$; (2) $\boldsymbol{X}=\begin{pmatrix} -2 & 2 & 1 \\ -\frac{8}{3} & 5 & -\frac{2}{3} \end{pmatrix}$.

13. $\boldsymbol{B}=\operatorname{diag}(3,2,1)$.

14. $\boldsymbol{A}^{-1}=\begin{pmatrix}3 & -4 & 0 & 0\\ -2 & 3 & 0 & 0\\ 0 & 0 & \frac{1}{2} & 0\\ 0 & 0 & -\frac{1}{2} & \frac{1}{2}\end{pmatrix}$, $|\boldsymbol{A}|^4=256$.

15. (1) $\begin{pmatrix}1 & 0 & 0\\ 0 & 1 & 0\\ 0 & 0 & 0\end{pmatrix}$; (2) $\begin{pmatrix}1 & 0 & 0 & 0 & 0\\ 0 & 1 & 0 & 0 & 0\\ 0 & 0 & 1 & 0 & 0\\ 0 & 0 & 0 & 0 & 0\end{pmatrix}$.

16. (1) $\begin{pmatrix}6 & 3 & 4\\ 4 & 2 & 3\\ 9 & 4 & 6\end{pmatrix}$; (2) $\begin{pmatrix}1 & 0 & 0 & 0\\ -\frac{1}{2} & \frac{1}{2} & 0 & 0\\ 0 & -\frac{1}{3} & \frac{1}{3} & 0\\ 0 & 0 & -\frac{1}{4} & \frac{1}{4}\end{pmatrix}$.

17. $\begin{pmatrix}0 & 1 & -1\\ -1 & 0 & 1\\ 1 & -1 & 0\end{pmatrix}$.

18. (1) 3; (2) 2.

19. (1) $k=1$; (2) $k=-2$; (3) $k\neq1$ 且 $k\neq-2$.

习 题 3

1. (1) $\left(-\frac{7}{3},-\frac{5}{3},-4,-6\right)^{\mathrm{T}}$; (2) $\boldsymbol{\beta}=-2\boldsymbol{\alpha}_1+\boldsymbol{\alpha}_2+0\boldsymbol{\alpha}_3$; (3) 2;

(4) 线性相关; (5) $t=-\frac{3}{2}$; (6) $lm\neq1$;

(7) $k\begin{pmatrix}-5\\ 8\\ -7\\ -6\end{pmatrix}+\begin{pmatrix}2\\ 0\\ 3\\ 2\end{pmatrix}$, $k\in\mathbb{R}$; (8) $\boldsymbol{\xi}^1=\begin{pmatrix}2\\ -2\\ 1\\ 0\end{pmatrix}$, $\boldsymbol{\xi}^2=\begin{pmatrix}-3\\ 3\\ 0\\ 1\end{pmatrix}$; (9) 1;

(10) $\boldsymbol{O}$; (11) 1.

2. (1) B; (2) D; (3) A; (4) C; (5) D; (6) B;
(7) A; (8) C; (9) A; (10) D; (11) D.

3. (1) 方程组的解为$\begin{cases} x_1=-2k_1-k_2+2, \\ x_2=k_1, \\ x_3=k_2+1, \\ x_4=k_2, \end{cases}$ $k_1,k_2\in\mathbb{R}$； (2) 方程组无解；

(3) 方程组的解为$\begin{cases} x_1=-k+1, \\ x_2=\dfrac{1}{2}k+1, \\ x_3=k, \\ x_4=4, \end{cases}$ $k\in\mathbb{R}$； (4) 零解.

4. (1) 当 $a\neq-1$ 时,方程组有唯一解；

(2) 当 $a=-1,b=3$ 时,方程组的解为$\begin{cases} x_1=-k+2, \\ x_2=k-1, \\ x_3=k, \end{cases}$ $k\in\mathbb{R}$；

(3) 当 $a=-1,b\neq3$ 时,方程组无解.

5. 当 $a=0,b=-4$ 时,$\mathbb{R}(\boldsymbol{A})=\mathbb{R}(\boldsymbol{A},\boldsymbol{b})=2$,方程组有解.

方程组的解为$\begin{cases} x_1=k_1+k_2-k_3-2, \\ x_2=-k_1-k_2+\dfrac{3}{2}, \\ x_3=k_1, \\ x_4=k_2, \\ x_5=k_3, \end{cases}$ $k_1,k_2,k_3\in\mathbb{R}$.

6. $\boldsymbol{\alpha}=\begin{pmatrix} \dfrac{1}{2} \\ \dfrac{1}{2} \\ 4 \\ \dfrac{9}{2} \end{pmatrix}$.

7. (1) 向量组$\boldsymbol{\alpha}_1,\boldsymbol{\alpha}_2,\boldsymbol{\alpha}_3,\boldsymbol{\alpha}_4$线性相关；

(2) 向量组$\boldsymbol{\beta}_1,\boldsymbol{\beta}_2,\boldsymbol{\beta}_3$线性无关；

(3) 向量组$\boldsymbol{\gamma}_1,\boldsymbol{\gamma}_2,\boldsymbol{\gamma}_3,\boldsymbol{\gamma}_4$线性相关.

8. (1) 当 $t=-2$ 时,$\boldsymbol{\alpha}_1,\boldsymbol{\alpha}_2,\boldsymbol{\alpha}_3$线性相关；

(2) 当 $t\neq-2$ 时,$\boldsymbol{\alpha}_1,\boldsymbol{\alpha}_2,\boldsymbol{\alpha}_3$线性无关；

(3) $\boldsymbol{\alpha}_3=2\boldsymbol{\alpha}_1+0\boldsymbol{\alpha}_2$.

9. (1) 秩为 2,极大线性无关组为$\boldsymbol{\alpha}_1,\boldsymbol{\alpha}_2$,且$\boldsymbol{\alpha}_3=-3\boldsymbol{\alpha}_1+2\boldsymbol{\alpha}_2,\boldsymbol{\alpha}_4=2\boldsymbol{\alpha}_1-3\boldsymbol{\alpha}_2$;

(2) 秩为 2,极大线性无关组为$\boldsymbol{\alpha}_1,\boldsymbol{\alpha}_2$,且 $\boldsymbol{\alpha}_3=2\boldsymbol{\alpha}_1-\boldsymbol{\alpha}_2,\boldsymbol{\alpha}_4=-\boldsymbol{\alpha}_1+2\boldsymbol{\alpha}_2$.

10. $a=2,b=5$.

11.～13. 略.

14. (1) 基础解系为$\boldsymbol{\xi}^1=\begin{pmatrix}\frac{4}{3}\\-3\\\frac{4}{3}\\1\end{pmatrix}$;通解为$\boldsymbol{\xi}=k\begin{pmatrix}\frac{4}{3}\\-3\\\frac{4}{3}\\1\end{pmatrix}$, $k\in\mathbb{R}$.

(2) 基础解系为$\boldsymbol{\xi}^1=\begin{pmatrix}-\frac{2}{19}\\-\frac{4}{19}\\1\\0\end{pmatrix},\boldsymbol{\xi}^2=\begin{pmatrix}\frac{1}{19}\\\frac{7}{19}\\0\\1\end{pmatrix}$;通解为$\boldsymbol{\xi}=k_1\begin{pmatrix}-\frac{2}{19}\\-\frac{4}{19}\\1\\0\end{pmatrix}+k_2\begin{pmatrix}\frac{1}{19}\\\frac{7}{19}\\0\\1\end{pmatrix}$, $k_1,k_2\in\mathbb{R}$.

(3) 基础解系为$\boldsymbol{\xi}^1=\begin{pmatrix}-\frac{3}{7}\\\frac{2}{7}\\1\\0\end{pmatrix},\boldsymbol{\xi}^2=\begin{pmatrix}-\frac{13}{7}\\\frac{4}{7}\\0\\1\end{pmatrix}$;通解为$\boldsymbol{\xi}=k_1\begin{pmatrix}-\frac{3}{7}\\\frac{2}{7}\\1\\0\end{pmatrix}+k_2\begin{pmatrix}-\frac{13}{7}\\\frac{4}{7}\\0\\1\end{pmatrix}$, $k_1,k_2\in\mathbb{R}$.

(4) 基础解系为 $\boldsymbol{\xi}^1=\begin{pmatrix}1\\-2\\1\\0\\0\end{pmatrix},\boldsymbol{\xi}^2=\begin{pmatrix}1\\-2\\0\\1\\0\end{pmatrix},\boldsymbol{\xi}^3=\begin{pmatrix}5\\-6\\0\\0\\1\end{pmatrix}$;

通解为 $\boldsymbol{\xi}=k_1\begin{pmatrix}1\\-2\\1\\0\\0\end{pmatrix}+k_2\begin{pmatrix}1\\-2\\0\\1\\0\end{pmatrix}+k_3\begin{pmatrix}5\\-6\\0\\0\\1\end{pmatrix}$, $k_1,k_2,k_3\in\mathbb{R}$.

15. $t=-3$.

16. $\boldsymbol{B}=\begin{pmatrix}-1&1\\0&4\\2&0\\0&2\end{pmatrix}$.

17. $\begin{cases} x_1-2x_2+x_3=0; \\ 2x_1-3x_2+x_4=0. \end{cases}$

18. (1) 通解$\boldsymbol{\xi}=k_1\begin{pmatrix} \frac{3}{2} \\ \frac{3}{2} \\ 1 \\ 0 \end{pmatrix}+k_2\begin{pmatrix} -\frac{3}{4} \\ \frac{7}{4} \\ 0 \\ 1 \end{pmatrix}+\begin{pmatrix} \frac{5}{4} \\ -\frac{1}{4} \\ 0 \\ 0 \end{pmatrix}$, $k_1,k_2\in\mathbb{R}$.

(2) 通解为$\boldsymbol{\xi}=k\begin{pmatrix} -1 \\ \frac{2}{3} \\ -\frac{1}{3} \\ 1 \end{pmatrix}+\begin{pmatrix} 1 \\ 0 \\ 1 \\ 0 \end{pmatrix}$, $k\in\mathbb{R}$.

(3) 通解为$\boldsymbol{\xi}=k_1\begin{pmatrix} 1 \\ -2 \\ 0 \\ 1 \\ 0 \end{pmatrix}+k_2\begin{pmatrix} 5 \\ -6 \\ 0 \\ 0 \\ 1 \end{pmatrix}+\begin{pmatrix} -16 \\ 23 \\ 0 \\ 0 \\ 0 \end{pmatrix}$, $k_1,k_2\in\mathbb{R}$.

(4) 通解为$\boldsymbol{\xi}=k_1\begin{pmatrix} -\frac{3}{7} \\ \frac{2}{7} \\ 1 \\ 0 \end{pmatrix}+k_2\begin{pmatrix} -\frac{13}{7} \\ \frac{4}{7} \\ 0 \\ 1 \end{pmatrix}+\begin{pmatrix} \frac{13}{7} \\ -\frac{4}{7} \\ 0 \\ 0 \end{pmatrix}$, $k\in\mathbb{R}$.

19. $\boldsymbol{x}=k\begin{pmatrix} 2 \\ 3 \\ 4 \\ 5 \end{pmatrix}+\begin{pmatrix} 1 \\ 2 \\ 3 \\ 4 \end{pmatrix}$, $k\in\mathbb{R}$.

20. 略.

21. (1) 略; (2) $\boldsymbol{x}=k(\boldsymbol{\beta}^1-\boldsymbol{\beta}^2)+\boldsymbol{\beta}^1=k\begin{pmatrix} -2 \\ 0 \\ 2 \end{pmatrix}+\begin{pmatrix} -1 \\ 1 \\ 1 \end{pmatrix}$, $k\in\mathbb{R}$.

22. $\boldsymbol{x}=k\begin{pmatrix}1\\-2\\1\\0\end{pmatrix}+\begin{pmatrix}1\\1\\1\\1\end{pmatrix}$, $k\in\mathbb{R}$.

23. (1) 基础解系为$(-1,2,3,1)^{\mathrm{T}}$;

(2) $\boldsymbol{B}=\begin{pmatrix}-k_1+2 & -k_2+6 & -k_3-1\\ 2k_1-1 & 2k_2-3 & 2k_3+1\\ 3k_1-1 & 3k_2-4 & 3k_3+1\\ k_1 & k_2 & k_3\end{pmatrix}$, $k_1,k_2,k_3\in\mathbb{R}$.

习 题 4

1. (1) $-2,1,2$; (2) 0; (3) $1,\frac{1}{2},\frac{1}{3}$; (4) $\boldsymbol{A}^2$; (5) $2\boldsymbol{\beta}$;

(6) 2; (7) 1,5,5; (8) 24; (9) -7; (10) 1.

2. (1) C; (2) B; (3) A; (4) C; (5) A;

(6) B; (7) C; (8) B; (9) D; (10) A.

3. $\boldsymbol{\alpha}_3=(0\quad -1\quad 1\quad 0)^{\mathrm{T}},\boldsymbol{\alpha}_4=(-1\quad 0\quad 0\quad 1)^{\mathrm{T}}$.

4. 25.

5. (1) $-2,8,-4$; (2) 64; (3) -72.

6. (1) $\lambda_1=7$ 对应的特征向量为 $k_1(1,1)^{\mathrm{T}}(k_1\neq 0)$; $\lambda_2=-2$ 对应的特征向量为 $k_2(4,-5)^{\mathrm{T}}(k_2\neq 0)$;

(2) $\lambda_1=\lambda_2=2$ 对应的特征向量为 $k_1(1,4,0)^{\mathrm{T}}+k_2(1,0,4)^{\mathrm{T}}$($k_1$, k_2不全为零); $\lambda_3=-1$ 对应的特征向量为 $k_3(1,0,1)^{\mathrm{T}}(k_3\neq 0)$;

(3) $\lambda_1=\lambda_2=1$ 对应的特征向量为 $k_1(0,1,-2)^{\mathrm{T}}+k_2(1,0,-2)^{\mathrm{T}}$($k_1,k_2$ 不全为零); $\lambda_3=10$ 对应的特征向量为 $k_3(2,2,1)^{\mathrm{T}}(k_3\neq 0)$;

(4) $\lambda_1=\lambda_2=\lambda_3=1$ 对应的特征向量为 $k_1(1,0,0)^{\mathrm{T}}+k_2(0,0,1)^{\mathrm{T}}$($k_1,k_2$ 不全为零).

7. (1) $x=1$; (2) $\boldsymbol{P}=\begin{pmatrix}1 & 0 & 0\\ 0 & 1 & -1\\ 0 & 1 & 1\end{pmatrix}$.

8. (1) $\lambda_1=-2,\lambda_2=1,\lambda_3=2$; $\boldsymbol{\xi}^1=(-1\quad 0\quad 1)^{\mathrm{T}}$, $\boldsymbol{\xi}^2=(0\quad 1\quad 0)^{\mathrm{T}}$, $\boldsymbol{\xi}^3=(1\quad 0\quad 1)^{\mathrm{T}}$.

(2) $\boldsymbol{P}=\begin{pmatrix}-1 & 0 & 1\\ 0 & 1 & 0\\ 1 & 0 & 1\end{pmatrix}$.

9.(1) $a=-5, b=4$ ；　(2) $\boldsymbol{A}$ 可相似于对角矩阵.

10.(1) -1；　(2) 0.

11. $\boldsymbol{A}=\begin{pmatrix}1 & 2 & -1\\ 0 & -1 & 1\\ 0 & 0 & 2\end{pmatrix}$.

12. $\boldsymbol{P}=\begin{pmatrix}0 & 1 & 0\\ -\frac{1}{\sqrt{2}} & 0 & \frac{1}{\sqrt{2}}\\ \frac{1}{\sqrt{2}} & 0 & \frac{1}{\sqrt{2}}\end{pmatrix}$.

13. $\boldsymbol{P}=\begin{pmatrix}-\frac{1}{\sqrt{2}} & -\frac{1}{\sqrt{6}} & \frac{1}{\sqrt{3}}\\ \frac{1}{\sqrt{2}} & -\frac{1}{\sqrt{6}} & \frac{1}{\sqrt{3}}\\ 0 & \frac{2}{\sqrt{6}} & \frac{1}{\sqrt{3}}\end{pmatrix}$.

14.～16. 略.

17. $\begin{pmatrix}-2 & -2\\ -2 & -2\end{pmatrix}$.

18. $\boldsymbol{A}=\begin{pmatrix}-\frac{1}{3} & 0 & \frac{2}{3}\\ 0 & \frac{1}{3} & \frac{2}{3}\\ \frac{2}{3} & \frac{2}{3} & 0\end{pmatrix}$.

19.(1) $x=3, y=-2$；　(2) $\boldsymbol{P}=\begin{pmatrix}1 & 1 & -1\\ -2 & -1 & 2\\ 0 & 0 & 4\end{pmatrix}$.

20.(1) $b=1$ 时 $a=1$，$\boldsymbol{P}=\begin{pmatrix}-1 & 0 & 1\\ 1 & 0 & 1\\ 0 & 1 & 1\end{pmatrix}$，$\boldsymbol{P}^{-1}\boldsymbol{AP}=\begin{pmatrix}1 & & \\ & 1 & \\ & & 3\end{pmatrix}$；

(2) $b=3$ 时 $a=-1$，$\boldsymbol{P}=\begin{pmatrix}1 & 0 & -1\\ 1 & 0 & 1\\ 0 & 1 & 1\end{pmatrix}$，$\boldsymbol{P}^{-1}\boldsymbol{AP}=\begin{pmatrix}3 & & \\ & 3 & \\ & & 1\end{pmatrix}$.

习　题　5

1.(1) 1；　(2) $\begin{pmatrix}2 & 1 & -1\\ 1 & -2 & 2\\ -1 & 2 & 1\end{pmatrix}$，3；

(3) $\begin{pmatrix} 1 & \frac{1}{2} & \frac{1}{2} \\ \frac{1}{2} & 1 & -1 \\ \frac{1}{2} & -1 & 2 \end{pmatrix}$;

(4) $f(x_1,x_2,x_3)=x_1^2+x_2^2+2x_3^2-2x_1x_2+4x_1x_3+2x_2x_3$;

(5) 2; (6) 2; (7) 充分必要条件;

(8) 必要条件; (9) $-4<t<4$; (10) 合同.

2. (1) B; (2) D; (3) B; (4) A; (5) D;

(6) D; (7) C; (8) C; (9) B; (10) B.

3. (1) $\begin{pmatrix} 2 & 2 & -2 \\ 2 & 5 & -4 \\ -2 & -4 & 5 \end{pmatrix}$,秩为 3; (2) $\begin{pmatrix} 1 & 0 & 1 \\ 0 & 2 & 0 \\ 1 & 0 & 1 \end{pmatrix}$,秩为 2.

4. $t=\frac{7}{8}$.

5. (1) $f=3y_1^2-3y_2^2-y_3^2$,正交矩阵 $\boldsymbol{C}=\begin{pmatrix} \frac{1}{\sqrt{2}} & 0 & \frac{1}{\sqrt{2}} \\ -\frac{1}{\sqrt{2}} & 0 & \frac{1}{\sqrt{2}} \\ 0 & 1 & 0 \end{pmatrix}$;

(2) $f=2y_1^2+5y_2^2-y_3^2$,正交矩阵 $\boldsymbol{C}=\begin{pmatrix} -\frac{2}{3} & \frac{1}{3} & \frac{2}{3} \\ \frac{1}{3} & -\frac{2}{3} & \frac{2}{3} \\ \frac{2}{3} & \frac{2}{3} & \frac{1}{3} \end{pmatrix}$.

6. (1) $f=y_1^2-\frac{25}{4}y_2^2+\frac{16}{25}y_3^2$,可逆矩阵 $\boldsymbol{C}=\begin{pmatrix} 1 & -\frac{5}{2} & \frac{4}{5} \\ 0 & 1 & -\frac{8}{25} \\ 0 & 0 & 1 \end{pmatrix}$;

(2) $f=y_1^2+4y_2^2-4y_3^2$,可逆矩阵 $\boldsymbol{C}=\begin{pmatrix}1 & -1 & \frac{5}{2}\\ 0 & 1 & -\frac{1}{2}\\ 0 & 0 & 1\end{pmatrix}$.

7. (1) $\begin{cases}x_1=y_2-2y_3,\\ x_2=-y_1+y_2-2y_3,\\ x_3=y_3;\end{cases}$ $f=-y_1^2+y_2^2-12y_3^2$,

(2) $\begin{cases}x_1=z_1+z_2,\\ x_2=z_1-z_2-2z_3,\\ x_3=z_3.\end{cases}$ $f=2z_1^2-2z_2^2$,

8. (1) $a=0$;　　(2) $\boldsymbol{x}=\begin{pmatrix}\frac{1}{\sqrt{2}} & 0 & -\frac{1}{\sqrt{2}}\\ \frac{1}{\sqrt{2}} & 0 & \frac{1}{\sqrt{2}}\\ 0 & 1 & 0\end{pmatrix}\boldsymbol{y}$, $f=2y_1^2+2y_2^2$;

(3) $\begin{pmatrix}x_1\\ x_2\\ x_3\end{pmatrix}=k\begin{pmatrix}-1\\ 1\\ 0\end{pmatrix}$, k 为任意实数.

9. (1) 正定;　　(2) 负定.

10. (1) $-\frac{4}{5}<t<0$;　　(2) $-\sqrt{2}<t<\sqrt{2}$.

11. 正、负惯性指数均为1,符号差为0.

12.～13. 略.

14. (1) $\boldsymbol{P}=\begin{pmatrix}\frac{1}{\sqrt{3}} & -\frac{1}{\sqrt{2}} & -\frac{1}{\sqrt{6}}\\ \frac{1}{\sqrt{3}} & \frac{1}{\sqrt{2}} & \frac{1}{\sqrt{6}}\\ -\frac{1}{\sqrt{3}} & 0 & \frac{2}{\sqrt{6}}\end{pmatrix}$, $\boldsymbol{P}^{\mathrm{T}}\boldsymbol{A}\boldsymbol{P}=\boldsymbol{\Lambda}=\begin{pmatrix}a+2 & & \\ & a-1 & \\ & & a-1\end{pmatrix}$;

(2) $\boldsymbol{P}^{\mathrm{T}}\boldsymbol{C}^2\boldsymbol{P}=\boldsymbol{P}^{\mathrm{T}}[(a+3)\boldsymbol{E}-\boldsymbol{A}]\boldsymbol{P}=(a+3)\boldsymbol{P}\boldsymbol{P}^{\mathrm{T}}-\boldsymbol{P}\boldsymbol{A}\boldsymbol{P}^{\mathrm{T}}$

$$=(a+3)\boldsymbol{E}-\boldsymbol{\Lambda}=\begin{pmatrix}1 & & \\ & 4 & \\ & & 4\end{pmatrix},$$

$$\boldsymbol{P}^{\mathrm{T}}\boldsymbol{C}\boldsymbol{P}\boldsymbol{P}^{\mathrm{T}}\boldsymbol{C}\boldsymbol{P}=\begin{pmatrix}1 & & \\ & 4 & \\ & & 4\end{pmatrix},\quad \boldsymbol{P}^{\mathrm{T}}\boldsymbol{C}\boldsymbol{P}=\begin{pmatrix}1 & & \\ & 2 & \\ & & 2\end{pmatrix}.$$

$$\boldsymbol{C}=\boldsymbol{P}\begin{pmatrix}1 & & \\ & 2 & \\ & & 2\end{pmatrix}\boldsymbol{P}^{\mathrm{T}}=\begin{pmatrix}\frac{5}{3} & -1 & -1 \\ -1 & \frac{5}{3} & \frac{1}{3} \\ -1 & \frac{1}{3} & \frac{5}{3}\end{pmatrix}.$$

参 考 文 献

[1] 吴传生，等. 经济数学-线性代数[M]. 3版. 北京：高等教育出版社，2016.

[2] 郭文艳. 线性代数案例分析[M]. 北京：科学出版社，2019.

[3] 胡显佑. 线性代数[M]. 北京：高等教育出版社，2008.

[4] 同济大学数学系. 线性代数[M]. 北京：高等教育出版社，2007.

[5] 陈建龙，等. 线性代数[M]. 北京：科学出版社，2009.

[6] 戴斌祥. 线性代数[M]. 北京：北京邮电大学出版社，2009.

[7] 黄先开. 线性代数题型归纳与练习题集[M]. 北京：世界图书出版公司，2005.

[8] 李乃华，等. 线性代数及其应用[M]. 北京：高等教育出版社，2010.

[9] 刘九兰，等. 线性代数习题课八讲[M]. 天津：天津大学出版社，2003.

[10] 梁保松，德娜.线性代数[M].北京：中国农业出版社，2008.

[11] 刘贵基，姜庆华.线性代数[M].北京：经济科学出版社，2008.

[12] 陈殿友，术洪亮.线性代数[M].北京：清华大学出版社，2006.

[13] 邓辉文.线性代数[M].北京：清华大学出版社，2008.

[14] 刘泽田，袁星.线性代数[M].北京：学苑出版社，1999.

[15] 杨万才.线性代数[M].北京：科学出版社，2008.